信息系统安全等级保护测评实践

李　嘉　蔡立志　张春柳　吴建华　编著

HEUP 哈尔滨工程大学出版社

内容简介

本书由信息安全等级测评资深人员在深入理解与信息安全等级保护有关的法律法规、政策和标准的基础上，结合自身的工作实践编写。本书针对信息安全等级测评的全部内容都采用丰富实例描述各测评项的理解、检查步骤和判别标准，对信息安全等级保护测评师工作开展有很好的指导作用。本书内容包括：信息安全等级保护概述、信息安全等级保护的过程与要求、等级测评过程解读、测评工具、风险分析、物理安全、网络安全、主机安全、应用与数据安全、信息安全管理基础、系统建设管理和系统运维管理。

本书可作为信息安全测评人员开展等级保护测评工作的参考书，也可以为信息系统运营、使用单位及其主管部门实施安全保护提供支持，或作为信息系统建设人员、运维人员、大专院校信息安全相关专业人员的参考用书。

图书在版编目(CIP)数据

信息系统安全等级保护测评实践/李嘉等编著.
—哈尔滨：哈尔滨工程大学出版社，2016.1(2017.4 重印)

ISBN 978-7-5661-1184-5

Ⅰ.①信… Ⅱ.①李… Ⅲ.①信息系统-安全技术-研究 Ⅳ.①TP309

中国版本图书馆 CIP 数据核字(2016)第 000632 号

选题策划 沈红宇
责任编辑 张忠远　付梦婷
封面设计 恒润设计

出版发行 哈尔滨工程大学出版社
社　　址 哈尔滨市南岗区东大直街 124 号
邮政编码 150001
发行电话 0451-82519328
传　　真 0451-82519699
经　　销 新华书店
印　　刷 哈尔滨市石桥印务有限公司
开　　本 787mm×1 092mm　1/16
印　　张 20.25
字　　数 500 千字
版　　次 2016 年 1 月第 1 版
印　　次 2017 年 4 月第 2 次印刷
定　　价 55.00 元
http://www.hrbeupress.com
E-mail:heupress@hrbeu.edu.cn

编 写 组

编　　著　李　嘉　蔡立志　张春柳　吴建华

编著成员　李　嘉　蔡立志　张春柳　吴建华

刘　刚　沈与辛　王　静　杨亚萍

张延国　荣志文　严　超　闫　莅

熊　球　陈佩璇

前言

近年来,“信息安全”与“大数据”“云计算”“移动互联网”一样,是 IT 领域出现频度最高的几个名词之一。在进入互联网时代之后,随着信息技术的飞速发展,基于网络的应用越来越广泛,针对信息系统的恶意攻击与窃取个人敏感信息的黑客行为也越来越频繁,信息安全也越来越深入地影响到了我们每一个人的日常生活。

在信息安全的经典定义中,是这样描述信息安全的:“信息安全为数据处理系统建立和采取的技术和管理的安全保护。保护计算机硬件、软件、数据不因偶然或恶意的原因而受到破坏、更改、泄露。”其基本思路是通过采取必要的技术措施和管理制度,使得信息系统具备与其自身价值相符合的抵御黑客入侵的安全防护能力。它的核心关键点就是安全防护能力和系统实现价值之间的匹配性。众所周知,信息系统安全性的提升往往意味着建设成本的上升和使用便利性的下降,如何在这三者之间找到平衡点,建立符合企业自身需求的安全目标才是信息安全工作成功与否的关键。过低的安全目标,会导致系统门户大开,数据遭到泄露。而过高的安全目标,会导致系统的运营成本实现上升,并严重影响用户的使用体验和系统运行效率。

同时,随着信息技术的发展和信息化程度的提高,国家政治、经济、国防、文化、教育等社会的各个领域对于信息基础设施和信息资源的依赖程度也越来越高。国家的安全、社会的稳定已经不再仅仅局限于现实物理空间的安全,网络与信息安全也已经成为国家安全保障体系的重要组成部分。如何建立一套适合中国国情的信息安全标准体系,如何从全国范围内对影响社会运行和国家安全的重要信息系统进行梳理、建设与管理,如何从国家层面指导各级主管部门和各个信息系统的使用单位开展标准化的信息安全工作,这些问题成为了当前国家安全保障工作的重中之重。

正是在这样的背景下,信息安全等级保护制度应运而生,并且作为我国信息安全保障工作中的一项基本制度在全国范围内开始实施。信息安全等级保护工作包括定级、备案、安全建设和整改、信息安全等级测评、信息安全检查这五个阶段。其中,等级测评是验证信息系统是否满足相应安全保护等级的评估过程,更是整个等级保护工作中的重要环节。通过等级测评可以全面掌握系统的安全状况,为安全建设整改工作和信息安全职能部门的日常监督检查提供参照。

近年来,全国的等级保护测评机构在公安部的领导下得到了快速发展,机构数量达到了一百四十余家,在推进等级测评工作中发挥了重要的技术支撑作用。等级测评工作涉及的信息系统范围广、技术架构复杂、涉及各行各业的业务应用,测评人员对测评指标的理解、测评技能的掌握将直接影响到测评工作的质量,往往需要有很强的理论和技术能力。

如何将多年来的工作经验和成果汇总起来，为测评人员针对不同系统的具体测评实施工作提供指导与参考，这个想法一直萦绕在编著者脑中。直到2014年底，借着全国信息安全测试机构联盟成立的东风，编者才决定把这些想法编著成书，以便和同行们分享交流。

本书对《信息系统安全等级保护基本要求》GB/T 22239—2008中物理安全、网络安全、主机安全、应用安全、数据安全与备份恢复、安全管理制度、安全管理机构、人员安全、系统建设管理、系统运维管理等十个方面的测评项进行逐一解读，并给出丰富的实例、检查步骤和判别标准，供读者参考、借鉴；并对测评过程中可能涉及的等级保护政策和标准、测评过程、测评工具、风险分析等进行了概要介绍。让信息安全测评人员能够迅速掌握各测评项的测评要点，顺利开展测评工作。

本书由上海计算机软件技术开发中心（上海市计算机软件评测重点实验室）组织编写，参加编写的有李嘉、蔡立志、张春柳、吴建华、沈与辛、刘刚、杨亚萍、王静、张延国、荣志文、严超、闫莅、熊球、陈佩璇等。在编写过程中，编著者收集和参考了大量的文献资料和最新的网页信息，本书的编著离不开这些宝贵的资料，在此表示感谢。限于编著者的水平，书中难免有遗漏和不足之处，欢迎信息安全职能部门、有关信息系统使用单位、测评机构和信息安全专业人员对本书提出意见和建议，使其更加完善。

编著者

2015年11月

目录

第1篇　理　论　篇

第2篇　测评综述篇

第3篇　测评技术篇

第4篇 测评管理篇

第1篇 理 论 篇

第1章　信息安全等级保护概述

随着互联网、移动应用逐步渗透到人们生活的各个方面，信息安全形势也日渐严峻，重大信息安全问题可能会直接威胁国家安全、社会稳定和经济发展。按照“适度安全、保护重点”的目的，以“自主保护、重点保护、同步建设、动态调整”为原则确定信息系统安全保护等级、推进信息安全保护工作，在国家层面建立了国家网络与信息安全协调小组办公室，并由公安部牵头制定了一系列与信息安全和等级保护有关的政策文件和标准体系。重点行业在国家标准基础上制定了符合行业特点的标准和规范。

1.1　国内外信息安全形势

2013年6月，由美国中情局前特工爱德华·斯诺登曝光的“棱镜计划”，引发了人们对目前所处的互联网高度发达时代信息泄露的担忧和对网络安全事件的惊慌。

2014年是多个网络严重级别安全漏洞集中爆发的一年，如OpenSSL的心脏出血(Heartbleed)漏洞、IE的0Day漏洞、Struts漏洞、Flash漏洞、Linux内核漏洞、Synaptics触摸板驱动漏洞、贵宾犬、USBbad、破壳等重大安全漏洞被先后曝光，受影响的操作系统、硬件设备、应用软件、涉及人员的范围之广、之深，闻所未闻。

2014年4月的心脏出血漏洞是一个出现在开源加密库OpenSSL的程序漏洞，在整个IT及更广的周边行业内引起了普遍的恐慌。黑客利用该漏洞可以读取到包括用户名、密码和信用卡号等隐私信息在内的敏感数据。这波及了大量的互联网公司，受影响的服务器数量可能多达几十万，其中已确认受到影响的网站包括Imgur、OKCupid、Eventbrite以及FBI等。

在国内，信息安全事件也层出不穷。如2014年1月21日，国内通用顶级域的根服务器突然出现异常，导致中国众多知名网站出现大面积DNS解析故障。这一次事故影响了国内绝大多数DNS服务器，造成近2/3的DNS服务器瘫痪，时间持续数小时之久。事故发生期间，超过85%的用户遭遇了DNS故障，因此出现网速变慢和打不开网站的情况，部分地区用户甚至出现断网现象。

随着我国国民经济的不断发展和社会发展信息化进程的全面加快，我国各行业信息化的程度越来越高，关系国计民生的重要领域信息系统也已经成为国家的关键基础设施。这些基础信息网络和重要信息系统的安全问题，已经严重关系到国家安全、社会稳定和广大人民群众切身利益。

我国基础信息网络和重要信息系统安全面临的形势十分严峻，既有外部威胁的因素，又有系统自身的脆弱性和薄弱环节，维护国家信息安全的任务十分艰巨、繁重。主要表现在以下几方面：

1. 针对基础信息网络和重要信息系统的违法犯罪持续上升

不法分子利用一些系统存在的安全漏洞，使用病毒、木马、网络钓鱼等技术进行网络盗窃、网络诈骗、网络赌博等违法犯罪，对我国的经济秩序、社会管理秩序和公民的合法权益造成严重侵害。

2. 基础信息网络和重要信息系统安全隐患严重

由于我国各基础信息网络和重要信息系统的核心设备、技术和高端服务主要依赖国外进口，在操作系统、专用芯片和大型应用软件等方面不能自主可控，使我国的信息安全存在深层的技术隐患。

3. 我国的信息安全保障工作基础还很薄弱

国内人员的信息安全意识和安全防范能力比较薄弱，信息系统安全建设、监管缺乏详细的依据和标准，安全保护措施和安全制度不落实，监管措施不到位。

面对当前信息安全面临的复杂、严峻形势，基础信息网络和重要信息系统一旦出现大的信息安全问题，不仅仅影响本单位、本行业，而且直接威胁国家安全、社会稳定和经济发展。

面对严峻的网络信息安全形势，中央网络安全和信息化领导小组于 2014 年 2 月 27 日宣告成立，习近平亲自担任组长，李克强、刘云山任副组长，并在北京召开了第一次会议。中央网信小组将着眼于国家安全和长远发展，统筹协调涉及经济、政治、文化、社会及军事等各个领域的网络安全和信息化重大问题，研究制定网络安全和信息化发展战略、宏观规划和重大政策，推动国家网络安全和信息化法治建设，不断增强网络及信息安全保障能力。

1.2 信息安全等级保护的目的和意义

1.2.1 什么是信息安全等级保护

信息安全等级保护是国家信息安全保障工作的基本制度、基本策略、基本方法。开展信息安全等级保护工作不仅是实现国家对重要信息系统重点保护的重大措施，也是一项事关国家安全、社会稳定的政治任务。通过开展信息安全等级保护工作，可以有效解决我国信息安全面临的威胁和存在的主要问题，充分体现“适度安全、保护重点”的目的，将有限的财力、物力、人力投入到重要信息系统安全保护中，按标准建设安全保护措施，建立安全保护制度，落实安全责任，有效保护基础信息网络和关系国家安全、经济命脉、社会稳定的重要信息系统的安全，有效提高我国信息安全保障工作的整体水平。

信息安全等级保护是当今发达国家保护关键信息基础设施，保障信息安全的通行做法，也是我国多年来信息安全工作经验的总结。实施信息安全等级保护，有利于在信息化建设过程中同步建设信息安全设施，保障信息安全与信息化建设相协调；有利于为信息系统安全建设和管理提供系统性、针对性、可行性的指导和服务；有利于优化信息安全资源的配置，对信息系统分级实施保护，重点保障基础信息网络和关系国家安全、经济命脉、社会稳定等方面的重要信息系统的安全；有利于明确国家、法人和其他组织、公民的信息安全责任，加强信息安全管理；有利于推动信息安全产业的发展，逐步探索出一条适应社会主义市场经济发展的信息安全模式。

1.2.2 信息安全等级保护的目的与原则

1. 信息安全等级保护的目的

信息安全等级保护是国家信息安全保障工作的基本制度、基本策略、基本方法。通过开展信息安全等级保护工作，可以有效解决我国信息安全面临的威胁和存在的主要问题，充分体现“适度安全、保护重点”的目的。

2. 信息安全等级保护的原则

信息系统安全等级保护的核心是对信息系统分划等级，按标准进行建设、管理和监督。信息系统安全等级保护实施过程中应遵循以下基本原则：

（1）自主保护原则

信息系统运营、使用单位及其主管部门应按照国家相关法规和标准，自主确定信息系统的安全保护等级，自行组织实施安全保护。

（2）重点保护原则

根据信息系统的重要程度、业务特点划分不同安全保护等级的信息系统，以实现不同强度的安全保护，并集中资源优先保护涉及核心业务或关键信息资产的信息系统。

（3）同步建设原则

信息系统在新建、改建、扩建时，应当同步规划、设计安全方案，投入一定比例的资金建设信息安全设施，保障信息安全与信息化建设相适应。

（4）动态调整原则

要跟踪信息系统的变化情况，并根据变化来调整安全保护措施。由于信息系统的应用类型、范围等条件的变化及其他原因使安全保护等级需要变更的，应当根据等级保护的管理规范和技术标准的要求，重新确定信息系统的安全保护等级，根据信息系统安全保护等级的调整情况，重新实施安全保护。

1.2.3 信息系统安全保护等级的划分和监管要求

《信息安全等级保护管理办法》（公通字[2007]43 号）指出信息安全等级保护应坚持自主定级、自主保护的原则。应根据信息系统在国家安全、经济建设、社会生活中的重要程度，信息系统的数据和服务遭到破坏后对国家安全、社会秩序、公共利益以及公民、法人和其他组织的合法权益的危害程度等因素进行综合考虑，以此来确定信息系统的安全保护等级。

信息系统的安全保护等级分为五级：

第一级：信息系统受到破坏后，会对公民、法人和其他组织的合法权益造成损害，但不损害国家安全、社会秩序和公共利益。

第二级：信息系统受到破坏后，会对公民、法人和其他组织的合法权益产生严重损害，或者对社会秩序和公共利益造成损害，但不损害国家安全。

第三级：信息系统受到破坏后，会对社会秩序和公共利益造成严重损害，或者对国家安全造成损害。

第四级：信息系统受到破坏后，会对社会秩序和公共利益造成特别严重损害，或者对国家安全造成严重损害。

第五级：信息系统受到破坏后，会对国家安全造成特别严重损害。

针对不同等级的信息系统，信息系统运营、使用单位需采取不同的保护措施，国家信息安全监管部门也会采取不同的监管措施，如表 1－1 所示。

表 1－1　各等级信息系统的保护和监管措施

信息系统安全保护等级	信息系统运营、使用单位	国家监管措施
第一级	依据国家有关管理规范和技术标准进行保护	
第二级	依据国家有关管理规范和技术标准进行保护	国家信息安全监管部门进行指导
第三级	依据国家有关管理规范和技术标准进行保护	国家信息安全监管部门进行监督、检查
第四级	应当依据国家有关管理规范、技术标准和业务专门需求进行保护	国家信息安全监管部门进行强制监督、检查
第五级	依据国家管理规范、技术标准和业务特殊安全需求进行保护	国家指定专门部门进行专门监督、检查

1.3　发展历程

1994 年发布的国务院第 147 号令《中华人民共和国计算机信息系统安全保护条例》第九条中，明确了“计算机信息系统实行安全等级保护，安全等级的划分标准和安全等级保护的具体办法由公安部会同有关部门制定”的具体制度、任务和职责分工，首次以国家行政法规形式确立了信息安全等级保护制度的法律地位。

在 2003 年，中办、国办转发的《国家信息化领导小组关于加强信息安全保障工作的意见》(中办发[2003]27 号)中明确提出“实行信息安全等级保护”“要重点保护基础信息网络和关系国家安全、经济命脉、社会稳定等方面的重要信息系统，抓紧建立信息安全等级保护制度，制定信息安全等级保护的管理办法和技术指南”等意见。这标志着等级保护从计算机信息系统安全保护的一项制度提升到国家信息安全保障一项基本制度。

2003 年 8 月，国家网络与信息安全协调小组办公室明确将实行信息安全等级保护工作交由公安部牵头，并要求公安部会同有关部门研究提出实行信息安全等级保护的意见。国家网络与信息安全协调小组在 2004 年 7 月召开的第三次会议上通过了公安部提出的《关于信息安全等级保护工作的实施意见》。

按照《中华人民共和国计算机信息系统安全保护条例 》(国务院 147 号令)的相关规定和《国家信息化领导小组关于加强信息安全保障工作的意见》(中办发[2003]27 号)文件精神，公安部会同国家保密局、国家密码管理局和国务院信息办于 2004 年 9 月联合出台了《关于信息安全等级保护工作的实施意见》(公通字[2004]66 号)，于 2007 年 6 月联合出台了《信息安全等级保护管理办法》(公通字[2007]43 号，以下简称《管理办法》)，明确了信息安全等级保护制度的基本内容、流程及工作要求以及信息系统运营使用单位和主管部门、监管部门在信息安全等级保护工作中的职责、任务，为开展信息安全等级保护工作提供了规范保障，制定了包括《计算机信息系统安全保护等级划分准则》(GB 17859—1999)及《信息系统安全等级保护定级指南》《信息系统安全等级保护基本要求》《信息系统安全等级保护实施指南》《信息系统安全等级保护测评要求》等五十多个国标和行标，初步形成了信息安全等级保护标准体系。

2005 年底，公安部和国务院信息化工作办公室联合印发了《关于开展信息系统安全等级保护基础调查工作的通知》（公信安［2005］1431 号）。2006 年上半年，公安部会同国信办在全国范围内开展了信息系统安全等级保护基础调查，调查对象共计 65 117 家单位，涉及 115 319 个信息系统。通过基础调查，基本摸清和掌握了全国信息系统特别是重要信息系统的基本情况，为制定信息安全等级保护政策奠定了坚实的基础。

2006 年 6 月，公安部、国家保密局、国家密码管理局、国务院信息办联合下发了《关于开展信息安全等级保护试点工作的通知》（公信安［2006］573 号），在 13 个省区市和 3 个部委联合开展了信息安全等级保护试点工作。通过试点，完善了开展等级保护工作的模式和思路，检验和完善了开展等级保护工作的方法、思路、规范标准，探索了开展等级保护工作领导、组织、协调的模式和办法，为全面开展等级保护工作奠定了坚实的基础。

2014 年 12 月，公安部发布“关于传发《信息安全等级保护测评报告模版（2015 年版）》的通知”（公信安［2014］2866 号）。相比 2009 版报告模板，2015 版报告模板具有以下特点：

（1）确定了测评指标权重，测评结果量化，为 GB/T 22239—2008 标准中二级、三级、四级等级保护等级中每一个测评项给予 1、0.5、0.2 三个等级的权重赋值，测评项的符合程度从“符合”“部分符合”“不符合”的定性结论改为采用 5 分制定量打分的方式（符合 5 分；不符合 0 分；部分符合 1 ~4 分，根据对测评项的满足程度给出）。测评项最终得分为采用该测评项的所有测评对象得分的算术平均值。控制点得分、层面得分、系统总体得分均从其包含的测评项符合程度得分加权平均后得出。

（2）建立风险分析模型，引入量化风险分析。针对等级测评结果中存在的所有安全问题，结合关联资产和威胁分别分析安全危害，采用风险分析的方法，对安全问题所影响业务的重要程度、相关系统组件的重要程度、安全问题严重程度以及安全事件影响范围等进行危害分析和风险等级判定。

（3）增加现场测评深度、注重测评工具的使用。要求明确使用的测评工具、接入点等信息，并加强对测评结果的验证，将验证测试发现的安全问题对应到相应的测评项的结果记录中，作为报告附件一起提交。

（4）增加评估的广度和多样性，加强对运维、管理和业务客户端的测评；强调对系统集成、安全集成、安全运维、安全测评、应急响应、安全监测等安全服务风险的评估，强化风险责任意识。

（5）扩充测评报告内容，对结构进行调整，增加可读性。

2015 年 1 月，为进一步加强测评行业自律管理，规范测评行为，提升测评能力，公安部信息安全等级保护评估中心、电力行业信息安全等级保护测评中心、国家信息技术安全研究中心等 9 家测评机构联合发起成立了“中关村信息安全测评联盟”。

1.4 政策体系和标准体系

1.4.1 总体政策文件

为保证信息安全等级保护工作顺利开展，公安部会同国家保密局、国家密码管理局、原国务院信息办和发改委等部门出台了一系列信息安全等级保护工作配套政策，公安部十一局还就具体工作出台了相关指导意见和规范。这些文件涵盖了等级保护制度、定级、备案、等级测评、安全建设、监督检查等工作的各个环节，构成了比较完备的政策体系，如图 1－1 所示。

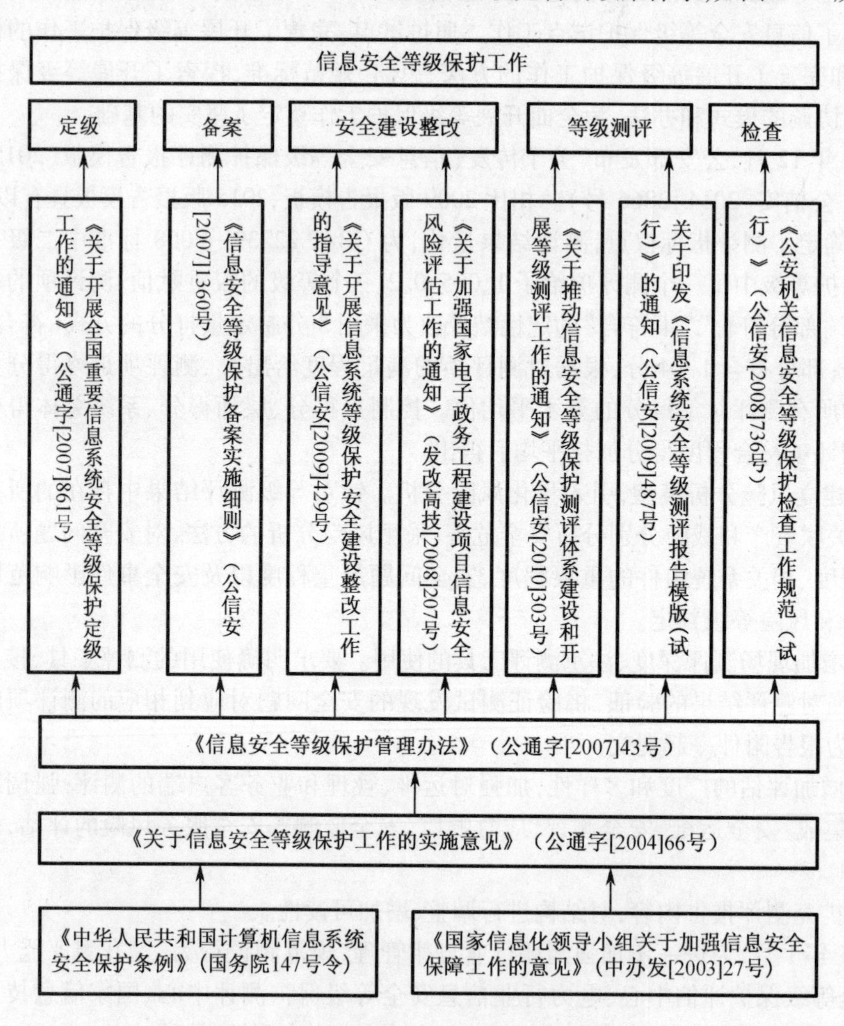

图 1－1　信息安全等级保护法律政策体系

（1）公安部、国家保密局、国家密码管理局、原国务院信息办等四部门联合印发的《关于信息安全等级保护工作的实施意见》（公通字［2004］66 号）、《信息安全等级保护管理办法》（公通字［2007］43 号）、《关于开展全国重要信息系统安全等级保护定级工作的通知》（公通字［2007］861 号）中，明确了等级保护制度的主要内容、职责分工、实施计划、工作要求，以及信息系统定级这一关键基础工作的主要内容和要求。

（2）国家发改委、公安部、国家保密局联合印发的《关于加强国家电子政务工程建设项目信息安全风险评估工作的通知》（发改高技[2008]2071 号）中明确了非涉密国家电子政务项目开展等级测评和信息安全风险评估的相关要求。

（3）公安部根据职责制定并印发的《关于开展信息系统等级保护安全建设整改工作的指导意见》（公信安[2009]1429 号）中明确了非涉及国家秘密信息系统开展安全建设整改工作的目标、内容、流程和要求等。

（4）公安部十一局根据职责制定并印发的《信息安全等级保护备案实施细则》（公信安[2007]1360 号）、《关于推动信息安全等级保护测评体系建设和开展等级测评工作的通知》（公信安[2010]303 号）、《关于印发〈信息系统安全等级测评报告模版（试行）〉的通知》（公信安[2009]1487 号）、《公安机关信息安全等级保护检查工作规范（试行）》（公信安[2008]736 号）等，分别就信息系统备案、测评机构及其测评活动管理、公安机关监督检查等工作明确了具体内容和要求。

1.4.2 标准体系介绍

十多年来，公安部会同相关的部委组织国内有关专家、研究机构、企业先后制定了信息安全等级保护工作需要的一整套国家标准和公安行业标准，形成了比较完备的信息安全等级保护标准体系，为开展信息安全等级保护工作提供了标准保障。该标准体系大致可以分为核心标准类、等保工作指导类、产品类、行业标准和支持类标准等几类。整个标准体系框架如图 1－2 所示。

1. 核心标准

此类标准是等级保护工作的核心，起基础支撑作用和全局性作用，包括以下标准：

（1）《计算机信息系统安全保护等级划分准则》（GB 17859—1999，以下简称《划分准则》）；

（2）《信息系统安全等级保护基本要求》（GB/T 22239—2008，以下简称《基本要求》）。

《划分准则》及在其基础上制定的《信息系统通用安全技术要求》等技术类标准、《信息系统安全管理要求》等管理类标准和《操作系统安全技术要求》等产品类标准等是等级保护配套标准，是《基本要求》的基础。《基本要求》在上述标准的基础上，从技术和管理两方面提出并确定了不同安全保护等级信息系统的最低保护要求，即基线要求，是信息系统安全建设整改的具体依据。

2. 等级保护指导类标准

在等级保护整个生命周期中使用，以指导定级备案、安全建设整改、等级测评等活动。

（1）定级工作依据的标准，为信息系统定级工作提供了技术支持，包括以下标准：

《信息系统安全保护等级定级指南》（GB/T 22240—2008）。

（2）信息系统安全建设整改依据的标准，对信息系统安全建设的技术设计、管理设计等活动提供指导，是实现《基本要求》的必要途径，包括以下标准：

《信息系统安全等级保护实施指南》（GB/T 25058—2010）；

《信息系统等级保护安全设计技术要求》（GB/T 25070—2010）；

《信息系统安全管理要求》（GB/T 20269—2006）；

《信息系统安全工程管理要求》（GB/T 20282—2006）；

《信息系统通用安全技术要求》（GB/T 20271—2006）；

《信息系统物理安全技术要求》（GB/T 21052—2007）；

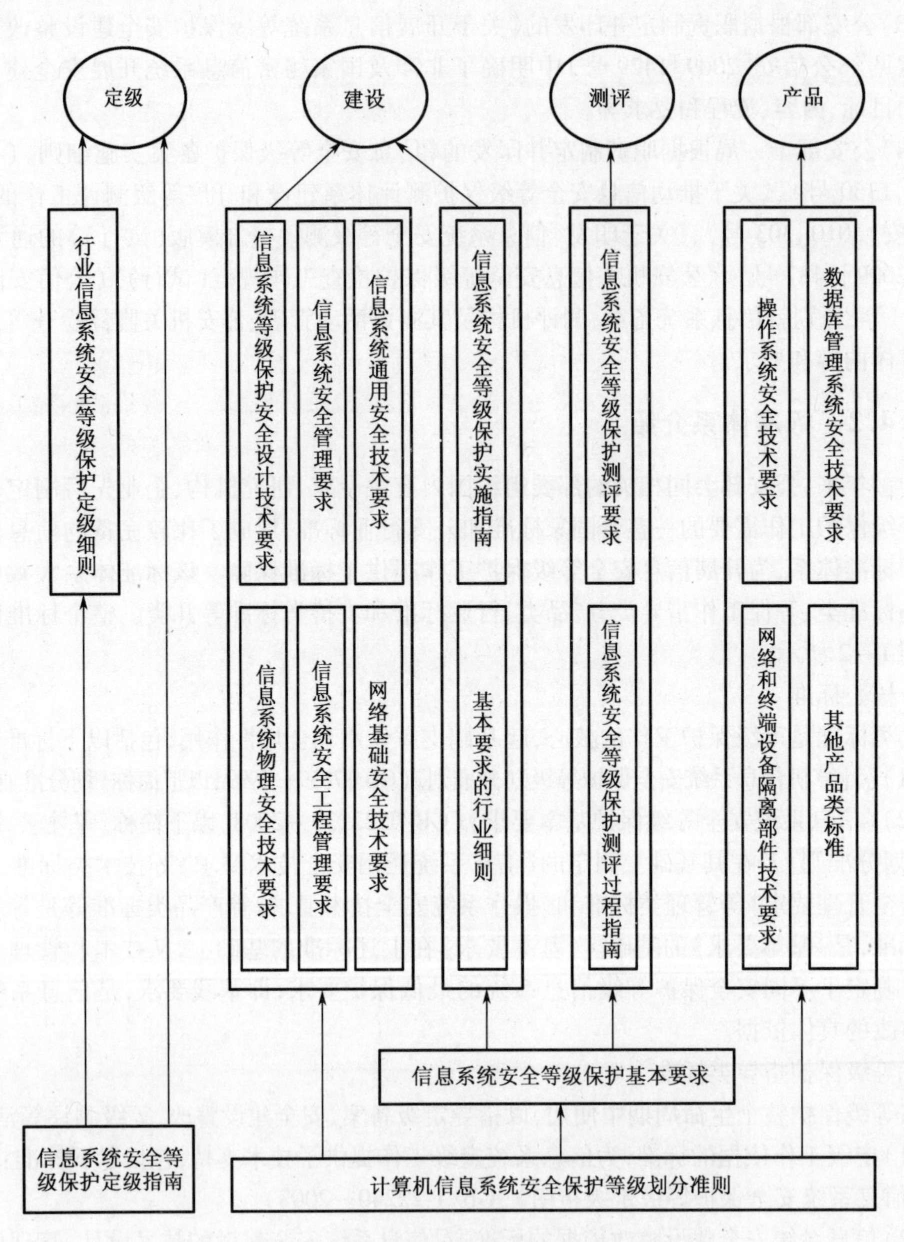

图 1－2　信息安全等级保护相关标准体系

《网络基础安全技术要求》(GB/T 20270—2006);
《信息系统安全等级保护体系框架》(GA/T 708—2007);
《信息系统安全等级保护基本模型》(GA/T 709—2007);
《信息系统安全等级保护基本配置》(GA/T 710—2007)。

(3)等级测评依据的标准

此类标准为等级测评机构开展等级测评活动提出了规范性要求,提供了测评方法和综合评价方法,以保证测评结论的准确性和可靠性,其中包括以下标准:

《信息系统安全等级保护测评要求》(GB/T 28448—2012);
《信息系统安全等级保护测评过程指南》(GB/T 28449—2012);
《信息系统安全管理测评》(GA/T 713—2007)。

3. 产品类标准

此类标准明确了信息系统安全保护所需产品应具备的技术要求和产品检测方法。主要包括操作系统、数据库、网络设备、网关、服务器、公钥基础设施、入侵检测、防火墙、路由器、交换机、终端、审计、生物特征识别、虚拟专网、应用软件系统、网络脆弱性扫描等类别产品的技术要求或测评准则,包括以下标准:

(1)操作系统《信息安全技术 操作系统安全技术要求》(GB/T 20272—2006);
《信息安全技术 操作系统安全评估准则》(GB/T 20008—2005)。

(2)数据库

《信息安全技术 数据库管理系统安全技术要求》(GB/T 20273—2006);
《信息安全技术 数据库管理系统安全评估准则》(GB/T 20009—2005)。

(3)网络设备

《信息安全技术 网络和终端隔离产品安全技术要求》(GB/T 20279—2015);
《信息安全技术 网络和终端隔离产品测试评价方法》(GB/T 20277—2015);
《信息安全技术 网络脆弱性扫描产品安全技术要求》(GB/T 20278—2013);
《信息安全技术 网络脆弱性扫描产品测试评价方法》(GB/T 20280—2006);
《信息安全技术 交换机安全技术要求》(GA/T 684—2007);
《信息安全技术 虚拟专用网安全技术要求》(GA/T 686—2007)。

(4)网关

《信息安全技术 网关安全技术要求》(GA/T 681—2007)。

(5)服务器

《信息安全技术 服务器安全技术要求》(GB/T 21028—2007)。

(6)公钥基础设施 PKI

《信息安全技术 公钥基础设施安全技术要求》(GA/T 687—2007);
《信息安全技术 公钥基础设施 PKI 系统安全等级保护技术要求 》(GB/T 21053—2007)。

(7)入侵检测

《信息安全技术 网络入侵检测系统技术要求和测试评价方法》(GB/T 20275—2013);
《信息安全技术 计算机网络入侵分级要求》(GA/T 700—2007)。

(8)防火墙

《信息安全技术 防火墙安全技术要求》(GA/T 683—2007);
《信息安全技术 防火墙技术要求和测评方法》(GB/T 20281—2015);

《包过滤防火墙评估准则》(GB/T 20010—2005)。

(9)路由器

《信息安全技术 路由器安全技术要求》(GB/T 18018—2007);

《信息安全技术 路由器安全评估准则》(GB/T 20011—2005);

《信息安全技术 路由器安全技术要求》(GA/T 682—2007)。

(10)交换机

《网络交换机安全技术要求(评估保证级 3)》(GB/T 21050—2007);

《信息安全技术 交换机安全技术要求》(GA/T 684—2007);

《信息安全技术 交换机安全评估准则》(GA/T 685—2007)。

(11)终端

《信息安全技术 终端计算机系统安全等级技术要求》(GA/T 671—2006);

《信息安全技术 终端计算机系统安全等级评估准则》(GA/T 672—2006)。

(12)生物特征识别

《虹膜特征识别技术要求》(GB/T 20979—2007)。

(13)其他

《审计产品技术要求和测试评价》(GB/T 20945—2013);

《信息安全技术 应用软件系统安全等级保护通用技术指南》(GA/T 711—2007);

《信息安全技术 应用软件系统安全等级保护通用测试指南》(GA/T 712—2007);

《网络脆弱性扫描产品测试评价》(GB/T 20280—2006)。

1.5 面向行业领域的标准和规范

1.5.1 金融行业

“金融行业信息系统等级保护”系列标准由《金融行业信息系统信息安全等级保护实施指引》(JR/T 0071—2012)、《金融行业信息系统信息安全等级保护测评指南》(JR/T 0072—2012)、《金融行业信息安全等级保护测评服务安全指引》(JR/T 0073—2012)三个标准组成,由中国人民银行提出,全国金融标准化技术委员会归口,2012 年 7 月 6 日发布并开始实施。

这是根据金融行业特点,在《信息系统安全等级保护基本要求》(GB/T 22239—2008)二级、三级、四级要求项的基础上(未包括一级、五级的要求),结合金融机构的安全体系架构,借鉴等级保护安全设计技术要求的体系化设计思路,设计出的一套适合于金融行业的安全体系架构。它针对等级保护的基本要求给出了具体的实施、配置措施,制定适宜于金融机构特色的等级保护实施指引。它在结合等级保护及金融行业相关规定的基础上进行了补充和完善,提出了信息安全保障总体框架,并新增金融行业增强安全保护类(F 类),F 类要求作为金融行业的增强性安全要求分布在 S,A,G 类的要求中,使得金融标准更贴近金融行业的特点及需求,更容易理解和落实。

本套行业标准的制定是在总结金融行业应用系统多年的安全需求和业务特点,并参考国际、国内相关信息安全标准及行业标准的基础上,对信息系统建设、部署、管理等多个方面提出了安全要求及应对措施,是具有实际指导意义可操作的规范文档。金融行业信息安全保障总体框架图如图 1-3 所示。

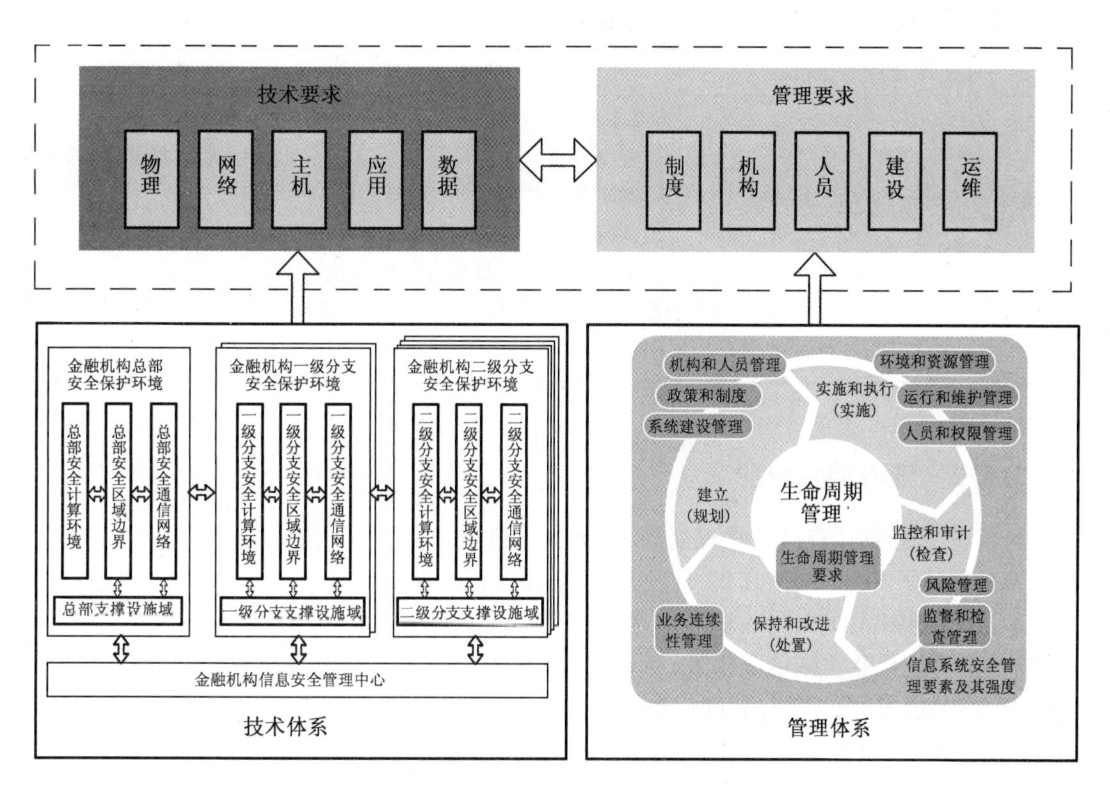

图1－3　金融行业信息安全保障总体框架图

以三级系统为例（本书中的举例如果没有特别说明，全部以等级保护三级 S3A3G3 为准）：JR/T 0071—2012 对 64 项要求进行了细化和明确，并新增了 117 项 F 类要求，如表 1－2 所示。

表1－2　GB/T 22239—2008 与 JR/T 0071—2012 条款差别示例

GB/T 22239—2008	JR/T 0071—2012	变化情况
7.1.3.1 身份鉴别（S3） b）操作系统和数据库系统管理用户身份标识应具有不易被冒用的特点，口令应有复杂度要求并定期更换	6.2.1.3 主机安全 1）身份鉴别（S3） c）操作系统和数据库系统管理用户身份标识应具有不易被冒用的特点，系统的口令应在 7 位以上，由字母、数字、符号等混合组成并每三个月更换口令	细化 对口令复杂度和更换周期进行了细化明确
7.1.3.3 安全审计（G3） b）审计内容应包括重要用户行为、系统资源的异常使用和重要系统命令的使用等系统内重要的安全相关事件	6.2.1.3 主机安全 3）安全审计（G3） b）审计内容应包括重要用户行为、系统资源的异常使用和重要系统命令的使用、账号的分配、创建与变更、审计策略的调整、审计系统功能的关闭与启动等系统内重要的安全相关事件	增强 对审计的安全相关事件增强了对“账号的分配、创建与变更、审计策略的调整、审计系统功能的关闭与启动等”要求

表 1-2(续)

GB/T 22239—2008	JR/T 0071—2012	变化情况
	6.2.1.4 应用安全 3)安全审计 e)对于从互联网客户端登录的应用系统,应在每次用户登录时提供用户上一次成功登录的日期、时间、方法、位置等信息,以便用户及时发现可能的问题	新增要求 在《基本要求》中没有此项要求

1.5.2 证券期货行业

证券期货行业具有信息化程度高、业务持续性要求高、对信息系统的容量和处理能力要求高的特点。2011 年 12 月 22 日发布并实施的《证券期货业信息系统安全等级保护基本要求》(JR/T 0060—2010)和《证券期货业信息系统安全等级保护测评要求》(JR/T 0067—2011)从证券期货业实际情况出发,对《信息系统安全等级保护基本要求》(GB/T 22239—2008)的有关要求进行了明确、细化和调整,提出和规定了证券期货业不同等级信息系统的安全要求,适用于指导证券期货业按照等级保护要求进行安全建设、测评和监督管理。

《证券期货业信息系统安全等级保护基本要求》主要是在原有标准条款的基础上进行明确和细化,如表 1-3 所示。

表 1-3　GB/T 22239—2008 与 JR/T 0060—2010 条款差别示例

GB/T 22239—2008	JR/T 0060—2012	变化情况
7.1.1.1 物理位置的选择(G3) b)机房场地应避免设在建筑物的高层或地下室,以及用水设备的下层或隔壁	7.1.1.1 物理位置的选择(G3) b)机房场地应避免设在建筑物的高层或地下室,以及用水设备的下层或隔壁。 1)机房场地不宜设在建筑物顶层,如果不可避免,应采取有效的防水措施; 2)机房场地设在建筑物地下室的,应采取有效的防水措施; 3)机房场地设在建筑物高层的,应对设备采取有效固定措施; 如果机房周围有用水设备,应当有防渗水和疏导措施	细化 对机房场地在高层、机房周围有用水设备的情况进行了细化说明

1.5.3 烟草行业

烟草行业与信息系统安全等级保护有关的标准包括《烟草行业信息系统安全等级保护与信息安全事件的定级准则》(YC/T 389—2011)和《烟草行业信息系统安全等级保护实施

规范》(YC/T 495—2014)。

《烟草行业信息系统安全等级保护实施规范》于2014年3月24日发布,2014年4月15日开始实施。它规定了烟草行业信息系统安全等级保护实施流程(分新建信息系统和已投入使用的信息系统分别描述)。

在确定安全保护等级时,根据业务信息类型(公开信息、专有信息、重要信息)、系统服务范围(局域性、区域性和全局性)、系统运行环境(互联网、内联网)和恢复时间目标(8 h以上、4~8 h、4 h以内)等四个定级因素,确定安全保护等级。

《烟草行业信息系统安全等级保护实施规范》在《基本要求》的基础上,对各项指标进行了细化和明确,有较强的可实施性,如表1-4所示。

表1-4 GB/T 22239—2008与YC/T 495—2014条款差别示例

GB/T 22239—2008	YC/T 495—2014	变化情况
7.1.1.1 物理位置的选择(G3) a)机房和办公场地应选择在具有防震、防风和防雨等能力的建筑内	7.1.1.1 物理位置的选择(G3) a)机房和办公场地应选择在具有防震、防风和防雨等能力的建筑内 1)机房和办公场地的环境条件应满足信息系统业务需求和安全管理需求; 2)机房和办公场地选址应选择在具有防震、防风和防雨等能力的建筑内; 3)建议保存机房或机房所在建筑物符合防震、防风和防雨等要求的相关证明	细化 对机房和办公场地的选址,建筑物安全要求等进行了细化说明
7.1.1.6 防水和防潮(G3) a)水管安装,不得穿过机房屋顶和活动地板下	7.1.1.6 防水和防潮(G3) a)水管安装,不得穿过机房屋顶和活动地板下 1)水管安装,不得穿过机房屋顶和活动地板下;穿过墙壁和楼板的水管应使用套管,并采取可靠的密封措施	对水管安装的位置和安全措施提出具体要求

第2章　信息安全等级保护的过程与要求

等级保护的主要过程包括定级、备案、安全建设整改、等级测评和监督检查五个环节。

2.1　信息安全等级保护的主要过程

信息安全等级保护工作贯穿了信息系统从系统规划、建设、运行维护直到废止的整个生命周期。等级保护的主要过程包括定级、备案、安全建设整改、等级测评和监督检查五个环节，如图2-1所示。其中系统定级、备案在系统规划时进行，在系统建设、运行维护过程中需要不断重复安全建设整改、等级测评和监督检查等环节，直到系统废止。

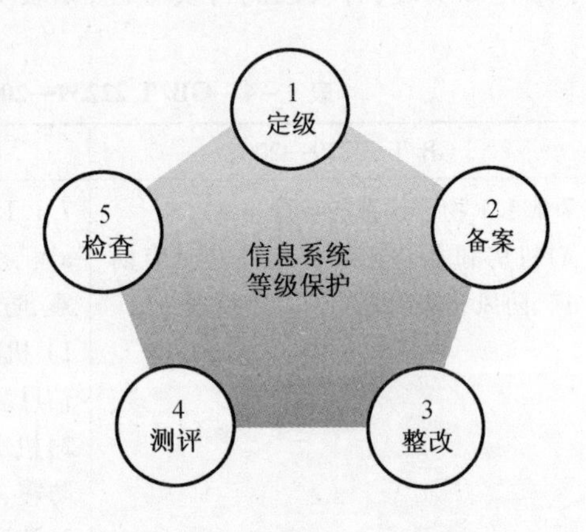

图2-1　等级保护主要过程

2.1.1　定级

1. 信息系统安全保护等级的定级要素

信息系统的安全定级主要由两方面的要素来确定：一是信息系统受到破坏时所侵害的客体；二是信息系统受到破坏时对客体造成的侵害程度。

信息系统受到破坏时所侵害的客体包括国家安全，社会秩序和公共利益，公民、法人和其他组织的合法权益这三个方面。

(1)国家安全

涉及影响国家安全事项的信息系统可能包括重要的国家事务处理系统、国防工业生产系统和国防设施的控制系统等属于影响国家政权稳固和国防实力的信息系统；广播、电视、网络等重要新闻媒体的发布或播出系统，其受到非法控制可能引发影响国家统一、民族团结和社会安定的重大事件；处理国家对外活动信息的信息系统；处理国家重要安全保卫工作信息的信息系统和重大刑事案件的侦查系统；尖端科技领域的研发、生产系统等影响国家经济竞争力和科技实力的信息系统；以及电力、通信、能源、交通运输、金融等国家重要基础设施的生产、控制、管理系统等。

(2)社会秩序和公共利益

公共利益所包括的范围非常宽泛，既可能是经济利益，也可能是包括教育、卫生、环境等各个方面的利益。其涉及的信息系统如财政、金融、工商、税务、公检法、海关、社保等领域的信息系统，也包括教育、科研机构的工作系统，以及所有为公众提供医疗卫生、应急服务、供水、供电、邮政等必要服务的生产系统或管理系统。

(3)公民、法人和其他组织的合法权益

公民、法人和其他组织的合法权益则是指拥有信息系统的个体或确定组织所享有的社会权力和利益。其涉及的信息系统如乡镇所属信息系统，小型个体、私营企业的信息系统，地市级以上国家机关、企业、事业单位的不涉及秘密及敏感信息的内部办公系统等。

信息系统受到破坏时对客体造成的侵害程度分为一般损害、严重损害和特别严重损害。

①一般损害:客体工作职能受到局部影响,业务能力有所降低但不影响主要功能的执行,出现较轻的法律问题,较低的财产损失,有限的社会不良影响,对其他组织和个人造成较低损害。

②严重损害:客体工作职能受到严重影响,业务能力显著下降且严重影响主要功能执行,出现较严重的法律问题,较高的财产损失,较大范围的社会不良影响,对其他组织和个人造成较严重损害。

③特别严重损害:客体工作职能受到特别严重影响或丧失行使能力,业务能力严重下降或功能无法执行,出现极其严重的法律问题,极高的财产损失,大范围的社会不良影响,对其他组织和个人造成非常严重损害。

定级要素与信息系统的安全保护等级的关系,见表 2－1 所示。

表 2－1 定级要素与安全保护等级的关系

<table>
<tr><th>等级</th><th>对象</th><th>侵害客体</th><th>侵害等级</th></tr>
<tr><td>第一级</td><td rowspan="3">一般系统</td><td>合法权益</td><td>损害</td></tr>
<tr><td rowspan="2">第二级</td><td>合法权益</td><td>严重损害</td></tr>
<tr><td>社会秩序和公共利益</td><td>损害</td></tr>
<tr><td rowspan="2">第三级</td><td rowspan="4">重要系统</td><td>社会秩序和公共利益</td><td>严重损害</td></tr>
<tr><td>国家安全</td><td>损害</td></tr>
<tr><td rowspan="2">第四级</td><td>社会秩序和公共利益</td><td>特别严重损害</td></tr>
<tr><td>国家安全</td><td>严重损害</td></tr>
<tr><td>第五级</td><td>极端重要系统</td><td>国家安全</td><td>特别严重损害</td></tr>
</table>

2. 定级工作的主要步骤

系统定级是等级保护工作的首要环节,也是关键环节,更是开展后续工作的重要基础。作为定级对象的信息系统,是指包括起支撑、传输作用的基础信息网络和各类信息系统。若信息系统定级不准确,后续工作将没有保证。定级工作应按照自主定级、专家评审、主管部门审批、公安机关审核的原则进行,主要步骤如图 2－2 所示。

(1)定级对象的确定

如何科学、合理、准确地确定定级对象,是开展信息系统安全保护定级工作的基础。一般来说,定级对象分为如下几种类型:

①起到支撑、传输作用的信息网络,包括外网、内网、专网等,如银行使用的核心网络系统,提供 IDC 服务的网络系统等;

②用于生产、调度、管理、作业、指挥、办公等目的的各类业务系统,如火车售票系统、110 指挥系统、企事业单位的 OA 系统等;

③门户网站,如果网站后台数据库管理系统安全级别高,则可作为独立的定级对象,如政府机关的门户网站,新闻媒体门户网站等。

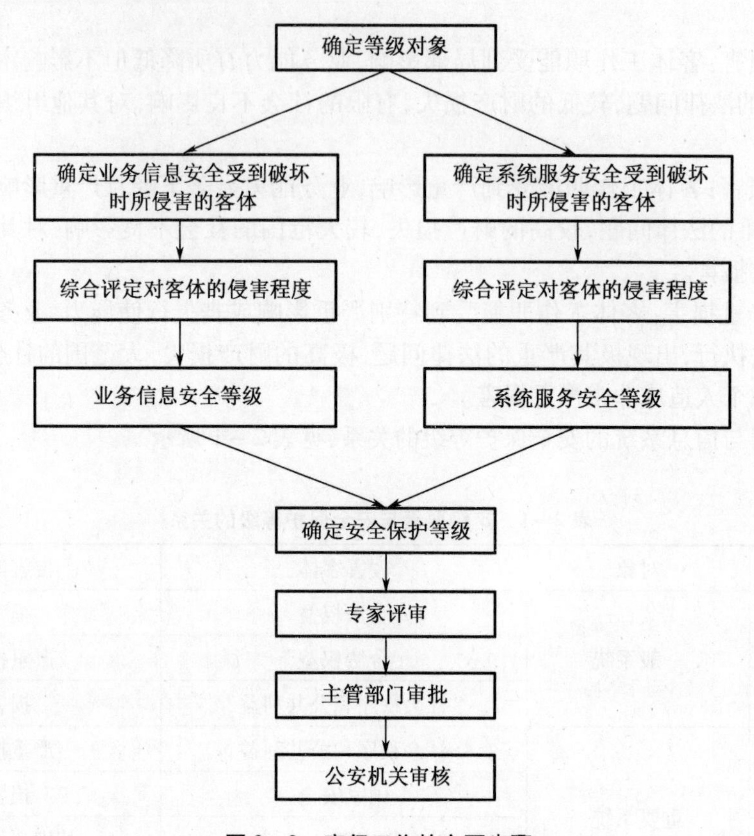

图 2-2　定级工作的主要步骤

(2)安全保护等级确定

在明确了定级对象后,需要确定定级对象的安全保护等级。信息系统安全包括业务信息安全和系统服务安全,其受侵害的客体和对客体的侵害程度可能不同。因此,信息系统定级由业务安全和系统服务安全两方面确定,定级过程中也决定了信息系统的保护要求:

①业务信息安全保护(S):关于保护数据在存储、传输、处理过程中不被泄漏、破坏和免受未授权的修改;

②系统服务安全保护(A):关注保护系统连续正常运行,避免因对系统的未授权修改、破坏而导致系统不可用;

③通用安全保护(G),由S,A中等级高的一方决定。其关注保护业务信息的安全性,同时也关注保护系统的连续可用性。

在确定业务安全和系统服务安全的等级时,首先需要确定定级对象受到破坏时所侵害的客体,再分析客体受到破坏时的侵害程度,以此来确定其保护等级,并将其最高者作为该信息系统的安全保护等级,分类方式见表2-2。

表 2－2　系统安全等级矩阵表

业务信息安全/系统服务安全被破坏时所侵害的客体	对客体的侵害程度		
	一般损害	严重损害	特别严重损害
公民、法人和其他组织的合法权益	第一级	第二级	第二级
社会秩序、公共利益	第二级	第三级	第四级
国家安全	第三级	第四级	第五级

(3)专家评审

信息系统运行使用单位在初步确定信息系统安全保护等级后，为了保证定级合理、准确，可以聘请专家进行评审，取得专家评审意见。邀请的专家可以是行业专家、测评机构专家或信息安全专家等。

(4)主管部门审批

信息系统运行使用单位有上级主管部门的，应由上级主管部门对其信息系统的安全保护等级进行审批。主管部门是指行业的上级主管部门或者监管部门。

(5)公安机关审核

公安机关作为定级工作的最后一关，应对信息系统定级的准确性进行审核。对于定级不准的系统，公安机关应向备案单位发放整改通知，并建议其重新开展定级工作。

2.1.2　备案

第二级以上的信息系统，在安全保护等级确定后 30 日内，需由其运营使用单位或其主管部门到所在地的市级以上公安机关办理备案。公安机关按照《信息安全等级保护备案实施细则》(公信安[2007]1360 号)要求，对备案材料进行审核，定级准确、材料符合要求的颁发由公安部统一监制的备案证明。

1. 备案地要求

信息系统备案可在运营使用的工商注册地公安机关进行备案，也可以在信息系统所在地的公安机关办理备案。

对于跨地域部署的信息系统，若其在异地分支机构只部署了网络及终端设备，可以包含在总部信息系统的定级范围内，在总部所在地进行备案，如银行的核心业务系统。若在异地分支机构部署有独立的服务器设备及数据库的，则需要在当地公安机关进行独立备案。

2. 备案材料要求

备案单位在备案时，应当提交《信息系统安全等级保护备案表》一式两份并加盖公章，以及电子文档。

第二级系统备案时应提交《信息系统安全等级保护备案表》中的表一、表二、表三，以及信息系统定级报告。定级报告中需有详细的网络拓扑图，拓扑图中的设备及设备数量必须与备案表中的内容一一对应。

第三级以上系统备案时，还需要提交信息系统安全保护设施设计实施方案或改建实施方案、信息系统使用的安全产品清单及认证、销售许可证明、安全组织架构及管理制度等。

2.1.3 安全建设整改

信息系统安全保护等级确定后，通过开展安全建设整改，可以提高信息系统安全管理水平；增强信息系统安全防范能力，减少信息系统安全隐患和安全事故。

安全建设整改工作可以在系统建设之前、等级测评之后或者系统运维时的各个阶段开展。对于已建系统，可以采取分区、分域的方法进行整改方案设计，并对系统进行加固改造。对于新建系统，在规划设计时就应按照确定的信息系统安全保护等级，同步规划、同步设计、同步建设。

安全建设整改工作应从安全管理制度建设及安全技术措施建设这两方面来开展。

1. 安全管理制度建设

按照《信息系统安全等级保护基本要求》，建立健全、规范、操作性强的安全管理制度。

(1)建立信息安全责任制

成立信息安全工作领导组，成立专门的信息安全管理部门和责任部门，确定安全岗位，落实专职人员和兼职人员。明确领导机构、责任部门和有关人员的安全责任。

(2)建立人员安全管理制度

制定人员录用、离职、考核、培训制度，对安全岗位人员要进行安全审查，定期进行培训和考核，提高安全岗位的人员的专业技能和水平，关键岗位人员需持证上岗。

(3)建立系统建设管理制度

建立信息系统定级备案、方案设计、产品采购使用、密码使用、软件开发、工程实施、验收交付、等级测评、安全服务等管理制度。制定工作内容、方法、流程和要求。

(4)建立系统运维管理制度

建立机房环境安全、存储介质安全、网络安全、系统安全、设备安全、事件处置等管理制度，制定应急预案及演练机制，采取相应的管理技术措施和手段，确保系统运维管理制度的有效运行。

2. 安全技术措施建设

在安全技术建设整改中，可以采取“一个中心、三维防护”的策略开展，即一个安全管理中心，以及计算机环境安全、区域边界安全和通信网络安全，建立覆盖物理安全、通信网络安全、主机系统安全、应用系统安全和备份恢复安全的完善的信息系统综合防护体系。

(1)物理安全建设

对信息系统设计中涉及的主机房、灾备机房和办公环境等进行物理安全建设，包括防震、防雷、防火、放水、防盗窃、防破坏、温湿度控制、电力供应、电磁防护等方面。

(2)通信网络安全建设

对信息系统所涉及的网络环境进行安全建设，包括骨干网络、城域网络和其他通信网络。建设内容应包括通信过程数据完整性、数据保密性，保证通信可靠性的设备和冗余线路，以及建立保障网络安全的技术机制和安全措施。

(3)主机系统安全建设

对信息系统涉及的服务器和工作终端进行安全建设，包括操作系统或数据库管理系统的选择、安装和配置，主机入侵防范、恶意代码防范、资源使用情况监控等。安全配置需考虑身份鉴别、方位控制、安全审计等内容。

(4)应用系统安全建设

对信息系统涉及的应用系统软件(包括中间件)进行安全建设,包括身份鉴别、访问控制、安全标记、可信路径、安全审计、剩余信息保护、通信完整性、通信保密性、抗抵赖、软件容错和资源控制等。

(5)备份恢复安全建设

对信息系统的业务数据安全和系统服务连续性进行安全建设,包括数据备份、备用基础设施以及相关技术设施。对于数据安全,需建立数据备份恢复机制,包括备份数据范围、时间间隔、介质等;对于业务连续性,需建立设备冗余、系统冗余、线路冗余等技术设施支持及冗余机制等。备份恢复建设要从业务影响分析入手,编制与其对应的应急预案并演练,配置相应的人员和物资资源。

2.1.4　等级测评

根据《信息安全等级保护管理办法》(公字通[2007]43 号文)的规定,信息系统的运营使用单位应委托具有测评资质的第三方机构,依据《信息系统安全等级保护测评要求》和《信息系统安全等级保护测评过程指南》,对信息系统安全保护状况开展等级测评。

1. 等级测评的作用

在技术层面,被测单位可以全面掌握信息系统的安全状况,排查安全隐患和脆弱点,确认安全保护措施是否符合等级保护的要求,明确进一步的安全整改需求;在管理层面,测评机构可以衡量安全保护管理措施的建设情况,确认安全管理机构及人员是否到位,检测管理制度是否在管理过程中落实,查找需要解决和整改的问题。

2. 等级测评的时机

在安全建设整改之前开展测评,被测单位可以通过测评分析信息系统现状与等级保护标准之间存在的差距,查找信息系统安全保护建设中存在的安全问题,使得安全建设整改的需求更为明确和具有针对性。

在安全建设整改之后开展测评,被测单位可以评估信息系统安全保护措施的实际效果与落实情况是否符合等级保护的要求。对发现的不符合项和安全问题可继续整改,并建立长效的安全保障机制。

在信息运行维护期间,还应定期对系统进行安全等级测评,以检查安全保护措施是否持续有效运行,并及时发现新的安全问题及漏洞。对于第三级系统,应每年由测评机构进行一次等级测评。第四级系统每半年进行一次等级测评。

3. 等级测评的基本过程

等级测评由测评机构开展,分为测评准备、方案编制、现场测评、分析与报告编制四个阶段,最终向被测单位出具等级测评报告。等级测评的基本过程如图 2 -3 所示。

2.1.5　监督检查

依据《信息安全等级保护管理办法》和《公安机关信息安全等级保护检查工作规范》,备案单位、行业主管部门、公安机关需要建立和落实对信息系统的监督检查机制,定期对等级保护的各项要求及执行情况进行检查。

1. 监督检查的意义

在信息系统完成建设整改、等级测评工作,进入运行维护阶段后,会受到内在、外在各

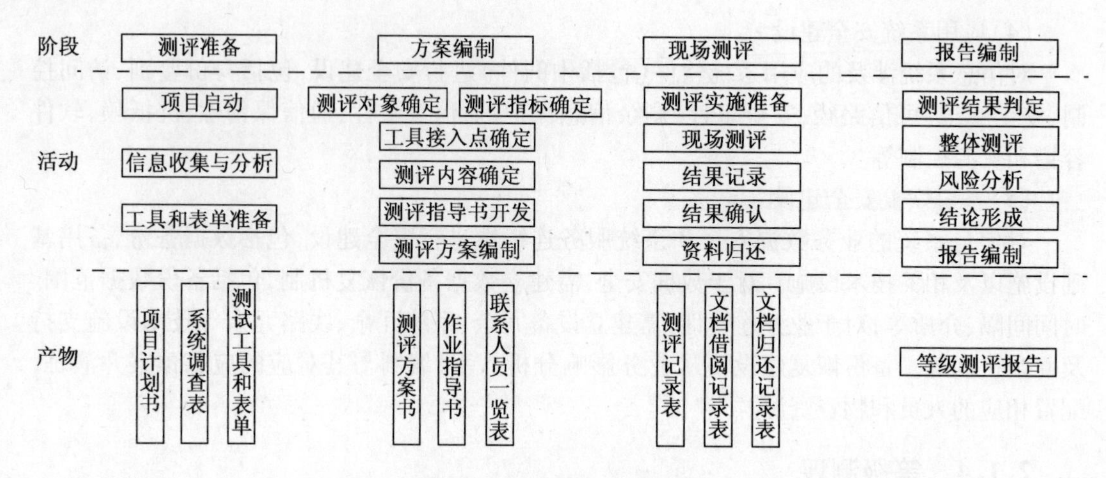

图2-3　等级保护测评过程

种因素的影响,如网络架构升级调整、设备更换、应用系统升级、人员离职等。为保障等级保护工作的持续有效性,必须建立监督检查机制,开展定期的管理评审、人员考核、系统漏洞扫描、渗透测试、应急预案检查及演练等工作。

2. 监督检查的形式

根据监督检查的主体不同,一般将监督检查分为备案单位自查、行业主管部门督导检查、公安机关监督检查三种形式。

(1)备案单位自查

备案单位成立专门的等级保护管理小组,按季度、半年或一年为周期,对本单位的等级保护工作落实情况进行自查,包括信息系统安全状况、信息系统变更情况、安全管理制度及技术保护措施落实情况,排查运维过程中带入的新的安全隐患,确认管理过程是否按照要求执行,是否持续有效地对存在于系统中的安全问题进行了整改。

此外,备案单位需要配合行业主管部门及公安机关的检查要求,提供相关资料和文档,发生安全事件时,应第一时间上报。

(2)行业主管部门督导检查

行业主管部门需根据自身行业的特点来建立督导检查制度,组织制定本行业的信息安全等级保护检查工作规范,定期开展检查工作,督促落实信息安全等级保护制度。

对于重点行业,可制定针对行业的等级保护要求,如中国人民银行提出的《金融行业信息系统信息安全等级保护实施指引》(JR/T 0071—2012),中国证券监督管理委员会提出的《证券期货业信息系统安全等级保护基本要求》(JR/T 0060—2010)等。

(3)公安机关监督检查

公安机关网络安全保卫部门,每年对第三级系统的运营使用单位进行一次工作检查,每半年对四级系统的运营使用单位进行一次工作检查。一般采取情况询问、材料核对、记录查阅、现场查看等方式,检查其安全设施建设、安全措施落实、安全管理制度建立、安全责任制度以及应急响应措施等。

3. 检查的主要内容

任何形式的监督检查工作都应包括以下内容:

(1)等级保护工作的开展和实施情况;

(2)信息系统定级备案情况,系统是否存在变更;
(3)安全责任落实情况,安全管理人员及技术人员设置情况;
(4)信息安全管理制度建设和落实情况;
(5)安全设施建设和安全整改情况;
(6)安全产品使用情况;
(7)测评机构开展等级测评的工作情况;
(8)开展信息安全技能培训情况;
(9)应急响应措施及演练情况等。

2.2 信息安全等级保护的基本要求

信息安全等级保护制度是国家信息安全保障工作的基本制度、基本策略和基本方法,是促进信息化健康发展,维护国家安全、社会秩序和公共利益的根本保障。

《基本要求》是根据现有技术的发展水平,对不同安全保护等级的信息系统提出的最低安全保护要求。它为系统安全保护、等级测评提供了一个基线。

等级保护的基本安全要求是针对不同安全保护等级信息系统应该具有的基本安全保护能力提出的安全要求,根据实现方式的不同,分为基本技术要求和基本管理要求两大类,如图2-4所示。技术类安全要求与信息系统提供的技术安全机制有关,主要通过在信息系统中部署软硬件并正确地配置其安全功能来实现;管理类安全要求与信息系统中各种角色参与的活动有关,主要通过控制各种角色的活动,从制度、规范、流程以及记录等方面作出规定来实现。

2.2.1 基本管理要求

基本管理要求分为安全管理制度、安全管理机构、人员安全管理、系统建设管理、系统运维管理等五个方面。这五个方面覆盖了制度建设、组织架构、资源保障,并贯穿了信息系统的全生命周期。

1. 安全管理制度

从制定信息安全工作的总体方针和安全策略,要求对日常安全管理这一活动的各个方面都形成明确的管理制度和操作规程,以及全面的安全管理制度体系,并进行适当的维护。

2. 安全管理机构

要求建立具有明确职责的信息安全管理机构,并明确部门、岗位的职责分工、技能要求,配备满足要求的人员,加强各有关单位、部门、人员的沟通与合作,并定期检查。

3. 人员安全管理

对人员的录用、离岗、考核、安全意识教育和培训及外部人员的安全进行规范。

4. 系统建设管理

从系统生命周期角度,对系统的定级、设计、采购、软件开发、实施、测试验收、交付、系统备案、测评、安全服务商选择等方面对信息系统进行安全管理,对过程控制方法和人员行为准则进行明确规定。

5. 系统运维管理

在系统运维过程中,对系统运行过程中的全部安全问题进行管理,包括环境、资产、介

信息系统安全等级保护基本要求

- 安全管理建设整改
  - 安全管理机构
    - 岗位设置
    - 人员配备
    - 授权和审批
    - 沟通和合作
    - 审核和检查
  - 人员安全管理
    - 人员录用
    - 人员离岗
    - 人员考核
    - 安全意识教育和培训
    - 外部人员访问管理
  - 安全管理制度
    - 管理制度
    - 制定和发布
    - 评审和修订
  - 系统建设管理
    - 系统定级
    - 安全方案设计
    - 产品采购和使用
    - 自行软件开发
    - 外包软件开发
    - 工程实施
    - 测试验收
    - 系统交付
    - 系统备份
    - 等级测评
    - 安全服务商选择
  - 系统运维管理
    - 环境管理
    - 资产管理
    - 介质管理
    - 设备管理
    - 监控管理
    - 安全管理中心
    - 网络安全管理
    - 系统安全管理
    - 恶意代码防范管理
    - 密码管理
    - 变更管理
    - 备份恢复管理
    - 安全事件处置
    - 应急响应
- 安全技术建设整改
  - 物理安全
    - 物理位置的选择
    - 物理访问控制
    - 防火防雷击
    - 防水防潮
    - 防静电
    - 防盗窃和防破坏
    - 温湿度的控制
    - 电力供应
  - 主机安全
    - 身份鉴别
    - 访问控制
    - 安全审计
    - 入侵防范
    - 资源控制
  - 应用安全
    - 身份鉴别
    - 访问控制
    - 安全审计
    - 剩余信息保护
    - 通信完整性
    - 通信保密性
    - 抗抵赖
    - 软件容错
    - 资源控制
  - 网络安全
    - 结构安全
    - 访问控制
    - 安全审计
    - 边界完整性检查
    - 恶意代码防范
    - 网络设备防护
  - 数据安全与备份
    - 数据保密性
    - 数据完整性
    - 备份与恢复

图 2-4 信息系统安全等级保护基本要求

质、设备、监控、网络安全、系统安全、恶意代码、密码、变更、备份和恢复、安全事件处置、应急预案等。

2.2.2 基本技术要求

基本技术要求分为物理安全、网络安全、主机安全、应用安全、数据安全和备份恢复这五个方面，囊括了与信息系统技术要求有关的各个方面。

1. 物理安全

对机房和办公场地的物理安全提出要求，避免设备遭到物理损坏，包括物理位置选择、物理访问控制、防盗窃和防破坏、防雷击、防火、防水和防潮、防静电、温湿度控制、电力供应、电磁防护等内容。

2. 网络安全

对网络架构和网络设备安全等进行防护，包括网络整体结构安全、网络访问控制、边界完整性检查、入侵防范、恶意代码方法和网络设备防护、网络及设备安全审计等内容。

3. 主机安全

对主机操作系统、数据库的安全防护提出的要求包括身份鉴别、访问控制、安全审计、剩余信息保护、入侵防范、恶意代码防范、资源控制等内容。

4. 应用安全

从身份鉴别、访问控制、安全审计、剩余信息保护、通信完整性、通信保密性、抗抵赖、软件容错、资源控制等几部分对应用安全提出要求。

5. 数据安全和备份恢复

从数据传输、存储、备份和恢复几个环节来满足数据的完整性、保密性和可用性要求，包括数据完整性、数据保密性、备份和恢复等内容。

2.2.3　逐级增强的原则

不同保护等级的信息系统所应该具有的安全防护能力不同，其对抗攻击的能力和系统恢复能力也不同。安全防护能力不同，信息系统能够应对的威胁不同，级别越高的信息系统应能够应对更多的威胁。系统运营使用单位，通过技术措施和管理措施来实现对信息系统的防护，应对同一威胁时可以有不同强度和数量的措施，更高级别的信息系统应考虑更为周密的应对措施。

各个等级的信息系统安全基本要求的增强原则如图 2 - 5 所示。

1. 总体要求

不同等级的信息系统，安全保护能力不同，其安全要求也不同，从基本要求来看，各个级别的安全要求是逐级增强的，例如，对于三级信息系统的安全要求，在二级的基础上增加了如下几项控制点：

(1)技术方面

①网络恶意代码防范；

②剩余信息保护；

③抗抵赖。

(2)管理方面

①系统备案；

②等级测评；

③监控管理；

④安全管理中心。

此外，三级的要求相对于二级，在技术方面，对于身份鉴别、访问控制、安全审计、数据完整性、数据保密性等控制点提出了更加高的要求，如访问控制增加了对重要信息资源设置敏感标记；在管理方面，要求设置必要的安全管理职能部门，加强了安全管理制度的评审以及人员安全的管理，对系统建设过程加强了质量管理等要求。

由此可见，安全要求逐级增强主要表现在三个方面：控制点增加、同一控制点的要求项增加、同一要求控制项强度增强。

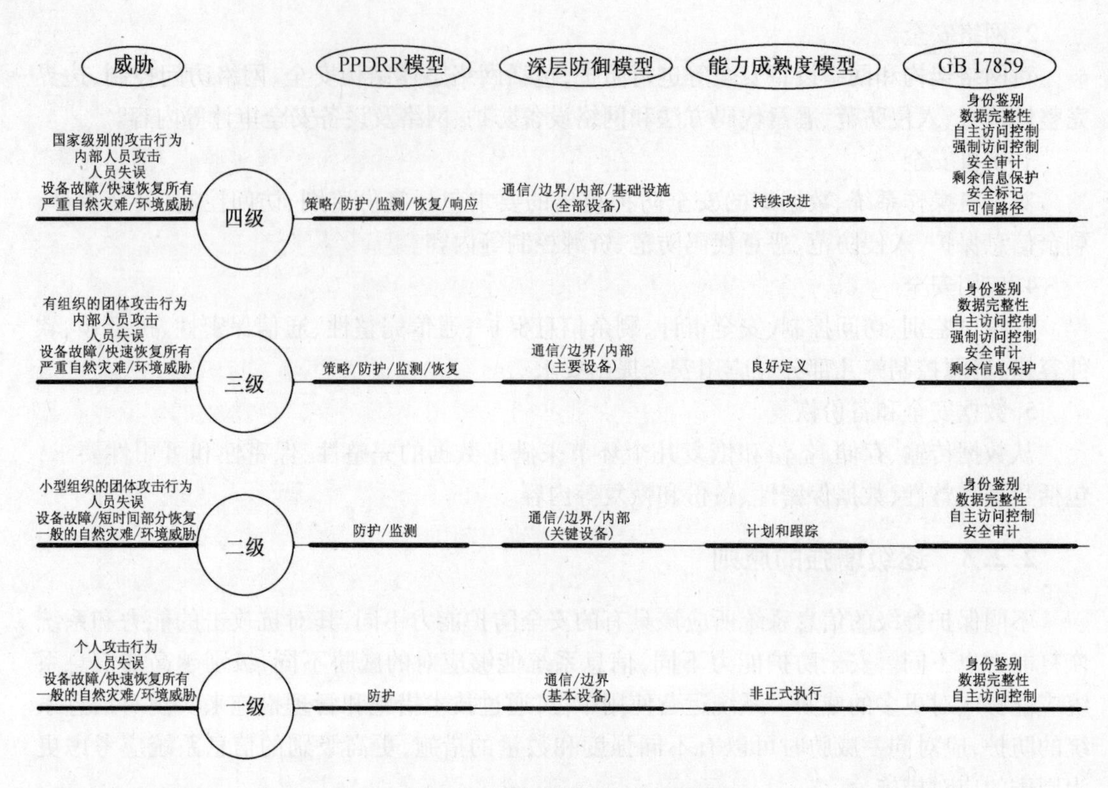

图 2-5 基本要求逐级增强原则

2. 控制点逐级增加

控制点增加,表明对系统的安全关注点增加,如二级控制点增加了安全审计,三级控制点增加了剩余信息保护等项目,控制点的详细分布如表 2-3 所示。

表 2-3 《基本要求》中控制点分布情况表

安全要求类	层面	一级	二级	三级	四级
技术要求	物理安全	7	10	10	10
	网络安全	3	6	7	7
	主机安全	4	6	7	9
	应用安全	4	7	9	11
	数据安全及备份恢复	2	3	3	3
管理要求	安全管理制度	2	3	3	3
	安全管理机构	4	5	5	5
	人员安全管理	4	5	5	5
	系统建设管理	9	9	11	11
	系统运维管理	9	12	13	13
合计	/	48	66	73	77
各级控制点差	/	/	18	7	4

3. 要求项逐级增加

通过控制点增加，来增加安全保护要求是有限的，特别是针对三、四级安全要求。越高级别的信息系统，在同一控制点对具体的安全要求项的数量也相应增加。如对于控制点身份鉴别，在二级只要求标识唯一性、鉴别信息复杂性以及登录失败处理等要求；而在三级，对该控制点增加了组合鉴别方式要求。

各级别系统在各层面上的要求项的详细情况如表 2－4 所示。

表 2－4　《基本要求》要求项分布情况

安全要求类	层面	一级	二级	三级	四级
技术要求	物理安全	9	19	32	33
	网络安全	9	18	33	32
	主机安全	6	19	32	36
	应用安全	7	19	31	36
	数据安全及备份恢复	2	4	8	11
管理要求	安全管理制度	3	7	11	14
	安全管理机构	4	9	20	20
	人员安全管理	7	11	16	18
	系统建设管理	20	28	45	48
	系统运维管理	18	41	62	70
合计	/	85	175	290	318
各级要求项差	/	/	90	7	28

4. 控制强度逐级增强

对于不同级别的安全要求，要求项目也不能不断增加。对于同一安全要求项，在要求的力度上加强，同样也体现出了不同级别的差异。

安全控制强度的增强表现如下：

（1）范围增大

例如，对主机系统安全的安全审计要求，二级只要求“审计范围应覆盖到服务器上的每个操作系统用户和数据库用户”；而三级在要求的对象范围上发生了变化，为“审计范围应覆盖到服务器和重要客户端上的每个操作系统用户和数据库用户”，要求审计的覆盖范围扩大至服务器和重要客户终端。

（2）要求细化

例如，人员安全管理中的安全意识教育和培训要求，二级要求“应制定安全教育和培训计划，对信息安全基础知识、岗位操作规程等进行培训”；在三级中则要求“应对定期安全教育和培训进行书面规定，针对不同岗位制定不同的培训计划，对信息安全基础知识、岗位操作规程等进行培训。”

（3）粒度细化

如网络安全中的“拨号访问控制”，一级要求“控制粒度为用户组”；二级要求则将控制粒度细化，为“控制粒度为单个用户”。由“用户组”到“单个用户”，粒度上的细化，同样也增强了要求的强度。

可见,安全要求的逐级增强并不是无规律可循,而是按照“层层剥开”的模式,由控制点的增加到要求项的增加,进而是要求项强度的增强。三者综合体现了不同等级的安全要求的级差。

第 2 篇　测评综述篇

第3章　等级保护测评过程解读

3.1　测评工作过程

等级测评是对信息系统等级保护实施情况的综合评估，通过评估可以使国家对信息系统责任主体对信息系统保护执行形成有效监督并及时提供指导。等级测评过程包括测评准备、方案编制、测评实施、分析与报告编制四个环节。

3.1.1　测评准备

测评准备是开展等级测评工作的前提和基础，也是整个等级测评过程有效性的保证。测评准备工作是否充分直接关系到后续工作开展顺利与否。测评准备的主要任务是获取被测系统的详细情况，准备测试工具，为编制测评方案做好准备。

测评准备活动包括项目启动、信息收集和分析、工具和表单准备三项主要任务，详见表3-1。

表3-1　测评准备工作内容

测评活动	工作内容	成果输出
项目启动	1. 组建测评项目组	项目计划书 提供资料清单
	2. 编制“项目计划书”	
	3. 确定测评委托单位应提供的资料	
信息收集和分析	1. 定级报告及整改方案分析	系统基本情况分析报告
	2. 整理调查表单	
	3. 发放调查表单给测评委托单位	
	4. 协助测评委托单位填写调查表	
	5. 收回调查结果	
	6. 分析调查结果	
工具和表单准备	1. 调试测评工具	测评工具清单 现场测评授权书 测评结果记录表 文档交接单
	2. 模拟被测系统搭建测评环境	
	3. 模拟测评	
	4. 准备打印表单	

3.1.2　方案编制

方案编制的目标是整理测评准备活动中获取的信息系统相关资料，为现场测评活动提供最基本的文档和指导方案。方案编制包括测评对象确定、测评指标确定、测试工具接入点确定、测评内容确定、测评指导书开发及测评方案编制等六项任务。工作内容详见表3－2。

表 3－2　方案编制工作内容

测评活动	工作内容	成果输出
一、测评对象确认	识别被测系统等级	"测评方案"的测评对象部分
	识别被测系统的整体结构	
	识别被测系统的边界	
	识别被测系统的网络区域	
	识别被测系统的重要节点和业务应用	
	确定测评对象	
二、测评指标确定	识别被测系统业务信息和系统服务安全保护等级	"测评方案"的测评指标部分
	选择对应等级的 ASG 三类安全要求作为测评指标	
	就高原则调整多个定级对象共用的某些物理安全或管理安全测评指标	
三、测试工具接入点确定	确定工具测试的测评对象	"测评方案"的测试工具接入点部分
	选择测试路径	
	确定测试工具的接入点	
四、测试内容确定	识别每个测评对象的测评指标	"测评方案"的单项测评实施和系统测评实施部分
	识别每个测评对象对应的每个测试指标的测试方法	
五、测评指导书开发	从已有的测评指导书中选择与测评对象对应的手册	"测评方案"的测评实施手册部分
	针对没有现成测评指导书的测评对象，开发新的测评指导书	
六、测评方案编制	描述测评项目基本情况和工作依据	《测评方案》
	描述被测系统的整体结构、边界和网络区域	
	描述被测系统的重要节点和业务应用	
	描述测评指标	
	描述测评对象	
	描述测评内容和方法	

3.1.3　测评实施

测评项目组在测评实施过程中，应按照测评方案的总体要求，严格执行测评作业指导书，分步实施所有测评项目，使用检测和扫描工具，并结合手工检查方式进行安全技术方面的全面扫描和重点验证，检查各服务器、网络设备、安全设备的配置情况，以及主要安全功能的实现和使用状况。准确记录各种核查和测试结果，获取足够证据，以及时发现系统存在的安全问题。

现场测评活动包括现场测评准备、现场测评和结果记录、结果确认和资料归还三项主要任务。内容详见表3-3。

表3-3 测评实施工作内容

测评活动	工作内容	成果输出
1. 现场测评准备	现场测评授权书签署	会议记录、确认的授权委托书、更新后的测评计划和测评方案
	召开现场测评启动会	
	双方确认测评方案	
	双方确认配合人员、环境等资源	
	确认信息系统已经备份	
	测评方案、结构记录表格等资料更新	
2. 现场测评和结果记录	依据测评指导书实施测评	访谈结果:技术安全和管理安全测评的测评结果记录或录音; 文档审查结果:管理安全测评的测评结果记录; 配置检查结果:技术安全测评的网络、主机、应用测评结果记录表格; 工具测试结果:技术安全测评的网络、主机、应用测评结果记录,工具测试完成后的电子输出记录,备份的测试结果文件; 实地察看结果:技术安全测评的物理安全和管理安全测评结果记录; 测评结果确认:现场核查中发现的问题汇总、证据和证据源记录、被测单位的书面认可文件
	记录测评获取的证据、资料等信息	
	汇总测评记录,如果需要,实施补充测评	
3. 结果确认和资料归还	召开现场测评结束会	
	测评委托单位确认测评过程中获取的证据和资料的正确性,并签字认可	
	测评人员归还借阅的各种资料	

3.1.4 分析与报告编制

现场测评工作结束后,测评项目组应对现场测评获得的测评结果进行汇总分析,形成等级测评结论,并编制测评报告。

测评人员在初步判定单元测评结果后,还需进行整体测评,经过整体测评后,有的单元测评结果可能会有所变化,需进一步修订单元测评结果,而后进行风险分析和评价,形成等级测评结论。

分析报告编制活动,包括单项测评结果判定、单元测评结果判定、整体测评、风险分析、等级测评结论形成及测评报告编制六项主要任务。具体内容详见表3-4。

表 3-4　报告编制活动

测评活动	工作内容	成果输出
1. 单项测评结果判定	分析测评项所对抗威胁的存在情况	“等级测评报告”的单项测评结果部分
	分析单个测评项是否有多方面的要求内容，依据“优势证据”法选择优势证据，并将优势证据与预期测评结果相比较	
	综合判定单个测评项的测评结果	
2. 单元测评结果判定	汇总每个测评对象在每个测评单元的单项测评结果	“等级测评报告”的单项测评结果汇总分析部分
	判定每个测评对象的单元测评结果	
3. 整体测评	分析不符合和部分符合的测评项与其他测评项(包括单元内、层面间、区域间)之间的关联关系及对结果的影响情况	“等级测评报告”的系统整体测评分析部分
	分析被测系统整体结构的安全性对结果的影响情况	
4. 风险分析	整体测评后的单项测评结果再次汇总	“等级测评报告”的风险分析部分
	分析部分符合项或不符合项所产生的安全问题被威胁利用的可能性	
	分析威胁利用安全问题后造成的影响程度	
	为被测系统面临的风险进行赋值	
	评价风险分析结果	
5. 等级测评结论形成	统计再次汇总后的单项测评结果为部分符合和不符合项的项数	“等级测评报告”的等级测评结论部分
	形成等级测评结论	
6. 测评报告编制	概述测评项目情况	“等级测评报告”
	描述被测系统情况	
	描述测评范围和方法	
	描述整体测评情况	
	汇总测评结果	
	描述风险情况	
	给出等级测评结论和整改建议	

3.2 测评方法

现场测评是等级测评工作的核心内容,整个过程中,测评机构需与测评委托单位、被测系统运营使用单位进行充分地协调和沟通。测评人员在测评中不应直接接触信息系统,须由配合人员进行操作,测评人员只负责见证,并获取详细、准确、规范的测评证据。

现场测评的基本方法为访谈、检查和测试。在判断单个测评项的测评结果时,在测评证据产生矛盾时,一般采用"优势证据"的方法来判断。一般而言,检查和测试获得的测评证据优先于访谈。

3.2.1 访谈

访谈是测评人员通过与被测信息系统有关人员进行交流、讨论等活动来获取相关证据并了解有关信息的测评方法。访谈是测评方法中获得测评证据最迅速、最便捷的方法,但获得的证据是三种方式中最弱的一种,可适用于绝大多数的测评项。

访谈的对象应覆盖与被测系统有关的所有岗位的人员,人员数量上可以进行抽样。访谈对象可包括安全主管、人事主管、机房管理员、网络管理员、主机管理员、应用管理员、数据库管理员和安全审计员等。

在测评中,访谈一般会采用现场询问、电话会议、问卷调查三种方式进行。

(1)现场询问,是在访谈中运用最为广泛的方式,以一对一或一对多的方式进行,测评人员对访谈内容进行记录,也可以进行录音。但由于企业各个岗位的人员工作可能相对较为繁忙,在进行现场询问工作前需制订详细的工作计划表。对于工作场所比较分散,以及跨省市的单位,现场询问实施难度将会更高。

(2)电话会议,这是现场询问的一种衍生测评方式,可用于工作场所相对分散,或跨省市部署的信息系统。如在异地具有备份机房的信息系统,可对异地工作人员进行访谈。

(3)问卷调查,即测评人员将需要获取的测评证据制作为问卷,发放给相关人员进行填写。问卷调查方式可用于覆盖所有与信息系统相关的人员,并且可将访谈内容标准化。但相对而言,该方式获取的证据较其他两种方式要少,并且回收周期可能较长。

3.2.2 检查

检查是测评人员通过对测评对象的观察、查验、分析等活动,获取证据以证明信息系统安全等级保护措施是否有效的测评方法,是等级测评中获得测评证据最为直接和有效的方式。

检查不同于测试,不需在信息系统运行环境中接入设备,不会改变任何系统运行参数和状态,在获取最有效证据的同时所带来的风险也较小,是等级测评中最为有效的测评方法。在测试难以开展的情况下,也可用检查来替代。

检查所针对的对象包括制度文档、相关记录、物理机房、操作系统、网络拓扑、设备配置、应用系统配置和数据库配置等。

依据对象的不同,检查一般分为实地查看、配置检查和文档审阅三类。

(1)实地察看,是测评人员到系统运行现场通过实地观察人员行为、技术设施和物理环境状况判断人员的安全意识、业务操作、管理程序和系统物理环境等方面的安全情况,测评其是否达到了相应等级的安全要求。

(2)配置检查,是针对各类硬件设备、应用系统、中间件、数据库进行安全类配置检查,同时包括系统日志、各类审计日志的检查。如防火墙安全规则配置的检查,应用系统中是否设置了密码强度验证等。

(3)文档审阅,是对安全方针文件、安全管理制度、安全管理的执行过程文档、系统设计方案、网络设备的技术资料、系统和产品的实际配置说明、系统的各种运行记录文档、机房建设相关资料,机房出入记录等过程记录文档的审查。

3.2.3 测试

测试是按照预定的方法或工具进行查看并分析响应的结果。测试是获取信息系统安全保护措施有效性的方法。测评人员可采用自动化工具对系统进行检测,如使用网络扫描工具验证服务器开放的应用端口,判断边界防火墙设备防护的有效性;使用应用扫描工具,发现应用系统中存在的系统漏洞等。

在开展测试前,需要对测试工具和设备进行检查,确保使用最新版本的工具和测试规则。在接入被测系统前,应分析测试可能引入的风险,做好系统的备份与应急预案。

依据测试内容的不同,测试一般分为漏洞扫描、数据监听和验证测试三类。

(1)漏洞扫描,利用漏洞扫描工具主动发现系统、主机存在的脆弱性。能对服务范围内的系统和网络进行漏洞扫描,从内网和外网两个角度来查找网络设备、服务器主机、数据和用户账号/口令等扫描对象中存在的安全风险、漏洞等。

(2)数据监听是利用端口侦听和数据抓包工具来获取网络数据包,分析数据包中的内容,以此验证通信完整性和通信保密性机制。

(3)验证测试,根据漏洞扫描发现的系统脆弱点,采取完全模拟入侵者可能采用的攻击技术和漏洞发现技术,对信息系统进行非破坏性质的模拟攻击,获得系统提权,验证测试发现安全问题的有效性和正确性。

3.3 等级测评项目管理

3.3.1 测评工作的团队结构要求

测评机构在组建测评工作团队时,应对投入人员的数量和能力得以保障。测评团队应由项目负责人、项目经理、管理测评组、技术测评组、工具测评组、质量监督组及专家组构成。人员结构如图3-1所示。

1. 项目负责人

项目负责人负责所有项目交付物的最终评审,并对项目实施工作提供相应的技术指导与支持。项目负责人一般由高级测评师担任。

2. 项目经理

项目经理负责项目全面管理,工作内容包括制订计划并监督计划执行情况、控制项目进度、监督测评过程、评审阶段性成果及协调解决疑难问题。项目经理至少由中级测评师担任。

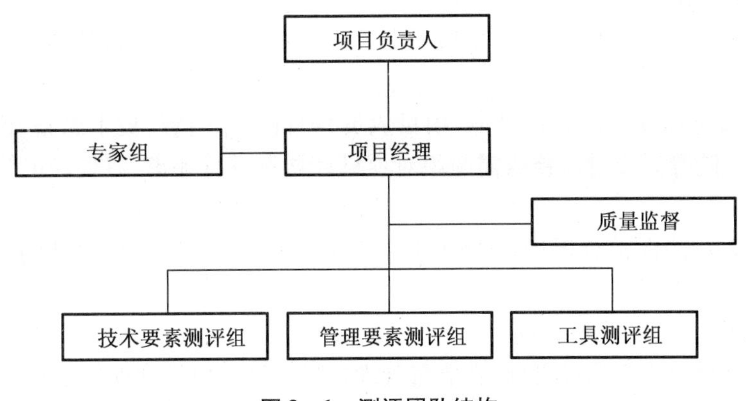

图 3－1　测评团队结构

3. 技术测评组

技术测评组负责测评系统的物理安全、网络安全、主机安全、应用安全和数据安全，包括实施安全功能验证、安全配置检查测评，完成等级测评报告中的技术部分内容，配合管理测评组的工作。根据被测系统规模，技术测评组由两名以上测评师组成。

4. 管理测评组

管理测评组负责分析和评审委托单位提交的文档，实施现场安全管理检查，完成等级测评报告中的管理部分内容，配合技术测评组的工作。根据被测系统规模，管理测评组由两名以上测评师组成。

5. 工具测评组

工具测评组在等级测评中，负责工具测试工作。

6. 质量监督组

质量监督组负责对项目实施的各种活动进行监督，及时发现实施过程中存在的问题，并在必要时采取纠正措施。

7. 专家组

专家组负责在项目实施过程中，对各项疑难技术问题的提供咨询和建议。

3.3.2　测评工作的质量管理

为确保等级测评工作的程序化、标准化和规范化，测评机构应建立测评质量管理体系，设立独立的质量管理部门，定期对人员能力进行考核。在项目实施过程中，对关键交付物进行质量评审。

1. 建立完善的质量管理体系

应依据《信息系统安全等级保护测评过程指南》《各类检查机构运行的基本准则》(ISO/IEC 17020)建立完整的、高适用性的质量体系。将测评过程中每一个测评活动纳入质量控制之中，以及时发现测试中的差错并改正。设置独立的质量监控部门或小组，对测评项目进行全过程的质量监控，以确保测评工作的质量。在质量控制中，重点须关注测评准备活动、方案编制活动、现场测评活动和报告编制活动。

(1)测评准备活动的质量管理

测评准备是测评项目的开始,本阶段质量管理的重点是评审项目计划书和开展测评人员的保密意识培训。

项目计划书应明确项目起止日期、项目成员、项目工作内容、技术思路,说明项目难点和可能产生的风险等。质量监督组需组织对项目计划书进行评审,以便及时发现实施过程中存在的问题。

开展测评人员的保密意识培训,签订保密协议,保证项目组成员对被测信息系统相关信息予以保密。

(2)方案编制活动的质量管理

方案编制活动应明确项目目标,在质量管理过程中制定项目管理计划和测评任务书。

项目管理计划应确定项目规划、实施、监控及竣工的详细管理计划,包括项目范围管理、活动管理、进度管理、人力资源管理、沟通管理、变更管理和风险管理等,以此来指导项目的执行。

项目经理在方案编制阶段应创建工作分解结构任务书,将测评工作落实到每个测评人员身上,便于质量监督小组在现场测评阶段进行监督和检查。

项目管理计划在批准后执行,必要时应进行评审。

(3)现场测评活动管理

现场测评中,项目经理应将项目按技术类别和管理类别的功能分成不同的子项目,由有对应技能的测评人员来完成。测评过程应按照项目管理计划中的各种要求进行。质量监督组应对本阶段产生的工作成果进行监督和评审。

(4)报告编制活动管理

报告编制是等级测评项目的结束阶段。质量监督小组应对项目过程中的工作、产品进行审查和归档,并总结经验教训,持续改进项目管理体系。

2. 测评人员能力确认

项目测评人员的工作能力需进行确认和验证,以保证能够满足项目实施的需要:

(1)项目组人员均为测评机构在编人员,应具备等级测评师的上岗证明,项目经理需具有中级测评师或以上资质,测评人员依据分工不同需分别具有技术或管理类初级测评师资质;

(2)在项目开展前,项目组成员应均参加了针对本项目的测试方式和测试用例等方面的培训;

(3)对测评人员,需定期进行测评技能培训,并进行专项考核。

3. 关键节点质量评审

质量监督小组对项目组关键产物进行质量评审,包括测评方法、测评方案、测评记录和测评报告等。

(1)测评方法评审

测评方法的评审主要包括测评方法是否适当,如是否使用了具有适当准确度、现行有效和符合标准要求的方法进行核查和测试;项目的测评方案是否包括测评方法、测评计划安排、工作规程等内容;测评方法如何满足测评要求,是否具有成本和风险的平衡关系分析等。

(2)测评方案评审

项目经理组织编写的测评方案须经过质量监督小组的评审和测评委托单位的书面确认,确保测评要素的充分性和适宜性,测评技术的适用性和有效性。应明确评估双方的人员职责、测评对象、测评内容、测评方法、测评记录、执行过程和测评报告要求等内容,评审记录须形成文件;评审后的测评方案得到测评委托单位的书面确认后方可实施,此后未经批准不得随意调整或修改。

(3)测评记录评审

质量监督组要确保测评活动和测评过程的可追溯,确保测评记录清晰明了、便于存取、妥善保存和安全保密;项目经理应及时向单位负责人和质量监督组反馈测评过程中存在的问题,并采取纠正措施;质量监督组负责对测评记录进行检查,主要包括结果、数据是否在产生的同时进行了记录,记录更改是否规范,作废记录是否写明原因等。

(4)测评报告评审

项目经理组织检查人员对测评报告进行评审,以此来确认测评结果的有效性,保证所出具的报告和数据的真实、准确、可靠;评审过程验证和监控记录方式、测评结论等,证实结果质量是否符合要求和能否发现测评系统或结果质量存在的潜在问题;评审记录和结论由项目经理提交相关部门归档。

4. 测评工作规范化

需制定规范统一的测评工作流程,确保不同项目组、不同项目的工作流程、判断标准三项一致,包括:

(1)项目所依据的均为正式颁布的标准和规范;

(2)项目的测评过程需严格依据各测评作业指导书来进行。

3.3.3　测评工作的保密要求

为确保在测评工作中被测单位电子设备、软件及数据的安全性,测评机构应建立有效的信息系统安全保障机制,全面落实信息安全的各项规章制度。可依据《信息技术 安全技术 信息安全管理体系要求》(ISO/IEC 27001)建立信息安全管理制度。

在开展测评工作中,须与被测单位签订保密协议。测评人员与测评单位也必须签订保密协议。并从以下几方面入手,建立安全保密机制。

1. 被测单位设备与系统的使用

(1)测评人员申请使用被测单位电子设备和系统账号时,必须出于测评需求,并且得到相应的授权,其访问权限应控制在满足业务需求的最小授权;

(2)所有非被测单位的任何电子设备(包括台式电脑、笔记本电脑、移动硬盘、U 盘、摄影器材、手机、集线器(HUB)、无线路由等各类移动电子设备或通信设备),在未经授权前,都不得以任何方式(包括有线和无线)接入被测单位的内部网络;

(3)所有被测单位提供使用的电脑不得在未经许可的前提下接入被测单位内部网络。

2. 测评设备的保密管理

(1)测评人员配备专用设备和工具,并设定专门的领用手续;

(2)项目组参与人员上岗工作前应办理设备领用,工作结束后应及时办理归还手续;

(3)测评工作所使用的设备和工具必须进行标识,非项目人员不得在项目期间使用带有标识的设备和工具;

(4)测评工作所使用的设备和工具必须设置强密码,保密管理岗位负责人每周做定期验证;

(5)测评工作所使用的工作电脑不得接入网络,保密信息不得随意复制,严禁传输;

(6)临时存储设备(U盘)由负责人专门保管,项目期间不得外借,每次数据复制后,必须做好格式化工作。

3. 重要和敏感数据保护

(1)任何未经许可的被测单位非公开信息、重要客户数据和文件资料都不得带离被测单位,包括通过邮件等方式转发至外部邮箱或网络;

(2)内部、保密和高度保密数据不允许被存放在任何非测评专用设备上;

(3)当测评人员须涉及被测单位的保密、高度保密数据时,必须严格遵循被测单位所要求的数据保护、客户隐私及相关银行保密法律、法规和准则,以确保数据在其收集、使用、处理、存储及销毁的每个过程中都被正确使用和保护,避免丢失、被盗或泄露。

4. 测评工具和软件的使用

(1)在测评人员使用工具进行测试之前,须与被测单位风险管理部门沟通,并由其对该工具进行复核,获得授权后方可进行测试。

(2)禁止安装任何与测评无关或非授权软件。例如:

①任何种类的游戏及娱乐软件;

②从互联网下载的非授权软件等;

③复制未购买许可证的正版软件;

④从其他来源获得的非授权软件。

5. 互联网和电子邮件的使用

(1)测试工具和设备,在非测评需要的前提下,禁止接入互联网;

(2)禁止使用即时通信工具发送保密或高度保密的数据;

(3)禁止使用互联网邮箱发送测评相关资料及客户保密信息;

(4)若被测单位已启用互联网内容过滤工具,以限制某些互联网内容的访问时,所有人不得利用任何手段绕过此互联网过滤工具。

6. 计算机病毒控制

(1)不在本地硬盘上共享任何目录;

(2)在使用软盘、光盘、移动储存设备、第三方电子邮件中的附件,以及从互联网上下载的电子文件之前,都应该对其进行病毒扫描;

(3)如果发现疑似计算机病毒感染,应及时切断相关计算机的物理网络连接,并进行病毒处置。

7. 文档保密管理

(1)文件资料设置专柜统一编号,并设专人保管;

(2)严格办理文件资料和信息的借阅手续;

(3)严格办理现场测评文件资料和信息的交接手续;

(4)文件资料和信息的复印、打印,需要办理审批手续;

(5)不得复制、利用、向任何单位和个人透露测评委托单位的文件资料和信息,以及测评过程中获取的数据信息;

(6)配备采用物理隔离的文件服务器,用于存储项目过程中的电子文档。

第4章　测 评 工 具

4.1　常用测评工具介绍

工具测试，是指利用各种测试工具对目标系统进行扫描、探测等操作，使其产生特定的响应活动，通过查看、分析响应结果，获取证据以证明信息系统安全保护措施是否得以有效实施的一种方法。在等保测评中，利用工具测试不仅可以直接获取到目标系统本身存在的漏洞，也可以通过在不同的区域接入测试工具，根据得到的测试结果，判断不同区域之间的访问控制情况，为测评结果的客观性和准确性提供保证。

工具测试作为一种灵活的辅助测试手段，在网络安全中的结构安全、访问控制、入侵防范、网络设备防护，主机安全中的访问控制、入侵防范，以及应用安全中的身份鉴别、访问控制、通信保密性和完整性、软件容错等多个方面均发挥着重要的作用。

在等级保护测评中经常采用的工具测试类型主要包括漏洞扫描、实时监测、渗透测试三类。

4.1.1　漏洞扫描

漏洞扫描是指基于漏洞数据库，通过扫描方式对指定的目标系统的安全脆弱性进行检测，以此来发现可利用漏洞的一种安全检测行为。漏洞扫描也可以看作一种收集漏洞信息的方式，它通过网络来扫描远程计算机、应用系统或数据库中的漏洞，并根据不同的漏洞特征构造网络数据包，发给网络中的一个或多个扫描对象，以判定某个特定的漏洞是否存在。

在等级保护测评中，漏洞扫描主要用于评估主机操作系统、网络和安全设备操作系统、数据库以及应用平台软件的安全情况，常见的漏洞扫描类型主要包括系统安全隐患扫描、应用安全隐患扫描、数据库安全配置隐患扫描三种。常用的漏洞扫描工具如下：

1. 系统安全隐患扫描：Tenable Network Security Nessus、榕基网络隐患扫描工具等。

系统安全扫描工具主要用于检测主机操作系统、网络和安全设备操作系统、数据库系统等系统级别的安全漏洞，发现系统存在的安全漏洞、安全配置隐患，检查系统存在的弱口令、系统开放的账号、服务和端口、本地安全策略配置等。

2. 应用安全隐患扫描：安恒明鉴 Martixay、IBM APPScan、Acunetix Web Vulnerability Scanner 等。

应用安全扫描工具通过网络爬虫技术对指定的 Web 路径进行探索，基于探索结果和预定的扫描策略进行测试，可以扫描出目前 Web 应用中常见的如 SQL 注入、Cookie 注入、XPath 注入、LDAP 注入、跨站脚本、代码注入、表单绕过、弱口令、敏感文件和目录、管理后台、敏感数据、第三方软件等大部分漏洞。

3. 数据库安全扫描：安恒明鉴 DAS - DBScan、Xsecure - DBScan。

数据库扫描工具通过记录数据库访问行为、识别越权操作等违规行为、跟踪敏感数据访问行为轨迹、发现敏感数据泄露、检测数据库配置弱点等方式来验证数据库存在的安全

隐患。

由于数据库扫描工具需要提供数据库的 DBA 权限账号,并在数据库中产生大量测试和日志数据,因此在实际测评过程中较少采用,一般通过安全配置检查的方式进行。

4.1.2 实时监测

实时监测需结合网络架构拓扑在网络关键节点接入工具监测当前的网络流量数据,分析可疑信息流,通过截包解码分析的方式验证系统数据传输的保密性。在等级保护测评中,实时监测工具可用于网络结构、数据保密性、信息流安全的测试,验证网络流量带宽、网络流量控制是否满足业务要求、符合安全策略,验证用户鉴别信息和关键数据、应用系统数据是否采用加密方式进行传输。

实时监测工具为 Wireshark。实时监测工具的功能是截取网络封包,并尽可能显示出最为详细的网络封包资料。通常被用于嗅探局域网内的数据传输格式,探查是否存在明文传输口令、数据传输风险,查询包括 IP,TCP,UDP,HTTP,FTP,SMB 等常见的协议内容。

实时监测工具不是入侵检测系统(Intrusion Detection System,IDS),对于网络上的异常流量行为,它不会产生警示或任何提示,同时也不会对网络封包的内容进行修改,它只会反映出目前网络封包的流通信息。

4.1.3 渗透测试

渗透性测试主要通过模拟黑客的攻击思路和技术手段,从攻击者的角度来评估计算机网络系统安全的一种评估方法。渗透性测试能够发现信息系统的应用系统和网络边界设备存在的安全隐患,用于检测对外提供服务的业务系统以及重要业务系统的威胁防御能力。渗透测试是一个渐进并且逐步深入的过程,一般选择不影响业务系统正常运行的攻击方法进行测试。渗透测试是在漏洞扫描的基础上,对系统漏洞进行针对性的验证,同时也是对漏洞扫描结果的补充。通过人工和工具验证的方式,可以更有效地评估系统所面临的风险。在等级保护测评中,常见的渗透性测试工具包括中间人攻击工具、注入工具等。

1. 中间人攻击工具:Paros Proxy

Paros 是一个对 Web 应用程序的漏洞进行评估的代理程序,通过代理对客户端及服务器端的请求和响应进行拦截、保存,并可以进行伪造和重放,从而发现 Web 应用的漏洞。

2. 注入工具:SqlMap

SqlMap 是一个开放源码的渗透性测试工具,它可以自动探测和利用 SQL 注入漏洞来接管数据库服务器。它配备了一个强大的探测引擎,可以提供从数据库中提取用户、密码哈希、权限、角色、数据库、表和列,以及执行命令、识别密码加密方式、数据导出等功能。

3. 渗透性测试平台:Metasploit

Metasploit 也是一款开源的渗透性测试工具,Metasploit Framework 将负载控制(payload)、编码器(encode)、无操作生成器(nops)和漏洞整合在一起,成为一种研究高危漏洞的途径。它集成了各平台上常见的溢出漏洞和流行的 shellcode ,攻击者可以将来自漏洞扫描程序的结果导入到 Metasploit 框架的开源安全工具 Armitage 中,然后通过 Metasploit 的模块来确定漏洞。一旦发现了漏洞,攻击者就可以采取一种可行方法攻击系统,通过 Shell 或启动 Metasploit 的 meterpreter 来控制这个系统。

4.2 测评工具选择

4.2.1 选择的原则

等级保护安全测评涉及漏洞扫描工具、渗透测评工具集等多种类型的测试工具。针对被测系统的网络边界和测评设备、主机和业务应用系统的情况，应选择针对性的安全测试工具。在工具选择时应遵循以下原则：

(1)采用的测评工具必须获得正版授权，并在有效期内，不得使用盗版软件；

(2)采用的测评工具在功能、性能等满足使用要求前提下，应优先采用具有国内自主知识产权的同类产品；

(3)采用的测评工具的生产商应为正规厂商，具有一定的研发和服务能力，能够对产品进行持续更新，并提供质量和安全保障；

(4)所使用的测评工具不会对系统产生破坏或负面影响。

4.2.2 带来的风险及影响

采用测试工具对被测系统进行安全测评，可能会对被测评系统造成影响，所以在使用中应满足以下几个方面的要求：

(1)未经授权，不得使用测评工具对被测系统进行测试；

(2)在使用测评工具对被测系统进行测试前，应编写测试方案，应明确使用的工具、测试的对象、测试方法及策略、测试时间、可能产生的影响、应对解决措施，并由被测评单位授权后按方案实施；

(3)测试工具接入前规则库需更新至最新；

(4)使用脆弱性扫描工具扫描生产系统，不应使用拒绝服务攻击尝试、溢出攻击尝试、数据修改尝试等扫描策略；

(5)使用扫描工具进行扫描检测时应根据扫描计划在指定的网段地址内进行扫描，严禁全网扫描；

(6)使用脆弱性扫描工具扫描生产系统，应尽量在非业务高峰期进行，在业务高峰期时进行扫描应对并行扫描主机数和线程数进行限制，以避免对业务系统和网络造成过高负载，从而影响业务系统正常提供服务；

(7)在开展扫描工作前需征求被测单位相关人员同意，并通知相关人员做好数据备份等应急准备工作；

(8)使用渗透测试工具进行渗透测试时，必须由被测评单位相关人员陪同进行，在未授权情况下，严禁对被测评单位系统进行渗透测试；

(9)使用密码强度审核工具审核密码强度时，必须由被测评单位相关人员陪同进行，相关验证数据不得在测评方保存，必须使用安全删除方式从测评方电脑或存储设备中安全删除；

(10)测评过程中禁止使用U盘传递数据和文档。

4.3 测评工具的部署

利用工具测试,不仅可以直接获取到目标系统本身存在的系统、应用等方面的漏洞,同时,也可以通过在不同的区域接入测试工具所得到的测试结果,判断不同区域之间的访问控制情况。

4.3.1 信息收集

在测试工具接入到网络环境之前,需要收集网络拓扑图、被测设备信息等,具体内容如下:

(1)依据等级保护测评需求,确定工具测试的对象,如测试对象的品牌型号、系统类型、访问地址、访问方式等;

(2)调研和分析网络拓扑架构图,依据接入点选择原则来确定本次工具测试接入位置;

(3)与被测方确定测试工具的接入地址、接入方式、接入时间段,如测试工具采用规则库,需提前更新至最新规则库。

4.3.2 接入点选择

接入点的选择会随着网络结构、访问控制、主机位置等情况的不同而不同,它没有固定的模式可循,但根据测试经验,也能总结出一些基本的、共性的原则:

(1)由低级别系统向高级别系统探测;

(2)同一系统的同等重要程度功能区域之间要相互探测;

(3)由较低重要程度区域向较高重要程度区域探测;

(4)由外连接口向系统内部探测;

(5)跨网络隔离设备(包括网络设备和安全设备)要分段探测。

4.3.3 测试实例

图4-1为典型的信息系统网络架构拓扑图,其网络边界包含互联网和专网两个部分,分别通过外网防火墙和专网防火墙进行网络边界安全防护。内网服务器分为DMZ区和核心服务器区,DMZ放置WEB及应用服务器,核心服务器区放置数据库服务器,中间通过防火墙进行安全隔离。

以图4-1为例,等级保护测评工具接入点主要分为四个,具体如下:

(1)在接入点1接入扫描工具,模拟在DMZ区对核心服务区进行攻击,检测核心服务区的服务器对DMZ区暴露的安全情况;在接入点1接入扫描工具,对DMZ区的应用服务器进行安全扫描,模拟DMZ区内部的攻击,检测应用服务器的安全情况;

(2)在接入点2接入扫描工具,模拟在核心服务区对数据库服务器进行攻击,检测数据库服务器的安全漏洞情况;

(3)在接入点3接入扫描工具,模拟在Internet区对核心服务区、DMZ区进行攻击,检测核心服务区和DMZ区服务器对Internet区暴露的安全情况;

(4)在接入点4接入扫描工具,模拟在专网区对核心服务区、DMZ区进行攻击,检测核心服务区和DMZ区服务器对专网区暴露的安全情况。

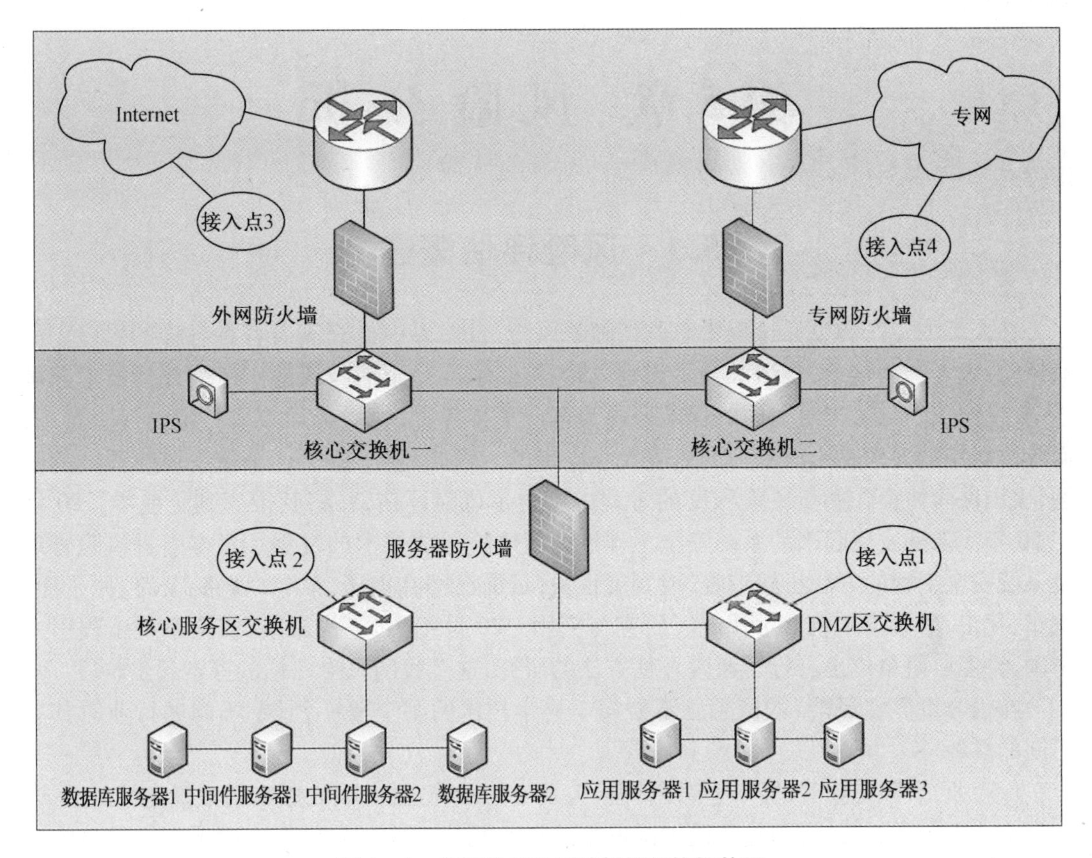

图 4－1　典型的信息系统网络架构拓扑图

第5章 风险分析

5.1 风险评估概述

在人类的生产和生活过程中总是伴随着风险,自然界中也充满着各种各样的风险。面对风险,人类努力抗争,逐渐学会了识别风险、控制风险乃至消减风险。风险评估技术起源于20世纪30年代,当时美国的保险公司为客户承担各种风险,必须收取一定的保险费用,而收取费用的多少是由所承担的风险大小决定的。因此,就产生了一个衡量风险程度的问题,美国保险协会在衡量风险程度的过程中产生了风险评估,并将其推广到企业界。20世纪50年代末期发展起来的系统安全工程推动了风险评估技术的发展。日本引进风险管理及系统安全工程的方法虽然较晚,但发展很快,目前已经在电子、航空、铁路、公路、原子能、汽车、化工、冶金等领域大力开展了研究与应用。20世纪70年代末期,安全系统工程引入中国,许多科研单位也进行了风险评估方法的研究,这是我国风险评估的探索起步阶段。

在当今世界,"风险"的概念已不专属于科学技术的某个单一领域,不同的行业对其有不同的解释。

保险业:风险是损失的不确定性,即损失发生的不确定性、损失影响的不确定性。

安全生产:对某种可预见危险情况发生的概率及其后果严重程度这两项指标的总体反映,是对危险情况的一种综合的描述。

就目前国际标准定义的概念来说,风险评估(Risk Assessment)是指在风险事件发生之前或发生中,对该事件给相关各方的生命、生活、资产、利益等方方面面造成的影响和损失的可能性进行量化评估的工作,即量化测评某一事件或事物带来的影响或损失的可能程度。简单一点来说,就是在做一件事之前,要想想在进行这件事的时候会遇到什么样的问题,这些问题出现的概率各是多少,它们的出现会不会导致计划不能完成,一旦出现问题则带来的直接和间接损失有多少等。这是对问题不乐观的一种预见,与效益评估正好相反。

近年来,随着整个社会信息化的高速发展,无论是个人、企业,还是国家都对信息安全越来越重视。在当前的信息安全工作中,网络架构和系统应用愈来愈复杂,每个企业、组织、信息系统的使用单位和主管部门都有这样的疑惑:正在建设和运行的信息系统有哪些安全漏洞?应该怎样解决?如何规划组织的安全建设与运维?如何才能保证系统的稳定和信息的安全?而风险评估就是解决上述问题的一种重要手段,于是在日常的信息安全管理工作中得到日益广泛的运用。

从信息安全的角度来讲,安全的实现是一个过程而不是目标。风险评估则是对信息资产(即某事件或事物所具有的信息集)在整个生命周期中所面临的威胁、存在的弱点、造成的影响,以及三者综合作用所带来风险的可能性和安全事件一旦发生所造成的影响的一种评估。信息系统的安全性可以通过风险的大小来度量,通过科学地分析系统在保密性、完整性、可用性等方面所面临的威胁,来发现系统安全的主要问题和矛盾,就能够在安全风险的预防、减少、转移、补偿和分散等之间作出决策,最大限度地控制和化解安全威胁。

作为风险管理的基础,风险评估是信息系统安全保障机制建立过程中的一种评价方法,其结果将为信息安全管理提供依据。风险评估是组织确定信息安全需求的一个重要途径,属于组织信息安全管理体系策划的过程。因此,所有信息安全建设都应该以风险评估为起点。虽然信息安全建设的最终目的是服务于整个信息化工作,但其直接目的是为了控制信息系统的安全风险。风险评估的主要任务如下:

(1)识别组织面临的各种风险;

(2)评估风险概率和带来的负面影响的严重程度;

(3)确定组织承受风险的能力;

(4)确定风险消减和控制的优先等级;

(5)推荐消除风险、减小风险、转移风险和接受风险的对策。

在开展风险评估工作时,评估范围可以是整个组织,也可以是组织中的某一部门,或者独立的信息系统、特定系统组件和服务。影响风险评估进展的某些因素,包括评估时间、力度、展开幅度和深度,都应与组织的环境和安全要求相符合。组织应该针对不同的情况来选择恰当的风险评估途径。

这里需要注意,在谈到风险管理的时候,人们经常提到的还有风险分析(Risk Analysis)这个概念。在日常的信息安全工作中,很多人认为风险分析就等同于风险评估,其实两者之间还是有一定差距的。从严格意义上来说,风险分析应该是处理风险的总体战略和完整过程,它既包括风险评估,也包含风险管理(对风险的消减和控制过程);而风险评估只是风险分析过程中的一项工作,是风险分析工作的起点,即对可识别的风险进行评估,以确定其可能造成的危害的严重程度。

5.2 风险评估方法

国际上关于信息系统安全风险评估的研究已有30多年的历史,美国、加拿大等IT发达国家于20世纪70年代和80年代建立了国家认证机构和风险评估认证体系,负责研究并开发相关的评估标准、评估认证方法和评估技术,并进行基于评估标准的信息安全评估和认证。这些信息安全风险评估的方法在很大程度上缩短了信息安全风险评估所花费的资源、时间,提高了评估的效率,改善了评估的效果。根据各因素计算数据要求的程度,可以将这些方法分为定量分析法、定性分析法和综合分析法。

5.2.1 定性分析法

定性分析法不需要严格量化各个属性,只采用人为的判断,依赖于评估者的知识、经验、直觉等一些非量化的指标来对某一行业或领域存在的风险进行分析、判断和推理,采用描述性语言描述风险评估结果。定性分析法较为粗糙,但在数据资料不够充分或评估者数学基础较为薄弱时比较适用。在采用定性分析法进行评估时,不使用具体的数量化的数据,而是对各个指标给出一定的指定期望值,利用非量化的形式对信息系统的安全风险做出判断。常见的定性分析法有风险模式影响及危害性分析(RMECA)、德尔菲法(Delphi Method)及可操作的关键威胁、资产和脆弱评估方法(OCTAVE,Operationally Critical Threat,Assetand Vulnerability Evaluation)等。定性分析法的优点是可以挖掘出一些蕴藏很深的思想,使评估的结论更全面深刻;其缺点是主观性强,对评估者要求很高。

定性风险评估描述原则:以分析的结果用事件(事故)发生的可能性和影响程度表述,以定性为主的基本原则,通过风险矩阵排列区域来确定风险程度。

5.2.2 定量分析法

定量分析法是根据某一行业或领域中风险的相关数据,利用公式进行分析、推导的方法,通常以数据形式进行表达,用数量化的指标数值来对风险进行评估。具体来说,就是对度量风险的所有要素赋予一定的数值,依据这些数据建立数学模型,把整个信息安全风险评估的过程和结果进行量化,然后对各项指标进行计算分析,通过这些被量化的数值对信息系统的安全风险进行评估判定。比较常见的定量分析法有 Markov 分析法、时序序列分析法、因子分析法、决策树法、聚类分析法和熵权系数法等。

定量分析法比较复杂,但在资料比较充分或者风险的危害可能性比较大时比较适用。定量分析法的优点是分类清楚,比较客观;其缺点是容易简单化、模糊化,容易造成误解和曲解。

5.2.3 综合分析法

定性分析法虽然所需的评估时间、费用和人力较少,但评估结果不够精确。定量分析法的评估结果虽然较精确,但比较复杂,需要高深的数学知识,成本比较高,评估时间也较长,且所需数据收集比较困难。因此产生了定性与定量相结合的综合分析法。

事实上,定量分析法和定性分析法是相辅相成、相互联系的,定性分析法同样要采用数学工具进行计算,而定量分析则必须建立在定性预测基础上,二者相辅相成。定量分析法是定性分析法的基础和前提,反过来,定性分析法又是建立在定量分析法基础上揭示客观事物内在规律的。二者结合起来灵活运用才能取得最佳效果。实际使用时也可以多种风险评估方法综合使用,评估效果会更佳。

5.3 风险评估模型的建立

在风险评估过程中,有几个关键的问题需要考虑。首先,要确定保护的对象(或者资产)是什么?它的直接和间接价值如何?其次,资产面临哪些潜在威胁?导致威胁的问题所在?威胁发生的可能性有多大?第三,资产中存在哪里弱点可能会被威胁所利用?被利用的容易程度又如何?第四,一旦威胁事件发生,组织会遭受怎样的损失或者面临怎样的负面影响?最后,组织应该采取怎样的安全措施才能将风险带来的损失降低到最低程度?解决以上问题的过程,就是风险评估的过程。

因此我们在开展风险评估工作时,首先需要采用上文提到的风险评估方法,建立相应的风险评估模型,识别出系统所面临的风险及其大小。其具体步骤为:对资产进行分类;从保密性、完整性和可用性 3 个方面对资产的重要性进行赋值;识别重要资产;对威胁可能性进行赋值;分析脆弱性的严重程度;计算风险值和风险等级,得出风险评估结果。

针对等级保护测评中的风险评估,各步骤的具体说明如下。

5.3.1 资产分类

资产是指对组织具有价值的信息或资源,是信息安全策略保护的对象。参考等级保护测评实施的具体要求，为便于信息安全管理和风险分析，可以将资产分为以下几个大类。

1. 硬件资产

数据库服务器、应用服务器、网络设备（交换、路由等）、安全设备（防火墙、IDS、WAF、IPS、认证服务器、网闸等）、存储设备、管理终端等。

2. 软件资产

操作系统、数据库、中间件、应用软件等。

3. 环境资产

机房、综合布线、UPS、空调、消防、门禁、变电设备等保障设备等。

4. 数据资产

业务数据、用户数据、配置数据、日志、管理文档等。

5. 人员资产

掌握重要信息和核心业务的人员，如主机维护主管、网络维护主管及应用项目经理等。

6. 服务

网络连接服务、业务系统本身提供的信息服务等。

5.3.2 资产重要性赋值

资产的重要性主要通过保密性、完整性和可用性进行衡量。

1. 保密性

它是指严密控制各个可能泄密的环节，使信息在产生、传输、处理和存储的各个环节中不泄露给非授权的个人和实体。可以将保密性分为五个不同的级别，分别对应资产在保密性上应达成的不同程度或者保密性缺失时对整个组织的影响。其具体分级见表5-1。

表5-1 保密性C分类赋值方法

赋值	价值	分级	描述
1	很低	可对社会公开的信息	公用的信息处理设备和系统资源等
2	低	组织/部门内公开	仅能在组织内部或在组织某一部门内部公开的信息，向外扩散有可能对组织的利益造成轻微损害
3	中等	组织的一般性秘密	其泄露会使组织的安全和利益受到损害
4	高	包含组织的重要秘密	其泄露会使组织的安全和利益遭受严重损害
5	很高	包含组织最重要的秘密	关系未来发展的前途命运，对组织根本利益有着决定性的影响，如果泄露会造成灾难性的损害

2. 完整性

指信息在存储或传输过程中保持不被修改、不被破坏、不被插入、不延迟、不乱序和不丢失的特性，保证真实的信息从真实的信源无失真地到达真实的信宿。可以将完整性分为五个不同的级别，分别对应资产在完整性上达成的不同程度或者完整性缺失时对整个组织的影响。其具体分级见表5-2。

表 5－2　完整性 I 分类赋值方法

赋值	价值	分级	描述
1	很低	完整性价值非常低	未经授权的修改或破坏对组织造成的影响可以忽略，对业务冲击可以忽略
2	低	完整性价值较低	未经授权的修改或破坏会对组织造成轻微影响，对业务冲击轻微，容易弥补
3	中等	完整性价值中等	未经授权的修改或破坏会对组织造成影响，对业务冲击明显
4	高	完整性价值较高	未经授权的修改或破坏会对组织造成重大影响，对业务冲击严重，较难弥补
5	很高	完整性价值非常关键	未经授权的修改或破坏会对组织造成重大的或无法接受的影响，对业务冲击重大，并可能造成严重的业务中断，难以弥补

3. 可用性

可用性是指保证信息确实能为授权使用者所用，即保证合法用户在需要时可以使用所需信息。可以将其分为五个不同的等级，分别对应资产在可用性上达成的不同程度。其具体分级见表 5－3。

表 5－3　可用性 A 分类赋值方法

赋值	价值	分级	描述
1	很低	可用性价值可以忽略	可用性价值可以忽略，合法使用者对信息及信息系统的可用度在正常工作时间低于 25%
2	低	可用性价值较低	可用性价值较低，合法使用者对信息及信息系统的可用度在正常工作时间达到 25% 以上，或系统允许中断时间小于 60 min
3	中等	可用性价值中等	可用性价值中等，合法使用者对信息及信息系统的可用度在正常工作时间达到 70% 以上，或系统允许中断时间小于 30 min
4	高	可用性价值较高	可用性价值较高，合法使用者对信息及信息系统的可用度达到每天 90% 以上，或系统允许中断时间小于 10 min
5	很高	可用性价值非常高	可用性价值非常高，合法使用者对信息及信息系统的可用度达到年度 99.9% 以上，或系统不允许中断

5.3.3　识别重要资产

在对资产进行赋值后，可以依照赋值结果用相加法得出资产的重要性数值，从而得出资产重要性等级，资产重要性划分为五级，说明见表 5－4。表中级别越高表示资产重要性程度越高。重要性等级为 4 和 5 的为重要资产。

表 5－4 重要性等级说明

重要性等级	重要程度	重要性值	描述
1	很低	3 <= 值 <=4	不重要，其安全属性被破坏后对组织造成很小的损失，甚至忽略不计
2	低	5 < 值 <=7	不太重要，其安全属性被破坏后可能对组织造成较低的损失
3	中	8 < 值 <=10	比较重要，其安全属性被破坏后可能对组织造成中等程度的损失
4	高	11 < 值 <=13	重要，其安全属性被破坏后可能对组织造成比较严重的损失
5	很高	14 < 值 <=15	非常重要，其安全属性被破坏后可能对组织造成非常严重的损失

5.3.4 威胁可能性赋值

威胁评估分为威胁识别和威胁赋值两部分内容。威胁识别通常依据威胁列表对历史事件进行分析和判断获得。而威胁赋值是基于历史统计或者行业判断进行的。威胁发生的可能性可分为五个级别：出现的频率很高“＝5”、出现的频率较高“＝4”、出现的频率中等“＝3”、出现的频率较小“＝2”、威胁几乎不可能发生“＝1”。

在评估实施时需要依据《信息安全风险评估规范》(GB/T 20984—2007)定义的方法，结合实际情况对威胁可能性进行判断。表 5－5 给出了部分常见的威胁列表和威胁可能性。

表 5－5 威胁列表和威胁可能能性

序号	威胁种类	威胁子类	描述	威胁可能性
1	恶意代码	恶意软件	计算机病毒、蠕虫、木马带来的安全问题	5
		伪装	标识的仿冒信息安全问题	4
2	网络攻击	拒绝服务攻击	攻击者以一种或者多种损害信息资源访问或使用能力的方式消耗信息系统资源	3
		口令的暴力攻击	恶意地暴力尝试口令	3
		各类软件后门或后门软件	软件预留的后门或其他专门的后门软件带来的信息泄露威胁	4
		社会工程学攻击	通过 email、微信、电话号码、交谈等欺骗或其他方式取得内部人员的信任，进而取得机密信息	2

表 5-5(续)

序号	威胁种类	威胁子类	描述	威胁可能性
3	物理环境	火灾	由火灾引起的系统故障,包括在火灾发生后进行消防工作中引起的设备不可用问题	2
		水灾	由水灾引起的系统故障	1
		强磁场干扰	由磁场干扰引起的故障	2
		电力故障	由于电力中断、用电波动、供电设备损坏导致系统停止运行等引起的系统故障	3
4	管理不到位	不遵守安全策略	导致各种可能的安全威胁	4
		不恰当地使用设备、系统与软件	不恰当地使用设备、系统与软件造成的安全威胁	4
		未经授权将设备连接到网络	未经授权将设备连接到网络	5
		远程文件访问	对服务器上的数据进行远程文件访问,导致敏感数据泄露	4
		法律纠纷	由企业或信息系统行为导致的法律纠纷造成信誉和资产损失	2
5	泄密	在不恰当的人群中讨论敏感文档	由于在不恰当的人群中讨论敏感文档造成的安全问题	4
		设备丢失	导致泄密等安全问题	2
		非法阅读重要信息	非授权地取得可获得的重要信息或复制数据	2
6	越权或滥用	滥用	由于某授权的用户(有意或无意的)执行了授权他人要执行的举动,导致可能会发生检测不到的信息资产损害	3
		权限提升	通过非法手段获得系统更高的权限,进而威胁到系统安全性	2
7	软硬件故障	硬件故障	系统由于硬件设备老旧、损坏等造成的无法使用问题	3
		软件缺陷	软件缺陷导致的安全问题	3
		通信故障	由通信故障所产生的问题	3
		流量过载	由于网络中通信流量过大导致的网络无法访问	3
8	篡改	伪造证书	恶意地伪造证书,进而取得重要信息	3
		非法篡改	因系统数据被非法篡改而导致的安全隐患	3

5.3.5 分析脆弱性的严重程度

根据《信息安全风险评估规范》(GB/T 20984—2007)的定义,脆弱性包含了两层属性:脆弱性的严重程度,基于"如果被威胁利用,将对资产造成损害"的程度;以及脆弱性的可利用程度,基于"技术实现的难易程度、弱点的流行程度"。根据这两层属性,可以将脆弱性分为五个级别,具体见表5-6。

表5-6 分析脆弱性的严重程度V

等级	标识	定义
1	很低	强度好,如果被威胁利用,将对资产造成的损害可以忽略
2	低	强度不好,如果被威胁利用,将对资产造成较小损害
3	中等	脆弱,如果被威胁利用,将对资产造成一般损害
4	高	很脆弱,如果被威胁利用,将对资产造成重大损害
5	很高	非常脆弱,如果被威胁利用,将对资产造成完全损害

5.3.6 计算风险值

可根据自身情况选择相应的风险计算方法计算风险值,如矩阵法或相乘法。矩阵法通过构造一个二维矩阵,形成安全事件发生的可能性与安全事件的损失之间的二维关系;相乘法通过构造经验函数,将安全事件发生的可能性与安全事件的损失进行运算得到风险值。下面将以相乘法为例进行介绍。

相乘法的原理是:

$$z = f(x,y) = x \otimes y$$

当f为增量函数时,$\otimes$可以为直接相乘,也可以为相乘后取模等,例如:

$$z = f(x,y) = x \times y$$

或

$$z = f(x,y) = \sqrt{x \times y}$$

或

$$z = f(x,y) = [\sqrt{x \times y}]$$

相乘法提供了一种定量的计算方法,即直接使用两个要素值进行相乘得到另一个要素值。相乘法的特点是简单明确,直接按照统一公式计算即可得到所需的结果。在风险值的计算过程中,通常需要对两个要素确定的另一个要素值进行计算,例如由威胁和脆弱性确定安全事件发生可能性值,由资产和脆弱性确定安全事件的损失值,因此相乘法在风险分析中得到广泛的应用。根据威胁发生频率、脆弱性被利用率及资产重要程度,通过相乘法可以得出单个弱点的风险值。

综上所述,以上步骤构成了一个完整的风险评估过程,并可根据数学模型计算风险值和相应的风险等级,为之后的风险处置、风险控制和风险管理提供客观、科学、可量化的依据。

5.4 风险评估方法在等级保护测评中的应用

信息安全等级保护制度是指导我国信息安全保障体系总体建设的基础管理原则,是围绕信息安全保障全过程的一项基础性管理制度,其核心内容是对信息安全分等级、按标准进行建设、管理和监督。这其中包含了系统定级、安全规划、安全设计和实施、安全运行与维护、信息系统中止等阶段,是一个循环的生命周期。

等级保护的前提是对系统定级。系统的级别根据系统信息的机密性、完整性、可用性(简称 CIA 特性)等三性损失的最大值来确定。将信息系统安全类别(简称 SC)表示为一个与 CIA 特性的潜在影响相关的三重函数,一般模式为

SC = {(保密性,影响),(完整性,影响),(可用性,影响)}

这个分级保护的思想和风险评估中对信息资产的重要性分级基本一致,不同的是等级保护的级别是从系统的业务需求或 CIA 特性出发,定义系统应具备的安全保障业务等级,而风险评估中最终风险的等级则是综合考虑了信息的重要性、系统现有安全控制措施的有效性及运行现状后的综合评估结果。也就是说,在风险评估中,CIA 价值高的信息资产不一定风险等级就高。在确定系统安全等级级别后,风险评估的结果可作为实施等级保护、等级安全建设的出发点和参考。

从宏观上看,风险评估与等级测评分别是针对系统生命周期建设不同阶段存在的安全风险的相近判断方法。等级测评是等级保护工作的一个重要部分,用于在安全规划中确定安全需求,并且在安全设计实施中验证安全措施是否符合等级保护相关标准的要求。而风险评估则是整个风险管理过程中的一部分。风险评估的目的是发现风险,然后由风险处置设定安全措施来控制风险保护系统。

等级测评、风险评估这两项是对等的,二者都是安全测评方法。等级测评评估的是系统的安全防护能力,风险评估评估的是系统面临的风险。具体说来就是风险评估评估的是系统面临的威胁、系统自身的脆弱性。等级测评评估的是系统的脆弱性和安全措施。二者可以结合使用。

从具体实施来说,等级测评评估的是系统的安全防护能力,通过测评考察系统实际防护能力与标准要求之间的符合性,并以此为基础建立系统的安全防护基线。在测评过程中会发现这样那样的安全问题与潜在安全隐患。用户应该如何处置这样的安全问题?这些问题对系统的防护能力的影响程度如何?等级保护的结果与安全问题之间存在怎样的关系?这些是从用户到测评人员在等级测评中都非常关心的问题。因此等级测评中引入了风险评估的方法与模型,通过对安全问题的风险分级:一方面为客户下一阶段的风险管理、安全问题整改、系统安全需求定义和安全规划指明了方向;另一方面也对等级测评的整体测评和最终结果提供了量化的数据和客观的分析结果。

综上所述,风险评估不仅在等级测评工作中,而且在整个等级保护工作的多个环节中都起到了基础性的作用。例如,在系统定级阶段用于帮助确定系统的安全等级,;在等级测评阶段可以作为评估系统是否达到必需的安全等级的重要依据,在后期的安全运维过程中开展定期风险评估以便帮助确认安全等级是否发生变化。所以,信息安全风险评估是解决如何确切掌握网络和信息系统的安全程度、分析安全威胁来自何方、安全风险有多大,加强信息安全保障工作应采取哪些措施,要投入多少人力、财力和物力,确定已采取的信息安全

措施是否有效以及提出按照相应信息安全等级进行安全建设和管理的依据等一系列具体问题的重要方法和基础性工作。它是信息安全等级保护的基础性工作,以及保证等级保护连续性的重要手段之一。

第 3 篇　测评技术篇

第6章　物理安全

物理安全是指为了保证计算机系统安全、可靠地运行，确保系统在对信息进行采集、传输、存储、处理、显示、分发和利用的过程中不会受到人为或自然因素的危害而使信息丢失、泄露和破坏，对计算机系统设备、通信与网络设备、存储媒体设备和人员所采取的安全技术措施。物理安全保护的目的主要是使存放计算机、网络设备的机房、信息系统的设备和存储数据的介质等免受物理环境、自然灾难以及人为操作失误和恶意操作等各种威胁所产生的攻击。

物理安全是整个计算机系统安全的前提，是保护计算机系统设备、设施以及其他媒体免遭环境事故（地震、水灾、火灾等）、人为操作失误、各种计算机犯罪行为等破坏的安全措施。

6.1　测评内容

物理安全主要对计算机系统的物理机房环境、办公环境、设备安全和应急处理措施等进行检查。物理安全从物理位置的选择、物理访问控制、防盗窃和防破坏、防雷击、防火、防水和防潮、防静电、温湿度控制、电力供应、电磁防护10个控制点进行安全测评，共32个安全测评项，具体如图6－1所示。

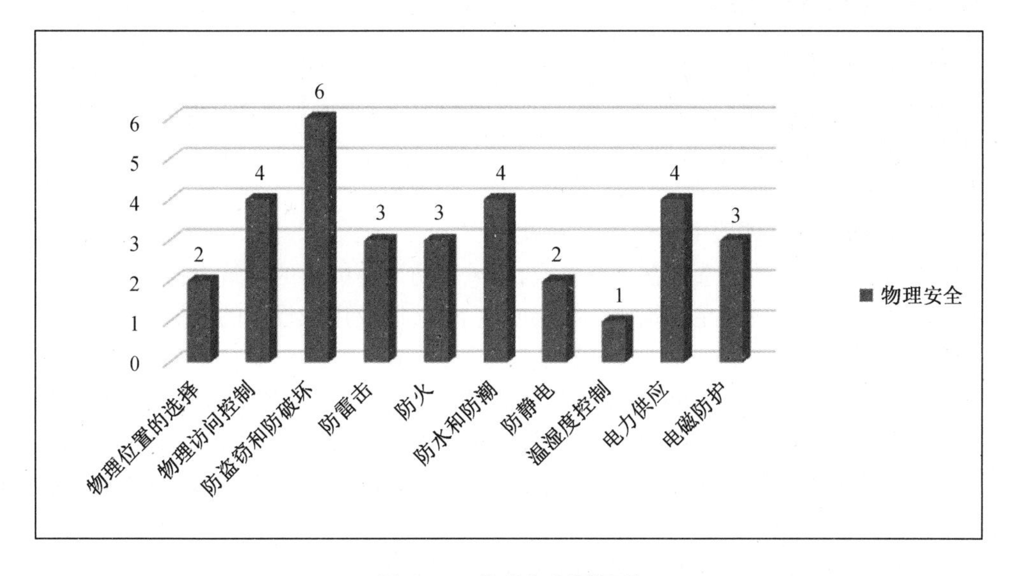

图6－1　物理安全测评项

6.2 测评方式

物理安全的测评方法包括访谈、实地查看和文档审阅三种，现场测评中主要以实地查看和文档审阅为主。

实地查看是物理安全测评的基本方法，可以直观地获取物理安全防护的情况，常用于检查机房的区域划分、设备存放的物理环境和位置、火灾自动消防系统的建立和布局、强弱电的隔离铺设、环境监控系统和监控报警系统的设立与运行、防水和防潮的措施、机房供电情况等。

文档审阅是对物理环境的设计和验收文档进行检查。通过审阅相关文档，如机房设计文档、机房验收文档、机房访问人员审批文档、防雷装置检测报告、电磁屏蔽检测报告，来验证实地查看的结果。

针对实地查看中无法获取相关信息的情况，可通过访谈的方式获取相关证据类信息。

在现场测评实施过程中，可以先审阅机房的相关文档，再通过实地查看的方式确认其是否有效实施，如有疑问，可以通过访谈机房管理员进行了解和确认。在具体测评过程中，以实地查看为基本方法，文档审阅和访谈作为辅助手段，测评工程师需根据项目实际情况灵活运用三种测评方法。

6.3 测评实施

6.3.1 物理位置选择

物理位置的选择是在初步选择系统物理运行环境时进行的考虑。物理位置的正确选择是保证系统能够在安全的物理环境中运行的前提，它在一定程度上决定了系统面临的自然灾难和环境威胁的可能性。

1. 测评指标

物理位置选择的测评项主要包括以下两点：

(1)机房和办公场地应选择在具有防震、防风和防雨等能力的建筑内；

(2)机房场地应避免设在建筑物的高层或地下室，以及用水设备的下层或隔壁。

2. 测评实施

本控制点通过实地查看和文档审阅相结合的方式对机房和办公场地的物理位置选择进行现场测评。文档审阅包括机房和办公场地的设计及验收文档。具体测评实施如下：

(1)审阅机房和办公场地的设计文档，在机房选址方面是否具有防震、防风和防雨等能力的相关描述；

(2)审阅机房和办公场地的验收文档，是否具有场地所在建筑物的防震、防风和防雨等能力的相关描述；

(3)审阅机房的设计文档是否具有对机房场地所设楼层和其上下层以及隔壁环境的相关描述；

(4)实地查看机房场地所在楼层以及建筑物的总楼层，其上下层以及隔壁是否设有用水设备，一般定义建筑物总楼层的2/3以上为高层。

6.3.2 物理访问控制

物理访问控制是指采取安全措施对机房及其各个区域物理环境的人员访问进行控制，避免由于非授权人员的擅自进入，造成系统运行中断、设备丢失或损坏、数据被窃或篡改等破坏。

1. 测评指标

物理访问控制的测评项主要包括以下四点：

(1)机房出入口应安排专人值守，控制、鉴别和记录进入的人员；

(2)需要进入机房的来访人员应经过申请和审批流程，并限制和监控其活动范围；

(3)应对机房划分区域进行管理，区域和区域之间设置物理隔离装置，在重要区域前设置交付或安装等过渡区域；

(4)重要区域应配置电子门禁系统，控制、鉴别和记录进入的人员。

2. 测评实施

本控制点通过实地查看和文档审阅相结合的方式对机房的访问控制措施进行现场测评。文档审阅包括机房安全管理制度、机房布局图和机房来访人员的申请及审批记录。具体测评实施如下所述。

(1)审阅机房安全管理制度中是否具有机房来访人员的审批流程以及对其进行限制措施的相关描述，是否具有重要区域的相关描述。

(2)审阅机房布局图，了解机房的区域划分情况。

(3)访谈机房管理员，了解实地查看前是否经过了申请审批流程，并审阅相关的申请及审批记录。

(4)实地查看机房出入口是否安排专人值守，是否具有机房进出人员的登记记录，并审阅记录中是否具有陪同人员的相关描述。如果在机房所在建筑物的出入口安排专人值守，并对访问机房的人员进行记录，则该测评项为符合，但如果只是对访问建筑物的人员进行记录，则该测评项为不符合。

(5)实地查看机房是否分区域进行管理，是否在主要设备区域前设置作为交付、安装、测试等使用的过渡区域，区域和区域之间是否设置了物理隔离装置，是否与机房布局图一致。

(6)如果在机房安全管理制度中具有对重要区域的定义，则实地查看对应的重要区域是否配置了电子门禁系统，并查看其是否能正常使用。如果没有相关定义，则实地查看机房入口处是否配置电子门禁系统，并查看其是否正常使用。

6.3.3 防盗窃和防破坏

防盗窃和防破坏是指为保证系统运行的设备、辅助设施、通信线缆以及介质的安全，需要采取的防盗窃和防破坏措施。

1. 测评指标

防盗窃和防破坏的测评项主要包括以下六点：

(1)应将主要设备放置在机房内；

(2)应将设备或主要部件进行固定，并设置明显的不易除去的标记；

(3)应将通信线缆铺设在隐蔽处，可铺设在地下或管道中；

(4)应对介质分类标识,存储在介质库或档案室中;

(5)应利用光、电等技术设置机房防盗报警系统;

(6)应对机房设置监控报警系统。

2. 测评实施

本控制点通过实地查看和访谈相结合的方式对机房防盗窃和防破坏措施进行现场测评。具体测评实施如下:

(1)实地查看测评范围内的主要设备是否全部放置在机房内,是否将其固定放置于专用机柜中,是否在设备上设置了明显的不易除去的标记;

(2)实地查看机房的通信线缆是否铺设在隐蔽处;

(3)访谈了解机房中是否存放介质,实地查看存放的位置,并检查是否进行了分类标识;

(4)实地查看机房四周是否设置了防盗报警系统,如红外报警探测器、振动报警探测器等;如果只是在机房入口处设置红外报警探测器,则该测评项为部分符合;

(5)实地查看机房是否设置了监控报警系统,如视频监控系统等,并查看其是否正常运行。

6.3.4 防雷击

防雷击是指采取措施防止雷电对电流和设备造成的不利影响。雷电对设备的破坏主要有两类:直击雷破坏和感应雷破坏。直击雷破坏,即雷电直击在建筑物或设备上,使其发热燃烧和机械劈裂破坏。感应雷破坏,即雷电的第二次作用,雷电磁场产生的电磁效应和静电效应会影响金属构件的正常运行。

1. 测评指标

防雷击的测评项主要包括以下三点:

(1)机房建筑应设置避雷装置;

(2)应设置防雷保安器,防止感应雷;

(3)机房应设置交流电源地线。

2. 测评实施

本控制点通过实地查看和文档审阅相结合的方式对机房的防雷击措施进行现场测评。文档审阅包括由专业机构出具的防雷装置检测报告。具体测评实施如下所述。

(1)审阅是否具有专业机构出具的防雷装置检测报告。

(2)实地查看机房内是否设置电源防雷保安器或通道防雷保安器。电源防雷保安器是防止由电源线侵入的感应雷电破坏计算机信息系统的保安装置,通道防雷保安器是防止由信号传输线侵入的感应雷电破坏计算机信息系统的保安装置。

(3)实地查看机房内是否均使用三相交流电源。

6.3.5 防火

防火是指采取措施防止火灾的发生以及在火灾发生后能够及时灭火。防火主要从设备灭火、建筑材料防火和区域隔离防火等方面进行考虑。

1. 测评指标

防火的测评项主要包括以下三点:

(1)机房应设置火灾自动消防系统,能够自动检测火情、自动报警,并自动灭火;
(2)机房及相关的工作房间和辅助房应采用具有耐火等级的建筑材料;
(3)机房应采取区域隔离防火措施,将重要设备与其他设备隔离开。

2. 测评实施

本控制点通过实地查看、文档审阅和访谈相结合的方式对机房及相关工作房间和辅助房的防火措施进行现场测评。其中,相关工作房间为监控室等工作区域,辅助房为空调间、UPS 间等辅助设备区域。文档审阅包括机房安全管理制度、机房布局图、机房设计及验收文档、消防系统的运行和维护记录。具体测评实施如下所述。

(1)审阅机房安全管理制度中是否具有对设备重要程度分类的相关描述;
(2)审阅机房布局图,了解机房的区域划分情况;
(3)审阅机房设计文档中是否具有对机房及相关工作房间和辅助房所用建筑材料耐火等级的要求;
(4)审阅机房验收文档中是否具有对消防系统验收的相关描述;
(5)实地查看机房内是否设置了火灾自动消防系统,并审阅自动消防系统的运行和维护记录;
(6)实地查看机房是否分区域进行管理,区域和区域之间是否设置了物理隔离装置,布局是否与机房布局图一致,如果机房安全管理制度中具有对设备重要程度分类的相关描述,则实地查看重要设备是否与其他设备分区域隔离放置;
(7)访谈机房管理员,了解机房的区域隔离防火措施,如自动消防系统的区域灭火、设置从底至上的墙或阻燃板、采用单机柜模式的冷热隔离柜等。

6.3.6 防水和防潮

防水和防潮是指采取措施防止机房内由于各种原因的积水、水雾或湿度太高造成设备运行异常。

1. 测评指标

防水和防潮的测评项主要包括以下四点:
(1)水管安装,不得穿过机房屋顶和活动地板下;
(2)应采取措施防止雨水通过机房窗户、屋顶和墙壁渗透;
(3)应采取措施防止机房内水蒸气结露和地下积水的转移与渗透;
(4)应安装对水敏感的检测仪器或元件,对机房进行防水检测和报警。

2. 测评实施

本控制点通过实地查看、文档审阅和访谈相结合的方式对机房的防水和防潮措施进行现场测评。文档审阅包括历史漏水报警记录。具体测评实施步骤如下所述。

(1)实地查看机房是否为全封闭式机房,屋顶和墙壁是否有渗水现象。针对有窗户的机房,实地查看窗户的密封措施,如在窗框周围粘贴密封条,窗外是否设置挡雨棚等。

(2)实地查看机房是否部署了环境监控系统,在漏水隐患区活动地板下是否设置了漏水感应绳等水敏感检测仪器,审阅环境监控系统的历史漏水报警记录。

(3)实地查看漏水隐患区活动地板下是否针对地下积水转移与渗透采取了防护措施,如防水槽、排水地漏、防水小堤等。

(4)实地查看空调风口、消防管道是否具有结露现象,消防管道是否包裹防潮层,访谈机房管理员,了解采取何种措施防止机房内水蒸气结露,如采用防结露风口、使用防结露涂料等。

(5)实地查看机房内是否安装水管,如果具有穿过屋顶和活动地板下的水管,是否对其采取了防护措施,如包裹防潮层或配置套管、在活动地板下设置防水槽和排水地漏等。

6.3.7 防静电

防静电是指在物理环境里,采取措施防止静电对设备、人员造成的伤害。大量静电如果积聚在设备上,会导致磁盘读写错误、损坏磁头等情况。防静电措施包括最基本的接地、防静电地板和设备防静电等。对室内温湿度的控制,也是防止静电产生的较好措施。

1. 测评指标

防静电的测评项主要包括以下两点:

(1)主要设备应采用必要的接地防静电措施;

(2)机房应采用防静电地板。

2. 测评实施

本控制点通过实地查看和文档审阅的方式对机房防静电措施进行现场测评。文档审阅包括机房验收报告或防雷装置检测报告。具体测评实施如下:

(1)实地查看机房内的所有设备是否固定在机柜中,机柜是否设置接地线,可查阅机房验收报告或防雷装置检测报告进行对照;

(2)实地查看机房内是否采用了防静电地板。

6.3.8 温湿度控制

温湿度控制是指机房内的各种设备必须在一定的温度、湿度范围内才能正常运行。温、湿度过高或过低都会对设备产生不利影响。最佳温度范围在20~22 ℃,空气湿度范围在40%~70%,湿度太高可能会在天花板、墙面以及设备表面形成水珠,甚至还可能产生电连接腐蚀等问题。湿度过低增加了静电产生的危害。

1. 测评指标

温湿度控制的测评项主要是:机房应设置温湿度自动调节设施,使机房温、湿度的变化在设备运行所允许的范围之内。

2. 测评实施

本控制点通过实地查看的方式对机房的温湿度控制进行现场测评。具体测评实施是:实地查看机房内是否设置了恒温恒湿的精密空调,检查各个区域的温湿度传感器的数值是否在规定范围内。机房温湿度规定范围如表6-1所示。

表6-1 机房温湿度三级要求

	A级		B级
	夏天	冬天	全年
温度	23 ℃±1 ℃	20 ℃±2 ℃	18~28 ℃
相对湿度(开机时)	40%~55%		35%~75%
相对湿度(停机时)	40%~70%		20%~80%

6.3.9 电力供应

电力供应是指维持系统持续正常工作的电力系统。一个稳定的电力系统需要采用稳压器和过电压保护装置控制电力波动,并配备充足的短期电力供应设备,对于重要系统需建立备用供电系统。

1. 测评指标

电力供应的测评项主要包括以下四点:

(1)应在机房供电线路上配置稳压器和过电压防护设备;

(2)应提供短期的备用电力供应,至少满足主要设备在断电情况下的正常运行要求;

(3)应设置冗余或并行的电力电缆线路为计算机系统供电;

(4)应建立备用供电系统。

2. 测评实施

本控制点通过实地查看、文档审阅和访谈相结合的方式对机房的电力供应进行现场测评。文档审阅包括 UPS(不间断电源)维护记录、应急演练报告、备用供电系统的维修和保养记录。具体测评实施如下:

(1)访谈机房管理员,了解机房的供电线路模式是否为冗余或并行的;

(2)实地查看机房内是否设置了 UPS 等过电压防护设备,审阅 UPS 的维护记录;

(3)访谈机房管理员,了解在断电情况下,UPS 是否能满足主要设备的正常运行,审阅应急演练报告是否具有断电情况下 UPS 的电力供应测试记录的相关描述;

(4)实地查看是否建立了备用供电系统,如柴油发电机等,审阅备用供电系统的维修和保养记录。

6.3.10 电磁防护

电磁防护是指对信息系统设备的电磁信号进行保护,确保用户信息在使用和传输过程中的安全性。现代通信技术是建立在电磁信号传播的基础上,而空间电磁场的开放特性决定了电磁泄漏是危及系统安全性的一个重要因素。电磁防护手段包括线缆物理距离上的隔离、设备接地、设备的电磁屏蔽等。

1. 测评指标

电磁防护的测评项主要包括以下三点:

(1)应采用接地方式防止外界电磁干扰和设备寄生耦合干扰;

(2)电源线和通信线缆应隔离铺设,避免互相干扰;

(3)应对关键设备和磁介质实施电磁屏蔽。

2. 测评实施

本控制点通过实地查看、文档审阅和访谈相结合的方式对机房进行检查。文档审阅包括机房的设计文档、有关专业单位出具的电磁屏蔽检测报告。具体测评实施如下:

(1)实地查看机房内的设备是否均固定在专用机柜中,机柜是否设置接地线以防止外界电磁干扰和设备寄生耦合干扰,寄生耦合是指在设计的耦合之外由于布线或器件特性而额外产生的耦合现象;

(2)实地查看机房内的电源线和通信线缆是否隔离铺设,且避免平行铺设,因为在设备外部,较长区间内的平行双导线会产生电磁耦合,通常通信线缆架空铺设在机柜上方的线

槽中,电源线铺设在活动地板下的管道中;

(3)访谈机房管理员,了解机房内是否存有磁介质,实地查看机房内磁介质的存放位置,通常磁介质存放于磁带库或专用金属柜中;

(4)访谈机房管理员,了解对机房中关键设备实施电磁屏蔽的方式,通常的实现方式为:电磁屏蔽机柜、电磁屏蔽室、电磁屏蔽机房等,审阅机房设计文档中是否具有对电磁屏蔽方面的描述,并审阅有关专业单位出具的电磁屏蔽检测报告。

第7章 网络安全

网络是信息系统的基础支撑架构,为业务系统的运行提供必要的网络支撑。网络安全为信息系统的安全运行提供支持,一方面需要为业务系统提供对外访问服务,一方面要保障业务数据传输的保密性、完整性和可用性。作为抵御外部攻击的第一道防线,在业务端口开放和数据传输保护两个方面都需要进行关注,必须在二者之间寻找恰当的平衡点,尽可能地在满足业务需求的情况下,最大限度地保护业务数据的安全传输,实现网络的安全访问控制。

7.1 测评内容

网络安全测评主要从结构安全、访问控制、边界完整性检查、入侵防范、恶意代码防范、安全审计和网络设备防护七个控制点,对网络全局、交换路由和安全设备进行安全测评。网络全局主要从结构安全、访问控制、边界完整性检查、入侵防范、恶意代码防范五个控制点,共21个测评要求项进行测评;交换路由和安全设备主要从安全审计和网络设备防护两个控制点,共12个测评要求项进行测评。网络安全测评项具体如图7-1所示。

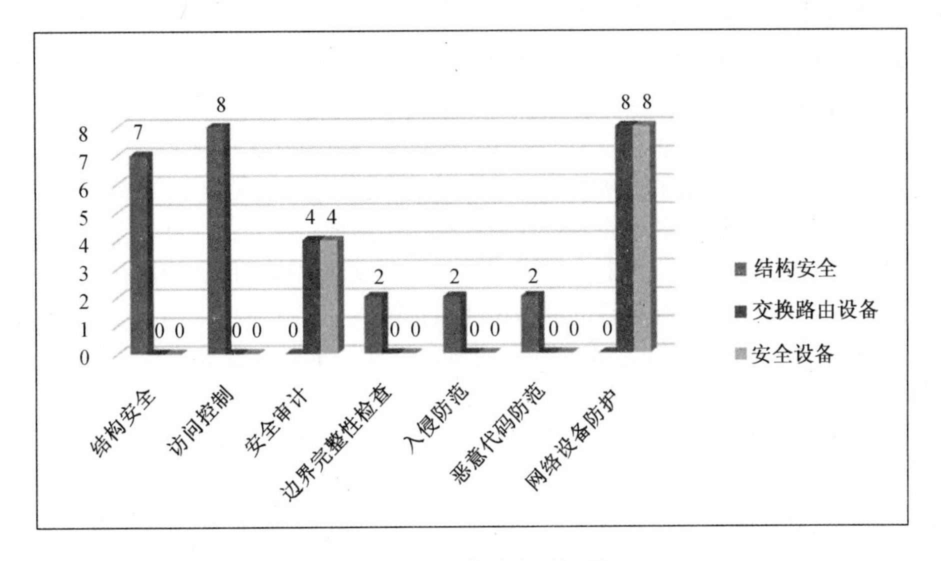

图7-1 网络安全测评项

7.2 测评方式

根据信息系统安全等级保护测评准则的规定,网络安全测评的方法包括访谈、文档审阅、配置检查和测试,现场测评中主要以文档审阅、配置检查和测试为主。

访谈主要针对网络管理员和安全管理员,通过现场访谈,获取被测网络的基本信息,如网络架构和网络边界等。

文档审阅主要查看网络安全中的安全策略要求文档,获取被测网络设备的基础安全信息,如网络安全规划、边界安全防护要求以及设备安全加固规范等。

配置检查是网络安全测评的基本方法,通过配置检查可以直观地获取网络配置信息,针对安全设备主要通过图形化界面方式登录,查看用户身份鉴别、用户访问权限、日志审计、入侵检测策略配置等模块的安全配置;针对交换路由设备主要通过命令行方式来获取安全审计、网络设备防护方面的安全配置。

测试在网络安全测评中主要采用实时监测类工具,实时获取网络流量、网络连接数、网络带宽利用率等信息,以验证是否满足业务需求。

7.3 测评实施

7.3.1 全局测评要素

全局测评主要从网络架构、网络边界安全两个方面对整体网络拓扑架构进行安全测评,以验证网络架构设计是否符合安全要求,边界安全防护是否满足业务安全需求。本节中的交换路由设备以 Cisco 3750 为例。

1. 结构安全

结构安全是指被测评系统网络在网络结构设计上的安全,通过合理地划分网段或子网,并采用相应的隔离手段相互隔离,保证重要网段在结构上的安全性;通过在关键节点设置冗余设备,保证网络设备的业务处理能力,满足业务高峰期的需要。

(1)测评指标

结构安全的测评项主要包括以下七点:

①应保证主要网络设备的业务处理能力具备冗余空间,能满足业务高峰期的需要;

②应保证网络各个部分的带宽满足业务高峰期的需要;

③应在业务终端与业务服务器之间进行路由控制以建立安全的访问路径;

④应绘制与当前运行情况相符的网络拓扑结构图;

⑤应根据各部门的工作职能、重要性和所涉及信息的重要程度等因素来划分不同的子网或网段,并按照方便管理和控制的原则为各子网、网段分配地址段;

⑥应避免将重要网段部署在网络边界处并且直接连接外部信息系统,重要网段与其他网段之间采取可靠的技术隔离手段进行隔离;

⑦应按照对业务服务的重要次序来指定带宽分配优先级别,保证在网络发生拥堵的时候优先保护重要主机。

(2)测评实施

从网络结构的安全规划、关键节点的设备保障、业务高峰期的可用性保障等方面对结构安全进行现场测评。

具体测评实施如下。

①检查网络设备的负载情况,看其是否满足业务高峰期需要。检查方法如下:

a. 查看网络拓扑图,确认主要网络设备对象,如网络核心交换机、服务器区汇聚交换机、互联网出口交换机等关键网络节点设备;

b. 查看当前设备的负载情况：针对部署了网络性能监控系统的，可直接在系统内查阅被测设备的历史负载数据；针对未部署网络性能监控系统的，则在业务高峰期通过如下命令进行检查：

```
router#show processes cpu
CPU utilization for five seconds: 8%/4% ; one minute: 6% ; five minutes: 5%
PID  Runtime(ms)  Invoked  uSecs   5Sec    1Min    5Min    TTY Process
 1   384          32789    11      0.00%   0.00%   0.00%   0 Load Meter
 2   2752         1179     2334    0.73%   1.06%   0.29%   0 Exec
 3   318592       5273     60419   0.00%   0.15%   0.17%   0 Check heaps
 4   4            1        4000    0.00%   0.00%   0.00%   0 Pool Manager
 5   6472         6568     985     0.00%   0.00%   0.00%   0 ARP Input
```

主要网络设备的CPU负载情况应满足业务高峰期的需要，一般建议CPU 5 min内的利用率小于60%。

```
router > show processes memory
Total:106206400, Used: 7479116, Free: 98727284
PID  TTY  Allocated  Freed    Holding  Getbufs  Retbufs  Process
 0    0   81648      1808     6577644  0        0        * Init *
 0    0   572        123196   572      0        0        * Sched *
 0    0   10750692   3442000  5812     2813524  0        * Dead *
 1    0   276        276      3804     0        0        Load Meter
 2    0   228        0        7032     0        0        CEF Scanner
 3    0   0          0        6 804    0        0        Check heaps
 4    0   18 444     0        25 248   0        0        Chunk Manager
```

主要网络设备的内存负载情况应满足业务高峰期的需要，一般建议内存利用率小于60%。

②检查网络各个链路的带宽使用情况，看期是否满足业务高峰期需要。检查方法如下：

a. 针对部署了流量监控类设备的系统，直接登录流量监控设备，查看网络拓扑中各个网络链路的带宽当前使用情况和历史使用情况，其历史峰值应小于网络带宽的额定值，并有一定余量，如采用双绞线的百兆网络链路中，其历史峰值应小于100 M。针对千兆链路的网络架构中，需要确认网络交换路由和安全设备端口是否支持千兆。

b. 针对未部署流量控制类设备的系统，需查看拓扑图确认各个链路上的关键设备接口，通过查看设备端口的流量以确定链路上的带宽使用情况。

③检查业务终端与业务服务器之间是否建立了安全的访问路径，如采用静态路由或开启路由协议认证、策略路由等。检查方法如下：

a. 检查路由器当前的路由协议，输入 show running 命令 -> 查看所采用的路由协议，静态路由显示如下：

```
ip route network netmask <ipaddress|interface> [distance]
例：ip route 172.16.1.0 255.255.255.0 172.16.2.1
```

动态路由协议（OSPF 为例）如下：

```
router ospf 10
network 192.16.64.0 0.0.0.255 area 0
area 0 authentication message-digest

interface serial 0
ip address 192.168.64.1 255.255.255.0
ip ospfmessage-digest-key test md5 star
```

b. 采用静态路由协议，则该条默认符合。

c. 采用动态路由协议，需检查是否进行了路由协议认证，如上面程序段中的 area 0 authentication message-digest 和相应端口下的 ip ospf message-digest-key test md5 star。

④检查是否绘制了与当前运行情况相符的网络拓扑结构图。检查方法如下：

a. 查看网络拓扑结构图，随机抽查设备的连接端口和连接方式，进入机房实地查看现场设备连接端口、连接方式是否与网络拓扑结构图一致；

b. 通过 tracert 路由探测命令，验证网络拓扑是否与探测到的路由路径一致；

c. 通过拓扑生成工具，接入被测网络生成网络拓扑结构图，与绘制的拓扑图进行比对。该方法需接入到被测网络，且自动生成工具生成拓扑后需要进行架构的重新绘制和调整，因此在现场测评中一般较少采用。

⑤检查是否根据各部门的工作职能、重要性和所涉及信息的重要程度等因素，划分了不同的子网或网段，并为各子网、网段分配了地址段。检查方法如下：

a. 查看网络地址规划和网段规划相关策略文档，检查终端地址规划是否依据部门工作职责、重要性，服务器端地址规划是否考虑所涉及信息的重要程度；

b. 查看网络拓扑结构图，是否能够清晰显示各子网和网段；

c. 通过登录汇聚交换机或核心交换机查看网段地址划分，输入 show run 命令 -> 查看其是否划分了相应的子网，并分配了地址段，相应的配置命令如下：

```
int e0/2
vlan-membership static 2
int e0/3
vlan-membership static 3ip address 10.1.10.2 255.255.255.0
```

⑥应避免将重要网段部署在网络边界处且直接连接外部信息系统，重要网段与其他网段之间需采取可靠的技术隔离手段。检查方法如下：

a. 查看网络地址规划和网段规划，确认重要网段的地址段。

b. 查看网络架构拓扑图，检查重要网段是否部署在网络边界处。重要网段不能直接连接互联网，则如需连接到互联网，需部署安全设备进行访问控制。

c. 查看网络拓扑图，检查重要网段与其他网段之间是否进行了安全访问控制，如通过防火墙或路由器访问控制列表进行访问控制。

⑦检查是否按照对业务服务的重要次序来分配带宽优先级别，以保证在网络发生拥堵的时候优先保护重要主机。检查方法如下：

a. 检查安全策略文档，查看是否要求对业务服务进行优先级设置；

b. 检查网络拓扑图中是否部署了流量控制设备，若部署了流量控制设备，则直接查看是否开启了流量控制策略，是否符合安全策略文档要求；

c. 若未部署流量控制设备，则检查路由交换设备是否设置业务服务优先级，并确认其是否符合安全策略文档要求，输入 show policy-map 命令 -> 查看其是否对带宽优先级作出分配，相应的配置命令如下：

```
class-map match-all 表名称
match access-group ACL 表编号
policy-map 策略名称
class 类映射表名
set ip dscp 优先级
#dscp 优先级 0 - 63
set ip precedence 优先级
#IP 优先级 0 - 7
bandwidth 最小带宽|percent 最小带宽占端口带宽百分比#最小带宽
queue-limit 队列报文个数
#1 ~4096,队列最大长度
priority 最大带宽|percent 最大带宽占端口带宽百分比
```

2. 访问控制

在网络安全中，网络访问控制是指从数据的角度对网络中流动的数据进行控制。它主要是在网络边界处对流经的数据(或者称进出网络)进行严格的访问控制，并按照一定的规则允许或拒绝数据的流入、流出。对用户的访问控制，同样应按照一定的控制规则来允许或拒绝用户的访问。

(1)测评指标

访问控制的测评项主要包括以下八点：

①应在网络边界部署访问控制设备，启用访问控制功能；

②应能根据会话状态信息为数据流提供明确的允许/拒绝访问的能力，控制粒度为端口级；

③应对进出网络的信息内容进行过滤，实现对应用层 HTTP、FTP、TELNET、SMTP、POP3 等协议命令级的控制；

④应在会话处于非活跃一定时间或会话结束后终止网络连接；

⑤应限制网络最大流量数及网络连接数；

⑥重要网段应采取技术手段防止地址欺骗；

⑦应按用户和系统之间的允许访问规则，决定允许或拒绝用户对受控系统进行资源访问，控制粒度为单个用户；

⑧应限制具有拨号访问权限的用户数量。

（2）测评实施

本测评项通过访谈和配置检查的方式对网络访问控制进行检查。具体测评实施如下。

①检查是否在网络边界部署访问控制设备，并启用了访问控制功能。检查方法如下：

a. 查看网络拓扑图，检查是否在网络边界处部署了路由交换设备或防火墙设备进行访问控制；

b. 查看部署在网络边界处的防火墙是否启用了安全策略；针对未在网络边界处部署防火墙的情况，则检查网络边界处的路由交换设备是否配置了访问控制策略。

②检查是否能根据会话状态信息为数据流提供明确的允许/拒绝访问的能力，且控制粒度为端口级。检查方法如下：

a. 检查边界防火墙的安全策略，查看安全策略控制粒度是否达到端口级；

b. 针对未在边界部署防火墙的情况，则检查路由交换设备的访问控制列表是否限制到端口级别。输入 show ip access-lists 命令 -> 查看其是否为数据流提供明确的允许/拒绝访问的能力，相应的配置命令如下：

```
ip access-list extended 111
access-list 111 permit tcp host 10.1.6.6 any eq 443
access-list 111 deny any any
```

③检查网络防火墙，查看其是否对进出网络的信息内容进行过滤，实现对应用层 HTTP，FTP，TELNET，SMTP，POP3 等协议命令级的控制。检查方法如下：

a. 查看网络拓扑图，是否部署了具有对应用层协议访问控制功能的网络设备，如 WAF、下一代防火墙等；

b. 针对部署了应用层访问控制设备的情况，登录设备查看是否对上述应用层协议进行了命令级的控制；

c. 针对未部署应用层访问控制设备的情况，查看网络防火墙设备是否对上述应用层协议进行了网络层面的控制，如禁用端口、限制访问源地址等。在网络层端口和源地址的控制无法实现应用层命令级别的控制，仅能降低安全风险。

④检查网络边界设备是否能在会话处于非活跃一定时间或会话结束后终止网络连接。检查方法如下：

a. 查看网络拓扑图，检查是否在网络边界部署了防火墙，若部署了防火墙，可直接查看防火墙配置中是否对会话超时时间进行限制；

b. 针对未在网络边界处部署防火墙的情况，则检查网络边界的路由交换设备能否在会话处于非活跃一定时间或会话结束后终止网络连接，输入 show running 命令 -> 查看网络设备会话超时时间设置，相应的配置命令如下：

```
access-list 100 tcp permit tcp any host 192.1.1.11 eq 80
ip tcp intercept list 100
……
ip tcp intercept connection-timeout 600
```

查看 connection-timeout 是否进行了有效设置，一般超时时间设置不超过 10 min。

⑤检查是否限制了网络最大流量数及网络连接数。检查方法如下：

a. 检查是否部署了边界防火墙、流量控制等安全设备，检查安全设备上是否对网络最大流量和网络连接数进行限制；

b. 针对未在边界部署防火墙、流量控制等安全设备的情况，则检查出口路由交换设备是否进行了相应限制，输入 show running-config 命令 -> 查看其网络最大流量数及网络连接数，相应的配置命令如下：

```
ip nat translation max-entries host 10.1.1.1 200
或 class-map match-all kkblue
match access-group 1
policy-map blue
class kkblue
bandwidth 1000
queue-limit 30
class class-default
ip address 172.16.10.1 255.255.255.255
service-policy output blue
```

查看最大流量和网络连接数是否进行了有效性设置，该条通常在边界防火墙、流量控制等安全设备上进行设置。

⑥检查网络路由交换设备，查看重要网段是否采取了技术手段防止地址欺骗。检查方法如下：

检查路由交换设备，输入 show run 命令 -> 查看是否设置了静态 arp 信息，相应的配置命令如下：

```
arp <IP 地址> <MAC 地址> arpa
```

针对该项的有效措施，通常是采用在交换机端口上绑定主机设备的 MAC 地址和 IP 地址，通过在主机上绑定网关 MAC 地址和 IP 地址的双向绑定模式实现防 MAC 地址欺骗。

⑦检查是否建立了用户和系统之间的允许访问规则，并按规则允许或拒绝用户对受控系统进行资源访问，且控制粒度为单个用户。检查方法如下：

a. 检查安全策略文档，是否对用户的访问规则和访问权限进行了规划；

b. 针对部署 AAA 认证服务器或堡垒机的情况，直接登录 AAA 认证服务器或堡垒机查看对用户的访问规则和访问权限是否与安全策略文档一致；

c. 针对未部署 AAA 认证服务器或堡垒机的情况，登录网络设备，输入 show run 命令 ->

查看用户的访问规则和访问权限是否与安全策略文档一致,访问控制列表应精确至 host 或单个 IP 地址。针对该类情况,host 或 IP 地址应对应到具体的用户。

```
ip access-list extended 111access-list 111
permit tcp host 10.1.6.6 any eq 443
access-list 111 deny any any
或
access-list 101 deny tcp 172.16.4.5 0.0.0.0 172.16.3.0 0.0.0.255 eq 23
access-list 101 permit ip any any
```

⑧应限制具有拨号访问权限的用户数量。检查方法如下:

a. 访谈网络管理员,系统内是否有具有可进行拨号访问的设备;

b. 查看拨号访问设备的配置信息,检查是否限制拨号访问权限用户的数量。

3. 边界完整性检查

边界完整性检查主要针对非授权设备的私自内连和内部用户的私自外连,并能做到准确定位和有效阻断,防止非授权对象的私自连接,保障网络系统的可靠性和安全性。

(1)测评指标

边界完整性检查的测评项主要包括以下两点:

①应能够对非授权设备私自连接到内部网络的行为进行检查,准确定出位置,并对其进行有效阻断;

②应能够对内部网络用户私自连接到外部网络的行为进行检查,准确定出位置,并对其进行有效阻断。

(2)测评实施

本测评项通过访谈和配置检查的方式对网络边界完整性进行检查。具体测评实施如下。

①检查是否能够对非授权设备私自连接到内部网络的行为进行检查,准确定出位置,并对其进行有效阻断。检查方法如下:

a. 访谈网络管理员,确认是否对非授权设备的非法接入进行了限制,了解其具体的限制方式和机制;

b. 针对网络管理员提供的限制方式进行有效性检查和针对性的测试。

该项一般通过部署网络准入控制(NAC)设备进行安全控制,在现场测评中大多数企业均未部署专门的 NAC 设备,通常采用关闭交换机多余端口、关闭 DHCP 服务、定期审核接入交换机日志的方式进行管理,但上述操作仅能实现一定程度的有效阻断,无法进行及时检查和准确定位。

②检查是否能够对内部网络用户私自连接到外部网络的行为进行检查,准确定出位置,并对其进行有效阻断。检查方法如下:

a. 访谈网络管理员,确认是否对内部用户的违规外联进行了限制,了解其具体的限制的方式和机制;

b. 针对网络管理员提供的限制方式进行有效性检查和针对性的测试。

该项一般通过部署专业的违规外联监控设备进行安全控制。但现场测评中,大部分企业均未部署该类设备，通常采用加强终端管理，如部署终端管理软件、限制终端用户权限的方式限制用户违规接入外部网络、安装第三方设备驱动等，以实现对私自外联的有效阻断，通过日志进行检查和定位。

4. 入侵防范

入侵防范主要是指对网络攻击入侵行为的有效防御措施，要求做到对网络攻击行为的实时监控及报警，以便能在网络攻击事件发生时能采取及时且有效的防御手段，防止系统因攻击行为而造成巨大的损害。

（1）测评指标

入侵防范的测评项主要包括以下两点：

①应在网络边界处监视以下攻击行为，包括端口扫描、强力攻击、木马后门攻击、拒绝服务攻击、缓冲区溢出攻击、IP 碎片攻击和网络蠕虫攻击等；

②当检测到攻击行为时，记录攻击源 IP、攻击类型、攻击目的、攻击时间，在发生严重入侵事件时应提供报警。

（2）测评实施

本测评项通过访谈和配置检查的方式对网络入侵防范措施进行检查。具体测评实施如下。

①应在网络边界处监视以下攻击行为，包括端口扫描、强力攻击、木马后门攻击、拒绝服务攻击、缓冲区溢出攻击、IP 碎片攻击和网络蠕虫攻击等。检查方法如下：

a. 查看网络拓扑图，检查网络边界是否部署了防火墙、IPS/IDS 等安全设备；

b. 针对网络边界部署了 IPS/IDS 的情况，直接登录设备查看是否对端口扫描、强力攻击、木马后门攻击、拒绝服务攻击、缓冲区溢出攻击、IP 碎片攻击和网络蠕虫攻击进行监视；

c. 针对网络边界部署了防火墙的情况，登录防火墙查看是否具有监视常见攻击的功能，并检查是否开启，是否涵盖了所有要求项。

②当检测到攻击行为时，记录攻击源 IP、攻击类型、攻击目的、攻击时间，在发生严重入侵事件时应及时报警。检查方法如下：

检查防火墙、IDS/IPS 等安全设备的日志记录信息，查看其是否记录了攻击源 IP、攻击类型、攻击目的、攻击时间，设备是否能提供报警功能，检查历史报警信息。

5. 恶意代码防范

恶意代码防范主要是指在网络边界处对恶意代码进行检测和清除，以此降低系统中的设备和主机受到恶意代码威胁的概率，提高系统的可靠性，保障数据的安全性，确保业务的正常运行。

（1）测评指标

恶意代码防范的测评项主要包括以下两点：

①应在网络边界处对恶意代码进行检测和清除；

②应维护恶意代码库的升级和检测系统的更新。

（2）测评实施

本测评项通过访谈和配置检查的方式对网络恶意代码防范的措施进行检查。具体测评实施如下。

①检查是否能在网络边界处对恶意代码进行检测和清除。检查方法如下：

a. 查看网络拓扑图，查看网络边界是否部署了应用防火墙（WAF）、下一代防火墙、防病

毒网关等安全设备;

b. 查看上述安全设备是否具备恶意代码检测和清除的功能。

②检查恶意代码防范设备,查看是否对恶意代码库和设备系统进行及时升级和更新。检查方法如下:

a. 检查应用防火墙(WAF)、下一代防火墙、防病毒网关等安全设备的恶意代码库的更新方式、更新周期等;更新方式应为自动在线;

b. 更新或手动离线更新,针对手动离线更新的需明确更新的周期,并形成更新记录;

c. 查看上述安全设备当前的恶意代码规则库是否为最新版本。

7.3.2 交换路由设备测评要素

本项测评主要针对于路由器、交换机两种网络设备,测评内容包括安全审计配置和网络设备防护两项,从设备日志审计、用户身份鉴别、登录失败、远程管理等方面对路由交换设备进行安全测评分析。

1. 安全审计

安全审计主要通过路由交换设备的日志记录来进行,包括设备运行状况、网络流量、用户行为等日志记录。通过对这些日志记录的分析,能够对网络情况进行直观的了解,并能够对重要行为进行追溯,以提高网络整体的安全性和可靠性。

(1)测评指标

安全审计的测评项主要包括以下四点:

①应对网络系统中的网络设备运行状况、网络流量、用户行为等进行日志记录;

②审计记录应包括事件的日期和时间、用户、事件类型、事件是否成功及其他与审计相关的信息;

③应能够根据记录数据进行分析,并生成审计报表;

④应对审计记录进行保护,避免其受到未预期的删除、修改或覆盖等。

(2)测评实施

本测评项通过访谈和配置检查的方式对网络安全审计进行检查。具体测评实施如下。

①检查网络系统中的路由交换设备是否对运行状况、网络流量、用户行为等进行日志记录。检查方法是:检查路由交换设备,输入 show logging 命令 -> 查看设备日志信息,通过 show run 命令 -> 查看是否开启了日志记录与日志记录的级别设置,相应的配置命令如下:

```
logging on
logging trap notifications
logging 192.168.11.11
snmp-server community pcitcro RO
snmp-server enable traps syslog
…
Snmp-server host 10.1.1.1 cisco
```

②检查审计记录是否包括事件的日期和时间、用户、事件类型、事件是否成功及其他与审计相关的信息。检查方法是:登录设备,通过 show logging 命令 -> 查看设备日志记录,确

认其是否包含了事件的日期和时间、用户、事件类型、事件是否成功等信息，一般的 Cisco 和华为的路由交换设备均包含以上内容，只要开启了审计功能，此项即默认符合。

③检查路由交换设备是否能够对记录数据进行分析，并生成审计报表。检查方法如下：

a. 一般路由交换设备不提供对审计记录分析的功能，登录设备通过 show run 命令查看是否配置了日志服务器；

b. 访谈网络管理员是否定期对审计日志进行分析，并查阅定期分析所产生的审计报表。

④检查路由交换设备是否对审计记录进行保护，以避免受到未预期的删除、修改或覆盖等。检查方法如下：

a. 交换机、路由器的日志信息一般保存在设备本地，一旦设备断电或重启均会导致日志信息的丢失，因此针对交换机、路由器类设备需要部署日志服务器；

b. 登录交换机、路由器设备，输入 show run 命令查看是否配置了日志服务器；

```
logging on
logging trap notifications
logging 192.168.11.11
```

c. 登录日志服务器查看是否能够正常接收交换机、路由器的日志信息；

d. 确认日志服务器的可用空间、数据保存和备份方式，避免审计日志数据的丢失。

2. 网络设备防护

网络设备防护主要是对设备身份鉴别、登录方式、远程管理等方面进行安全加固，提高设备的安全性，降低设备被入侵的概率。

(1)测评指标

网络设备防护的测评项主要包括以下八点：

①应对登录网络设备的用户进行身份鉴别；

②应对网络设备的管理员登录地址进行限制；

③网络设备用户的标识应唯一；

④主要网络设备应对同一用户选择两种或两种以上组合的鉴别技术来进行身份鉴别；

⑤身份鉴别信息应具有不易被冒用的特点，口令应有复杂度要求并定期更换；

⑥应具有登录失败处理功能，可采取结束会话、限制非法登录次数和当网络登录连接超时自动退出等措施；

⑦当对网络设备进行远程管理时，应采取必要措施防止鉴别信息在网络传输过程中被窃听；

⑧应实现设备特权用户的权限分离。

(2)测评实施

本测评项通过访谈和配置检查的方式对网络设备防护进行检查。具体测评实施如下。

①检查是否对登录网络设备的用户进行身份鉴别。检查方法如下：

a. 检查路由交换设备，输入 show running-config 命令 -> 查看其是否配置了 AAA 认证，相应的配置命令如下：

```
aaa new-model
radius-server host 192.168.1.1
radius-server key shared 1
line vty 0 4
aaa authorization login
```

b. 针对未配置 AAA 认证的情况,检查路由交换设备,输入 show running-config 命令 -> 查看其是否配置了登录口令,相应的配置命令如下:

```
line vty 0 4
login
password xxxxxxx
line aux 0
login
password xxxxxxx
line con 0
login
password xxxxxxx
```

②检查是否对网络设备的管理员登录地址进行了限制。检查方法是:检查路由交换设备,输入 show running-config 命令 -> 查看其是否通过 ACL 对管理员登录地址进行了配置,相应的配置命令如下:

```
access-list1 permit x. x. x. x
logaccess-list1 deny any

line vty 0 4
access-list1 in
```

③检查网络设备用户的标识是否唯一。检查方法如下:

因路由交换设备不能配置相同的用户名,所以应防止出现账户被多人共用的情况。因此需查看路由交换设备的用户列表,并访谈网络管理员是否做到了设备的用户账户与人员岗位表对应,确定不存在多人共用同一账户的情况,检查方法如下:

检查路由交换设备,输入 show running-config 命令 -> 查看路由交换设备的用户列表,相应的配置命令如下:

```
usernameuser1privilege 10 password pass 1
username user2 privilege 1 password pass 2
```

④检查主要网络设备是否对同一用户选择两种或两种以上组合的鉴别技术来进行身

份鉴别。检查方法如下：

a. 访谈网络管理员，了解设备身份鉴别的方式，实地查看管理员登录操作；

b. 确认管理员身份鉴别是否采用两种或两种以上的组合鉴别技术，常用的鉴别技术包括静态口令、令牌和智能卡、生物信息。

⑤检查身份鉴别信息是否具有不易被冒用的特点，口令是否设置了复杂度及定期更换要求。身份鉴别信息不易被冒用，应要求用户名具有唯一性标识，口令设置复杂度并要求定期更换，应从管理和技术两个层面进行检查，一方面检查安全策略中是否进行了要求，另一方面检查技术层面是否做到了安全控制。检查方法如下：

a. 交换路由类网络设备一般通过认证平台实现身份鉴别信息唯一性、口令复杂度和定期更换的要求；

b. 登录设备查看是否配置了 AAA 认证或 Radius 等认证平台，若配置了则直接检查认证平台的身份鉴别信息唯一性、口令复杂度和定期更换要求；

c. 针对未部署认证平台的设备，则查看安全策略中的身份鉴别信息、口令复杂度和定期更换的要求，现场检查身份鉴别信息、口令复杂度是否符合安全策略要求。针对该类情况仅能算作满足安全策略管理要求，无法从技术上实现鉴别信息的复杂度。

⑥应具有登录失败处理功能，可采取结束会话、限制非法登录次数和当网络登录连接超时自动退出等措施。检查方法如下：

a. 针对部署了认证平台的，则直接查看认证平台中的登录失败处理设置；

b. 针对未部署认证平台的，则通过 show running-config 命令 -> 查看是否配置了登录失败处理功能。交换路由类设备默认配置一般为连续登录失败三次自动断开会话。

⑦当对网络设备进行远程管理时，应采取必要措施防止鉴别信息在网络传输过程中被窃听。检查方法如下：

a. 针对部署了认证平台，则直接查看认证平台中远程管理的方式，一般建议采用 SSH 加密传输方式进行远程管理；而交换路由类设备一般默认采用 Telnet 非加密传输方式进行远程管理；

b. 针对未部署认证平台，则登录设备，输入 show running-config 命令 -> 查看其是否采取了 SSH 方式进行远程管理。相应的配置命令如下：

```
line vty 4
transport input ssh
ip sshauthentication-retries 5
line aux 0
transport input ssh
ip ssh authentication-retries 5
```

⑧应实现设备特权用户的权限分离。检查方法如下：

a. 检查安全策略文档，确认是否对设备的特权用户及其权限进行要求；

b. 针对部署了认证平台，在认证平台中验证特权用户权限是否符合安全策略文档要求；

c. 针对未部署认证平台，登录设备，输入 show running-config 命令 -> 查看其是否依据安全策略要求文档配置了不同权限的用户，相应的配置命令如下：

```
username test1 privilege 5 secret 5 $ 1 $ mERr $ hx5S4wqbXKX7
privilege EXEC level 10 ssh
privilege EXEC level 10 show ip access-list
```

7.3.3 安全设备测评要素

本项测评主要针对于防火墙、IDS/IPS、防病毒网关等安全设备，测评内容包括安全审计配置和网络设备防护两项。本测评主要从设备日志审计、用户身份鉴别、登录失败、远程管理等方面对安全设备进行安全测评分析。本节以启明星辰“天清汉马”系列防火墙为例。

1. 安全审计

(1)测评指标

安全审计的测评项主要包括以下四点：

①应对网络系统中的网络设备运行状况、网络流量、用户行为等进行日志记录；

②审计记录应包括事件的日期和时间、用户、事件类型、事件是否成功及其他与审计相关的信息；

③应能够根据记录数据进行分析，并生成审计报表；

④应对审计记录进行保护，避免受到未预期的删除、修改或覆盖等。

(2)测评实施

本测评项通过访谈和配置检查的方式对网络安全审计进行检查，具体测评实施如下。

①对网络系统中的网络设备运行状况、网络流量、用户行为等进行日志记录。检查方法如下：

a. 检查防火墙设备，打开防火墙管理页面查看：系统管理 -> 状态，查看是否对于网络设备运行状况、系统资源、网络流量等设备运行状态进行监控，如图 7 – 2 所示；

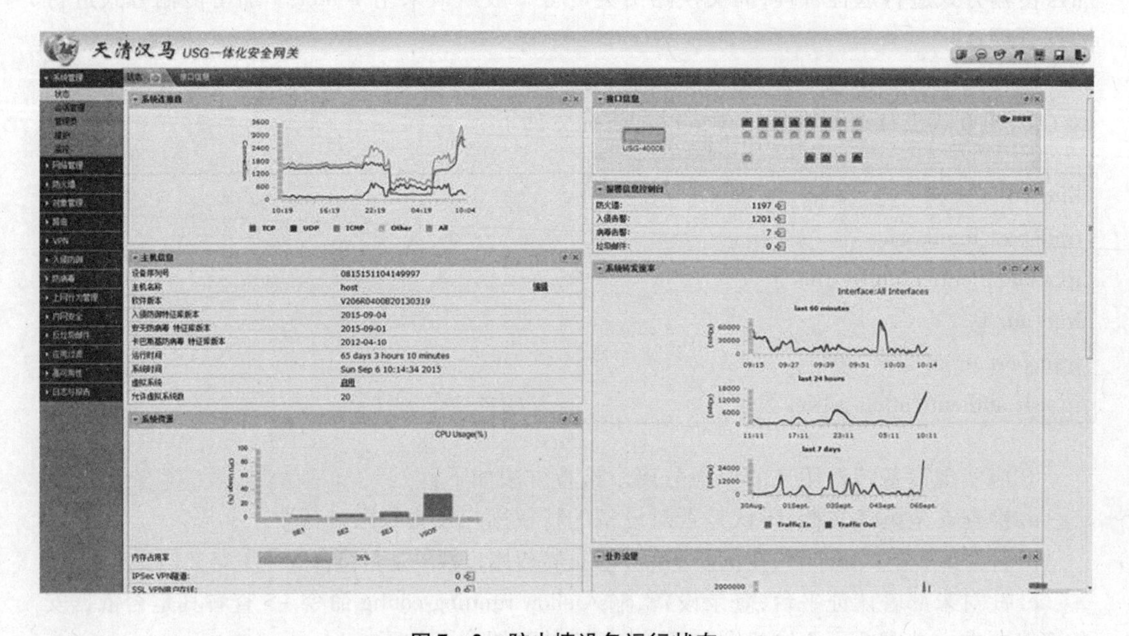

图 7 – 2　防火墙设备运行状态

b. 打开防火墙管理页面查看：日志与报告 -> 本地日志，查看是否对网络设备运行状况、网络流量、用户行为等进行了日志记录，如图 7－3 所示。

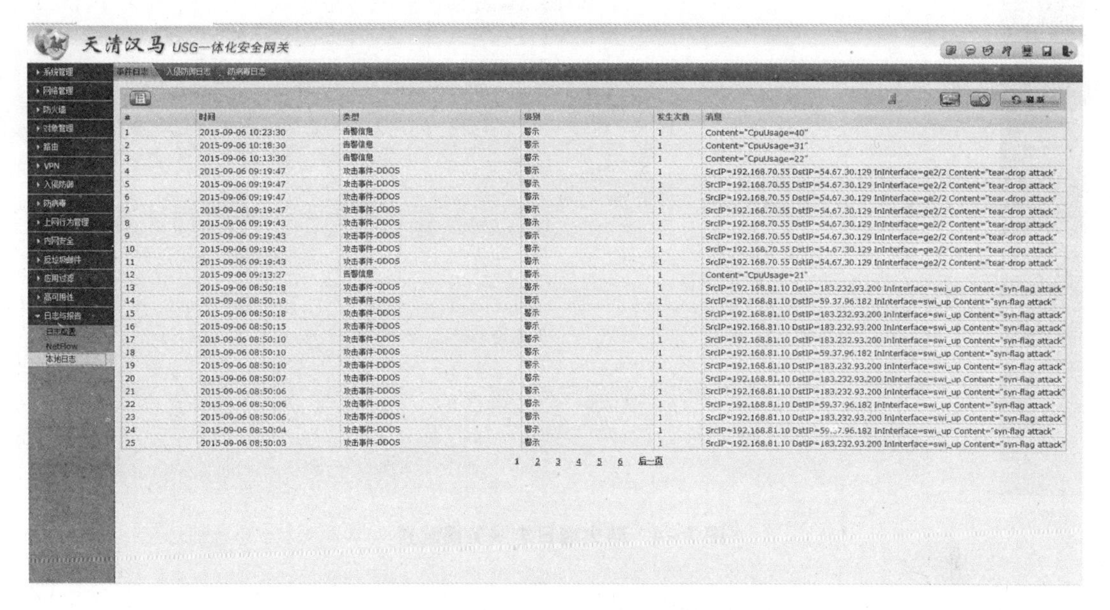

图 7－3 防火墙设备运行日志

②审计记录应包括事件的日期和时间、用户、事件类型、事件是否成功及其他与审计相关的信息。检查方法是：检查防火墙设备，打开防火墙管理页面查看：日志与报告 -> 本地日志，查看设备审计记录是否包括事件的日期和时间、用户、事件类型、事件是否成功等内容。

③能够根据记录数据进行分析，并生成审计报表。检查方法是：检查防火墙设备是否具有导出审计分析报告的功能，并查看导出记录。

④对审计记录进行保护，避免受到未预期的删除、修改或覆盖等。检查方法是：检查防火墙设备，打开防火墙管理页面查看：日志与报告 -> 日志配置 -> 日志服务器，查看设备是否配置日志服务器，以避免日志受到未预期的删除、修改或覆盖的功能，如图 7－4 所示。

2. 网络设备防护

(1)测评指标

网络设备防护的测评项主要包括以下八点：

①应对登录网络设备的用户进行身份鉴别；

②应对网络设备的管理员登录地址进行限制；

③网络设备用户的标识应唯一；

④主要网络设备应对同一用户选择两种或两种以上组合的鉴别技术来进行身份鉴别；

⑤身份鉴别信息应具有不易被冒用的特点，口令应有复杂度要求并定期更换；

⑥应具有登录失败处理功能，可采取结束会话、限制非法登录次数和当网络登录连接超时自动退出等措施；

⑦当对网络设备进行远程管理时，应采取必要措施防止鉴别信息在网络传输过程中被窃听；

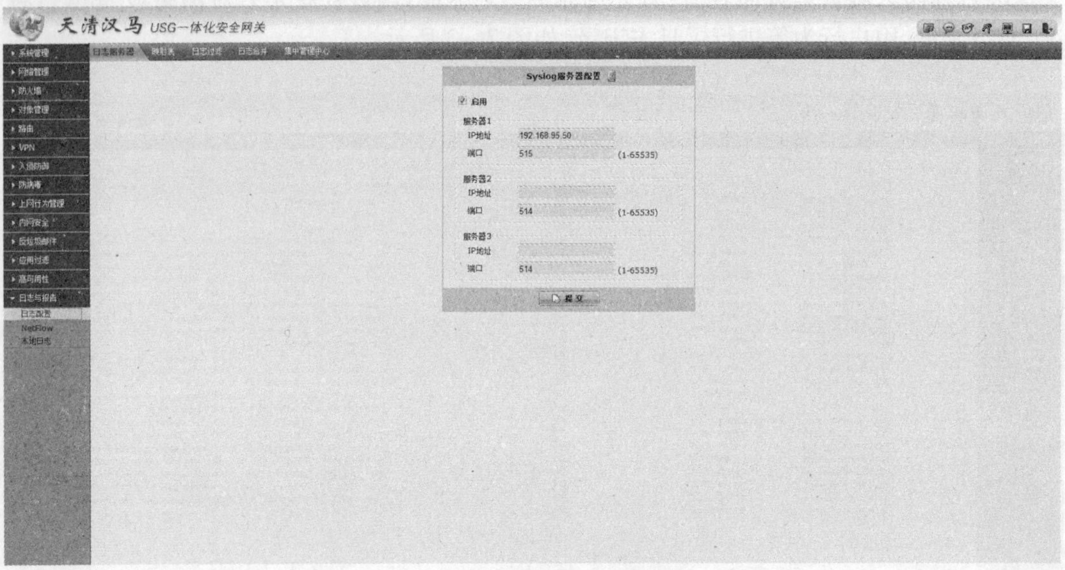

图 7-4　防火墙日志服务器配置

⑧应实现设备特权用户的权限分离。

(2)测评实施

本测评项通过访谈和配置检查的方式对网络设备防护进行检查,具体测评实施如下。

①对登录网络设备的用户进行身份鉴别。检查方法是:检查防火墙设备,打开防火墙管理页面查看是否具有专门的用户登录模块,如图 7-5 所示。

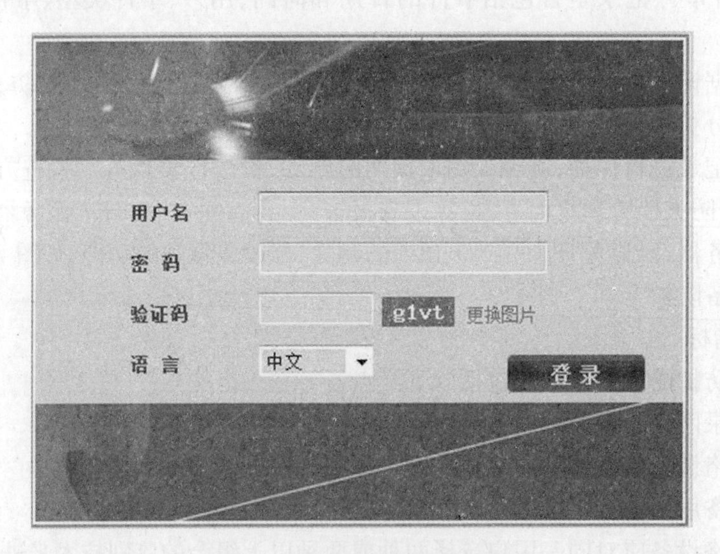

图 7-5　防火墙设备登录模块

②对网络设备的管理员登录地址进行限制。检查方法是:检查防火墙设备,打开防火墙管理页面查看:防火墙 -> 安全策略,查看设备是否配置白名单对网络设备的管理员登录地址进行限制。

③网络设备用户的标识应唯一。检查方法是:检查防火墙设备,打开防火墙管理页面

查看:系统管理 -> 管理员,查看设备用户 ID 是否存在相同的情况。

④主要网络设备应对同一用户选择两种或两种以上组合的鉴别技术来进行身份鉴别。检查方法如下:

a. 天清汉马防火墙设备不支持两种或两种以上组合鉴别技术来进行身份鉴别,在现场测评中,大部分安全设备本身均不支持,一般通过认证平台的方式实现;

b. 访谈或查看设备配置信息,确认是否部署了 Radius、堡垒机等认证平台;若已部署,则直接查看认证平台上的身份鉴别是否采用两种或两种以上组合鉴别技术。常用的身份鉴别方式主要包括用户名口令、动态口令卡和 USBKEY、生物信息等。

⑤身份鉴别信息应具有不易被冒用的特点,口令应有复杂度要求并定期更换。检查方法如下:

a. 检查防火墙设备关于用户名、口令复杂度要求的设置,包括口令最小长度、复杂度要求、更换周期等;

b. 现场验证口令复杂度要求是否生效,打开防火墙管理页面,查看修改密码模块是否对口令的复杂度进行了限制,如图 7 - 6 所示。

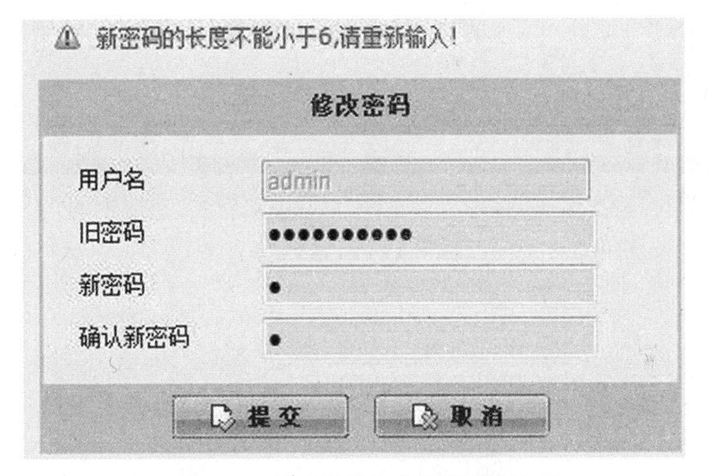

图 7 - 6 防火墙设备修改密码模块

⑥检查防火墙是否启用登录失败处理功能。检查方法是:打开防火墙管理页面,系统管理 -> 维护 -> 系统配置,查看是否对管理员最大登录重试次数进行了限制,如图 7 - 7 所示。

⑦检查防火墙设备是否采用加密方式进行远程管理。检查方法是:查看防火墙是否采用 HTTPS 进行远程管理。

⑧查看防火墙的用户列表是否包含超级管理员、普通管理员、审计员,是否仅授予上述特权用户最小权限。检查方法是:打开防火墙管理页面系统管理 -> 管理员权限表,查看是否设置了管理员、普通用户和审计员等角色,是否合理配置了每个角色的权限,如图 7 - 8 所示。

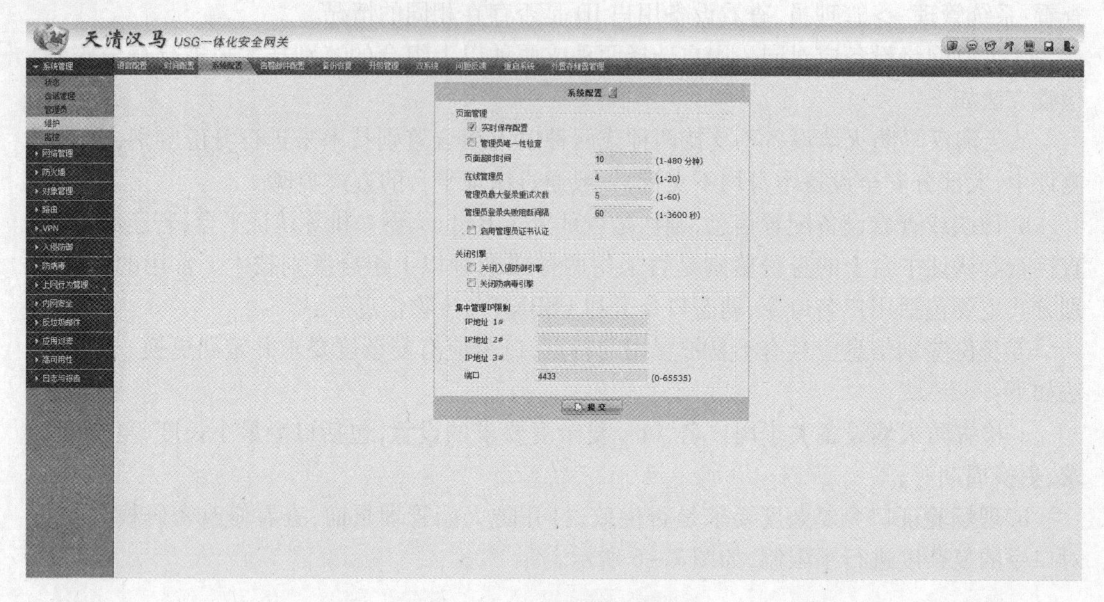

图 7－7　防火墙系统配置

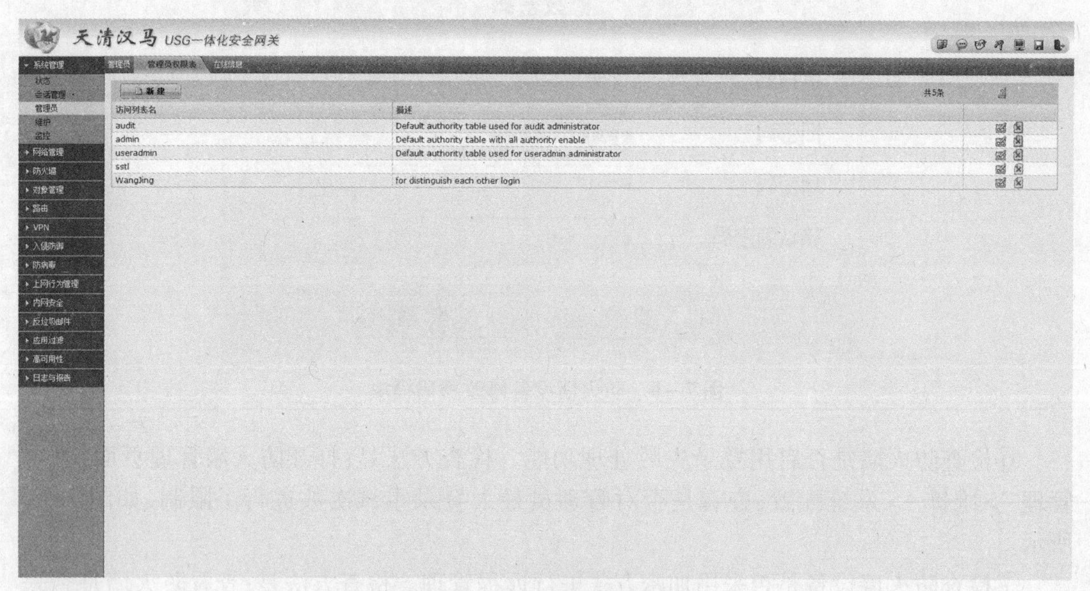

图 7－8　防火墙管理员权限

第8章 主机安全

主机安全[①]是指主机系统的部件、程序和数据受到保护，不因偶然或恶意的原因而遭破坏、更改、泄露，系统连续可靠的正常运行，网络服务不中断。

主机系统用于管理计算机资源，控制整个系统运行，其主要功能是进行计算机资源管理和提供帮助用户使用计算机的界面。作为应用系统的主要支撑平台，主机系统在解决安全问题上也起着基础性、关键性的作用：没有操作系统的安全支持，计算机系统的安全就缺乏了根基。所以针对计算机系统的攻击和威胁中，主机系统往往是主要目标。攻击和威胁既可能是针对系统运行的，也可能是针对资源的保密性、完整性和可用性的，因此既要考虑主机系统的安全运行，也要考虑对主机中资源的保护。

8.1 测评内容

主机安全主要从身份鉴别、访问控制、安全审计、剩余信息保护、入侵防范、恶意代码防护和资源控制等七个控制点进行安全防护。

主机系统主要包括操作系统、数据库管理系统及存储环境等。鉴于存储环境的复杂性、多样性以及存储系统的不开放性，本节主要从操作系统、数据库管理系统两个方面进行测评技术介绍，其中操作系统安全主要从身份鉴别、访问控制、安全审计、剩余信息保护、入侵防范、恶意代码防护和资源控制等七个控制点进行安全测评，共32个安全测评项；数据库管理系统安全主要从身份鉴别、访问控制、安全审计及资源控制四个控制点进行安全测评，共22个安全测评项。其具体分布如图8－1所示。

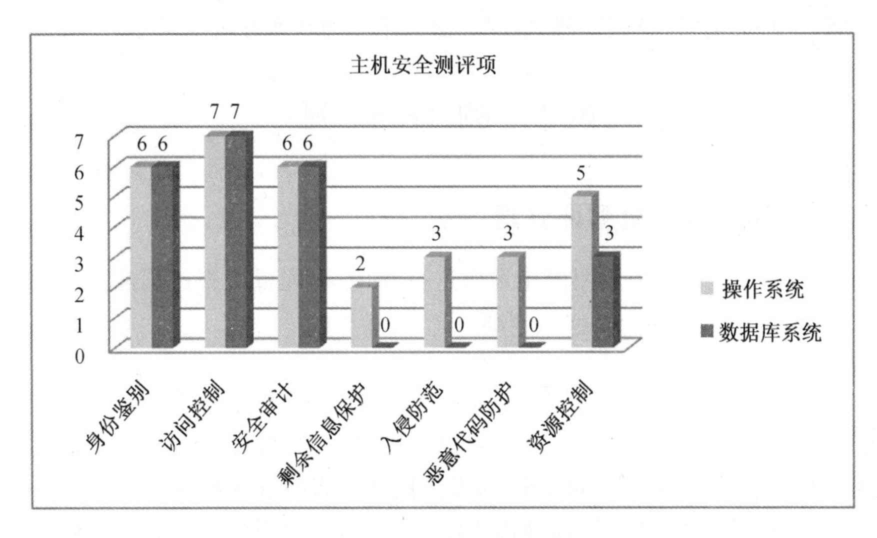

图8－1 主机安全测评项

① 《计算机安全》.王锡林，郭庆平，程胜利著.人民邮电出版社，1995。

操作系统包括 Windows,CentOS,Redhat,AIX,Solaris,AS400 等众多的类型,每个类型有多个版本,版本之间有着或多或少的区别。由于篇幅的局限性,本节以微软 Windows Server 2008 R2 和 Red Hat Enterprise Linux 6.5 系统为例;数据库管理系统包括 SQL Server,Oracle,Mysql,DB2 等常用数据库类型,本节以 SQL Server 2008,Oracle 11g 数据库为例。

8.2 测评方式

根据信息系统安全等级保护测评准则,主机安全测评的方法包括访谈、文档审阅、配置检查和工具测试等,现场测评中主要以配置检查和工具测试为主。

配置检查是主机安全测评的基本方法,通过配置检查可以直观地获取主机配置信息,Windows 系统主要通过图形化界面方式登录,查看本地安全策略、终端服务配置、计算机安全管理、Windows 防火墙、系统安装程序等模块的安全配置; Linux 系统主要通过命令行方式登录,查看 login.defs,system-auth,passwd,group,shadow,profile,syslog.conf 等文件中的安全配置。

工具测试是主机安全测评的验证手段,通过工具测试,我们不仅可以直接获取到目标系统本身存在的漏洞,同时也可以通过在不同的区域接入测试工具所得到的测试结果,判断不同区域之间的访问控制情况。在主机安全测评中,常通过 Nessus、绿盟漏洞扫描工具和明鉴数据库弱点扫描器等主机安全扫描工具对操作系统、数据库管理系统进行安全扫描,对身份鉴别、访问控制、入侵防范中部分测评项进行验证测试,从而保证测试结果的客观和准确。

针对配置检查、工具测试无法获取相关信息的情况,可通过访谈的方式获取相关证据类信息,如通过访谈获取剩余信息防护的要求及实施情况,查阅系统剩余信息保护相关的设计、实施、测试类文档。

现场测评以配置检查为基本方法,工具测试作为验证手段,访谈作为辅助手段,具体测评过程中测评工程师需根据项目实际情况灵活运用三种测评方法。

8.3 测评实施

8.3.1 Windows 主机测评要素

Windows 操作系统主要使用图形化界面进行管理,在配置检查过程能够直观显示各类安全配置,本节以微软 Windows Server 2008 R2 为例。

1. 身份鉴别

身份鉴别是指在计算机系统中确认操作者身份的过程,用以确定该用户是否具有某种资源的访问权限,防止攻击者假冒合法用户访问系统资源,保障计算机系统的访问策略可靠、有效地执行,保障系统和数据的安全,以及授权访问者的合法利益。

身份鉴别是对用户身份进行标识和鉴别,凡需进入主机系统的用户,均需进行标识,且标识应具有唯一性。用户身份鉴别机制一般分为用户知道的信息、用户持有的信息和用户生物特征信息三种。针对重要系统应采用多种组合鉴别机制。

上述鉴别机制中常用的身份鉴别技术如表 8-1 所示。

表8-1 身份鉴别技术对应表

序号	鉴别机制	鉴别技术	安全级别
1	用户知道的信息	口令、PIN码等	低
2	用户持有的信息	智能卡、动态口令卡、USBKey等	中
3	用户生物特征信息	指纹、虹膜识别、视网膜、人脸识别等	高

(1)测评指标

身份鉴别的测评项主要包括以下六点:

①应对登录操作系统和数据库系统的用户进行身份标识和鉴别;

②操作系统和数据库系统管理用户身份标识应具有不易被冒用的特点,口令应有复杂度要求并定期更换;

③应启用登录失败处理功能,可采取结束会话、限制非法登录次数和自动退出等措施;

④当对服务器进行远程管理时,应采取必要措施,防止鉴别信息在网络传输过程中被窃听;

⑤应为操作系统和数据库系统的不同用户分配不同的用户名,确保用户名具有唯一性;

⑥应采用两种或两种以上组合的鉴别技术对管理用户进行身份鉴别。

(2)测评实施

本测评项通过配置检查的方式进行,其中Windows系统默认无法提供组合鉴别技术,需采用第三方认证。具体测评实施如下。

①检查操作系统对用户的身份标识和鉴别方式。Windows操作系统通常采用用户名和口令配合、第三方认证的方式进行身份鉴别和标识。检查方法如下:

a. 针对采用用户名和口令的身份鉴别方式,在Windows系统中查看:管理工具->计算机管理->本地用户和组->用户,查看用户列表,验证是否存在口令为空的用户,如Windows默认账户Administrator或Guest账户;

b. 针对采用堡垒机、统一认证、CA认证等第三方认证的身份鉴别方式,则核查第三方认证的用户身份鉴别,查看是否存在口令为空的用户,是否采用组合鉴别技术等。

②检查操作系统密码策略,是否对口令复杂度、长度、更换周期进行配置。检查方法是:在Windows系统中进行查看:管理工具->本地安全策略->账户策略->密码策略中的相关参数(密码必须符合复杂性要求、记录密码长度最小值、密码最长使用期限、强制密码历史),如图8-2所示。测评标准中未对测评指标进行具体要求,在测评实施过程中,建议按照表8-2进行检查。

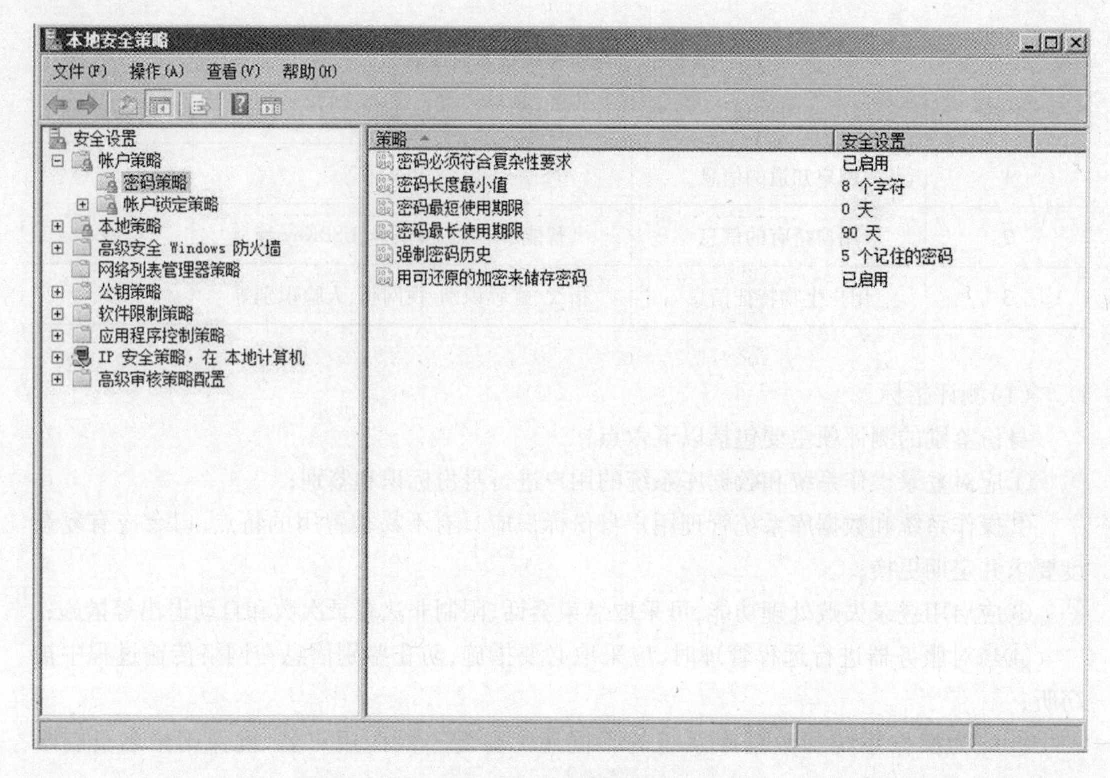

图 8－2 密码策略

表 8－2 密码策略配置参考值

序号	安全策略	参考值	备注
1	密码必须符合复杂性要求	已启用	启用该项即要求密码长度至少 8 位，包含大写字母、小写字母、数字、特殊字符中的三类
2	密码长度最小值	≥8 位	
3	密码最长使用期限	≥90 天	
4	强制密码历史	≥5 次	此策略使管理员能够通过确保旧密码不被连续重新使用来增强安全性

③检查操作系统账户锁定策略，确认是否对账户锁定时间和锁定阈值进行配置。检查方法是：在 Windows 系统中查看，管理工具 -> 本地安全策略 -> 账户策略 -> 账户锁定策略的相关参数（账户锁定时间、账户锁定阈值、复位账户锁定计数器），如图 8－3 所示。测评标准中未对测评指标进行具体要求，在测评实施过程中，建议各个配置项的参考值如表 8－3 所示。

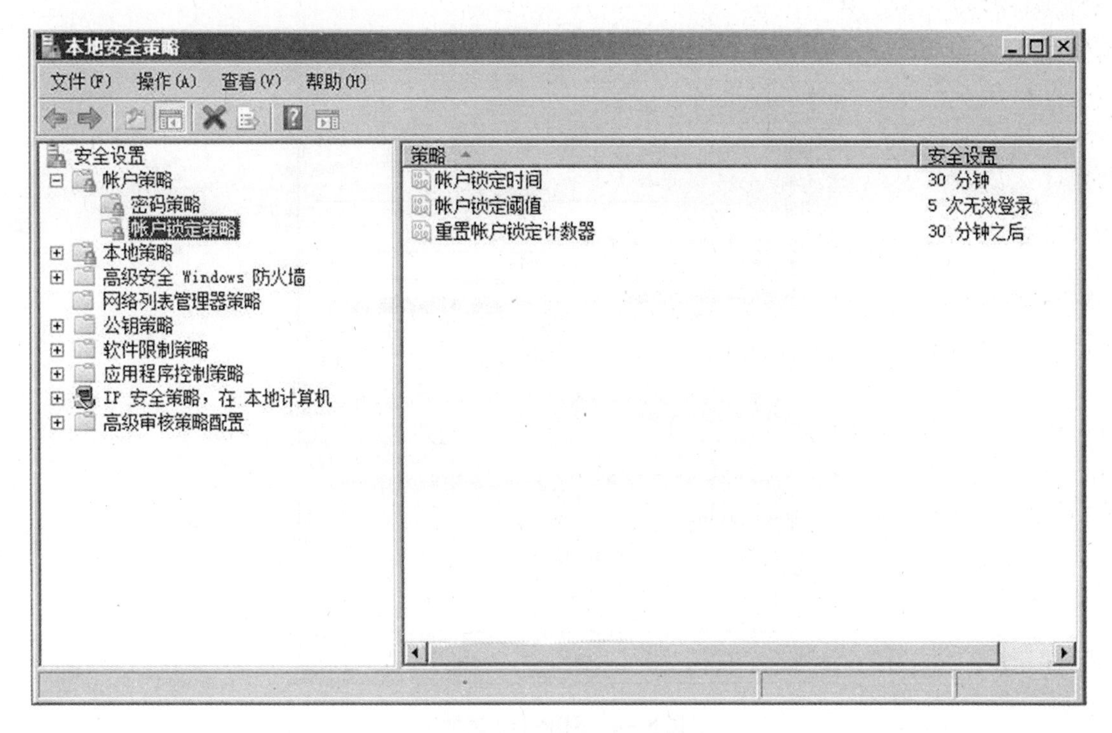

图 8-3 账户锁定策略配置

表 8-3 账户锁定配置项参考值

序号	安全策略	参考值	备注
1	账户锁定时间	30 min	
2	账户锁定阈值	5 次	
3	重置账户锁定计数器	30 min	重置账户锁定计数器设置小于等于账户锁定时间

其策略配置为:若 30 min 内连续登录 5 次失败,则锁定账户 30 min。

④检查操作系统远程桌面连接协议安全层配置,是否采用加密传输方式进行远程管理。检查方法如下:在 Windows 系统中进行查看:管理工具 -> 终端服务 -> 终端服务配置,选择 RDP-Tcp 连接,点击右键打开属性,确认安全层加密方式,如图 8-4 所示。Windows Server 2008 远程桌面连接协议(RDP-Tcp)安全层默认采用协商模式,将使用客户端所支持的最安全的安全层。即如果客户端支持 SSL (TLS 1.0),则使用 SSL (TLS 1.0);如果客户端不支持 SSL (TLS 1.0),则使用 RDP 安全层。采用 SSL (TLS 1.0)时,将用于服务器身份验证以及对服务器与客户端之间传输的所有数据进行加密。若采用 RDP 安全层,则服务器与客户端之间的通信将使用本机 RDP 加密。如果选择 RDP 安全层,则无法使用网络级身份验证,RDP 从 V4.0 协议开始提供高、中、低三种数据加密级别。Windows Server 2008 所使用的远程桌面连接协议为 Microsoft RDP 7.1,默认采用加密方式。

⑤检查操作系统用户列表,查看是否存在共享账户和重名账户。在 Windows 系统中,用户的 SID 是不会重复出现的,在创建一个新用户时,系统会自动检测用户名是否重复,主

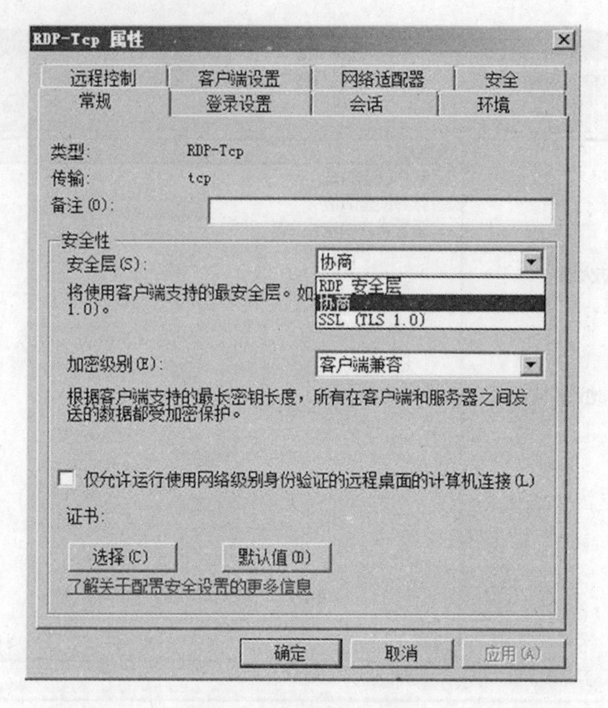

图 8－4　RDP-Tcp 属性

要依据系统管理员提供的用户列表对系统中的用户进行核对，确认是否存在共享账户，用户列表中需包含账户实际使用人。检查方法是：在 Windows 系统中查看：管理工具 -> 计算机管理 -> 本地用户和组 -> 用户，查看系统用户列表，并与系统管理员提供的用户列表进行核对，确认是否存在共享账户，系统用户列表如图 8－5 所示。

⑥检查操作系统身份鉴别，是否采用了两种或两种以上的组合鉴别技术。Windows 自身无法提供两种或两种以上组合鉴别技术。通常利用堡垒机或统一认证服务器对 Windows 用户进行身份认证，以实现 Windows 操作系统的多种组合身份鉴别技术。检查方法是：在现场测评过程中，验证是否同时使用两种或两种以上的组合身份鉴别技术。

2. 访问控制

在 Windows 系统中，安全管理的对象包括文件、目录、注册表项、动态目录对象、内核对象、服务、线程、进程、防火墙端口、Windows 工作站和桌面等。访问控制是为了保证上述对象被受控合法地使用。用户只能根据自己的权限来访问系统资源，不得越权访问。

(1)测评指标

身份鉴别的测评项主要包括以下七点：

①应启用访问控制功能，依据安全策略控制用户对资源的访问；

②应根据管理用户的角色分配权限，实现管理用户的权限分离，仅授予管理用户所需的最小权限；

③应实现操作系统和数据库系统特权用户的权限分离；

④应严格限制默认账户的访问权限，重命名系统默认账户，修改这些账户的默认口令；

⑤应及时删除多余的、过期的账户，避免共享账户的存在；

⑥应对重要信息资源设置敏感标记；

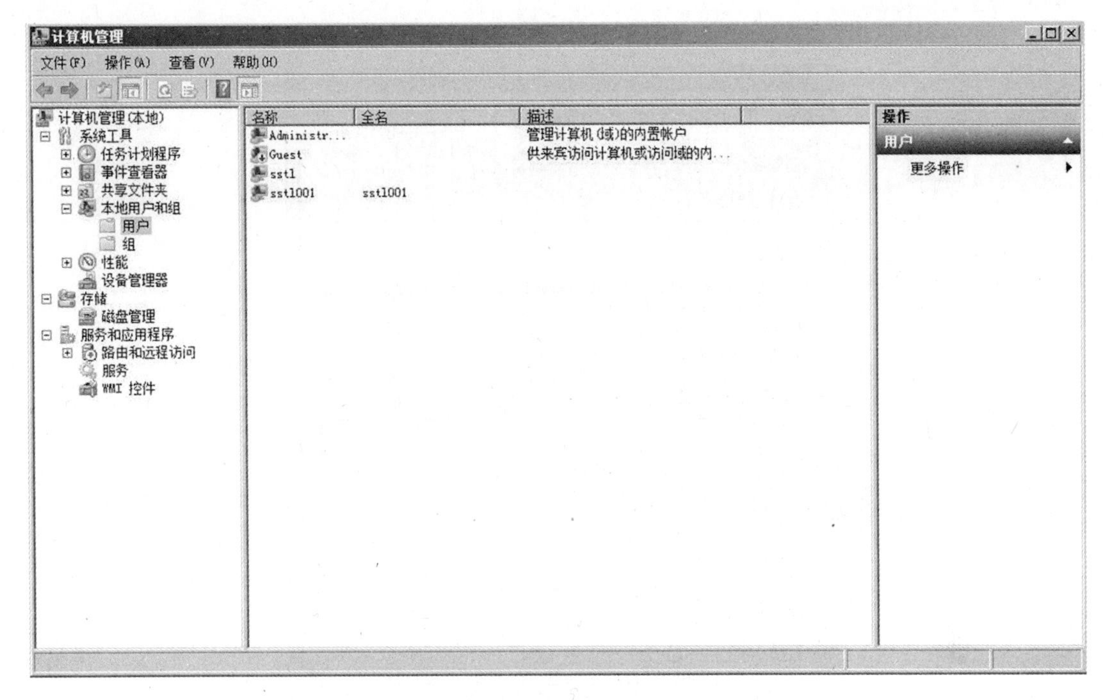

图8-5 系统用户列表

⑦应依据安全策略严格控制用户对有敏感标记重要信息资源的操作。

(2)测评实施

本测评项通过配置检查的方式对 Windows 系统安全配置进行检查,其中对重要信息资源设置敏感标记,Windows 系统无法提供,需采用第三方工具。具体测评实施如下。

①检查是否制定安全策略文档,是否依据安全策略控制用户对资源的访问。Windows 操作系统需依据安全策略文档开启访问控制功能,对不同用户设置不同的文件访问权限,检查方法如下:

a. 选择%systemdrive%\Windows\system 或%systemroot%\system32\config 等控制用户访问权限的文件夹 -> 右键属性 -> 安全 -> 查看 Everyone 组、User 组和 Administrators 组等不同用户组的权限设置,如图 8-6 所示。

b. 在 Windows 系统中查看:管理工具 -> 计算机管理 -> 本地用户和组 -> 组,查看用户账户所在的用户组是否合理,如图 8-7 所示。

②应根据管理用户的角色分配权限,实现管理用户的权限分离,仅授予管理用户所需的最小权限。查看用户和组是否包含超级管理员(Administrators)、普通管理员(Users)、审计员(Event Log Readers)等。检查方法如下:

a. 检查安全策略文档是否对用户权限进行定义;

b. 在 Windows 系统中查看,管理工具 -> 本地安全策略 -> 本地策略 -> 用户权限分配,用户权限策略设置是否与安全策略文档一致,如图 8-8 所示。

③查看操作系统和数据库系统是否设置管理员和审计员等特权用户,避免特权用户拥有过大权限,做到职责明确。检查方法如下:

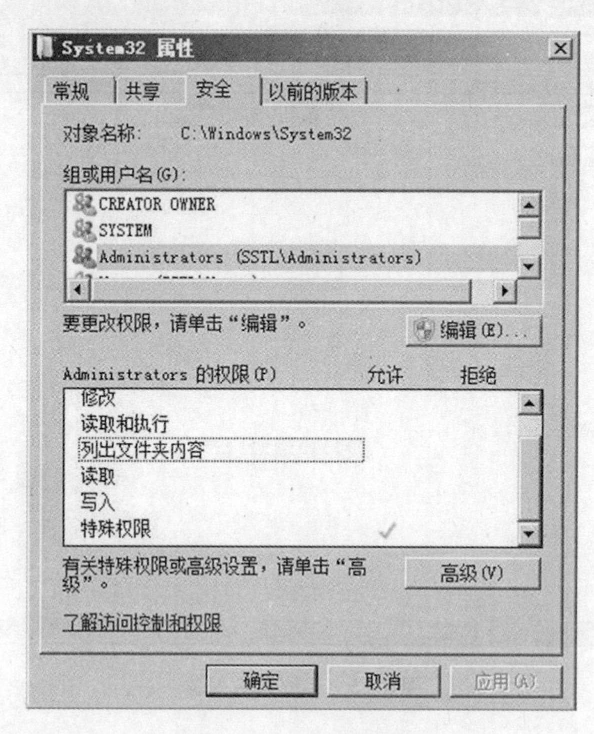

图 8－6　角色权限列表

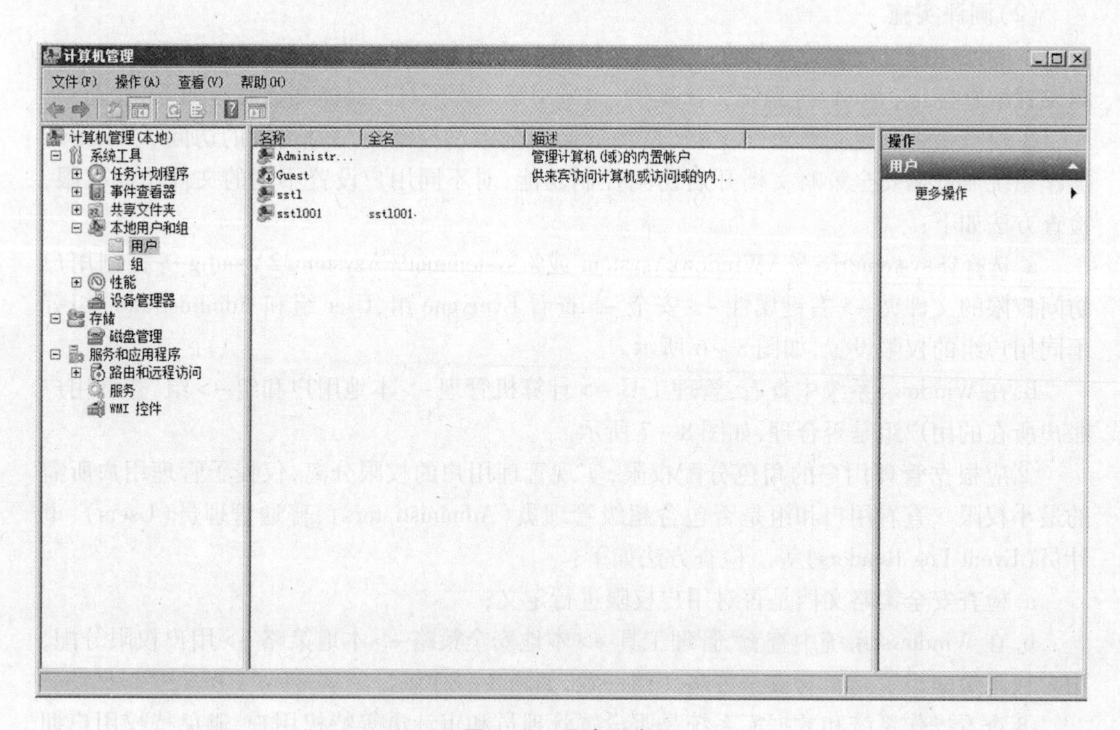

图 8－7　用户列表

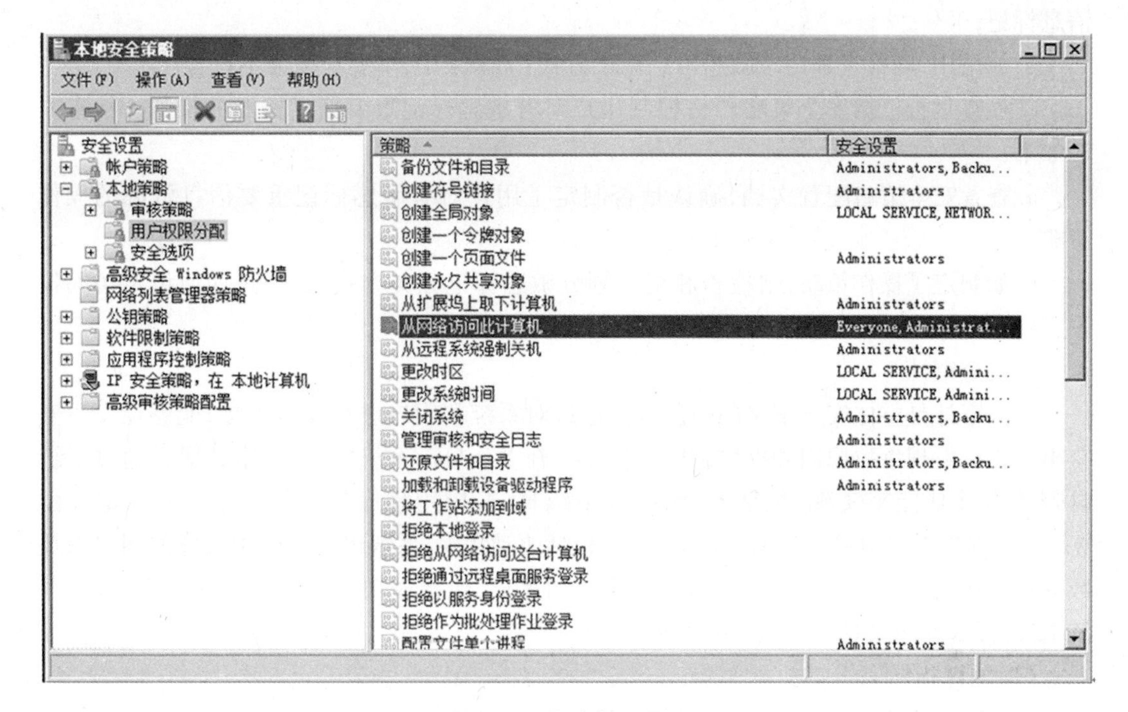

图 8－8 用户权限分配

a. 针对安装了数据库的操作系统，查看图 8－7 用户列表中每个管理员设置的权限，在系统中，同一用户不能同时同时具有操作系统和数据库系统的管理权限；

b. 针对未安装数据库的操作系统，则该要求项不适用。

④严格限制默认账户的访问权限，重命名系统默认账户，修改这些账户的默认口令。Windows 系统安装默认存在 Administrator 和 Guest 账户，应重命名默认账户或限制账户的访问权限。在现场测评中，一般会重命名 Administrator 账户，禁用 Guest 账户。检查方法是：在 Windows 系统中查看，管理工具 -> 计算机管理 -> 本地用户和组 -> 用户，查看是否重命名或禁用 Administrator、Guest 等默认账户。

⑤检查是否及时删除多余、过期的账户，避免共享账户的存在。操作系统的用户账户如果过期或弃用，应及时地进行删除或禁用，以免造成不必要的安全威胁，同时在账号的使用上，不应存在多人共用一个账户的情况。检查方法是：在 Windows 系统中查看：管理工具 -> 计算机管理 -> 本地用户和组 -> 用户，检查操作系统中的用户与人员岗位表的对应关系，是否存在多余、过期、多人共享的账户。

⑥检查操作系统是否提供对重要信息资源设置敏感标记的功能。敏感标记是强制访问控制的依据，是标示主体/客体安全级别的一组信息。通常通过匹配敏感标记以确认是否允许主体对客体的访问。包括资源拥有者在内的其他用户均无法对标记进行修改。依据 GB 17859—1999 计算机信息系统安全保护等级划分准则，三级系统要达到安全标记保护级，测评中常见的 Windows、Linux 等系统均未达到安全标记级别，所以需采用第三方工具进行安全加固。检查方法如下：

a. 访谈安全管理人员，确认是否采用第三方工具对操作系统重要信息资源设置了敏感信息标记；

b. 如采用，则检查和记录敏感信息标记方式；如未采用，本要求项为不符合。

⑦检查是否依据安全策略严格控制用户对有敏感标记重要信息资源的操作。检查方法如下：

a. 查看安全策略配置文档，确认是否制定了用户对有敏感标记重要信息资源的操作策略；

b. 如制定了操作策略，则检查和记录划分敏感标记分类方式，检查是如何设定访问权限，并验证该策略是否生效；如未制定，本要求项为不符合。

3. 安全审计

安全审计是整体安全策略的一部分。通过对系统和用户进行安全审计，能够在发生安全事故之后发现事故原因并提供相应的证据。在 Windows 系统中，安全审计通常通过系统自带的审计功能来实现，包括安全日志、系统日志、应用程序日志等。系统日志记录由 Windows 操作系统组件产生的事件，其主要包括驱动程序、系统组件和应用软件的崩溃以及数据丢失错误等。安全日志记录与安全相关的事件，包括成功和不成功的登录或退出、系统资源使用（系统文件的创建、删除、更改）等。

（1）测评指标

安全审计的测评项主要包括以下六点：

①审计范围应覆盖到服务器和重要客户端上的每个操作系统用户和数据库用户；

②审计内容应包括重要用户行为、系统资源的异常使用和重要系统命令的使用等系统内重要的安全相关事件；

③审计记录应包括日期和时间、类型、主体标识、客体标识、事件的结果等项目；

④应能够根据记录数据进行分析，并生成审计报表；

⑤应保护审计进程，避免受到未预期的中断；

⑥应保护审计记录，避免受到未预期的删除、修改或覆盖等。

（2）测评实施

本测评项通过配置检查的方式对 Windows 系统进行检查，其中审计记录内容、审计进程保护两项默认符合。具体测评实施如下。

①检查审计范围是否覆盖到了服务器上的每个用户。Windows 操作系统的审计是以系统为整体，其范围能够覆盖操作系统内所有的用户。检查方法是：在 Windows 系统中查看：管理工具 -> 本地安全策略 -> 本地策略 -> 审核策略，查看安全审计配置是否符合安全审计策略要求，如图 8 - 9 所示。

②检查审计内容是否包括重要用户行为、系统资源的异常使用和重要系统命令的使用等系统内重要的安全相关事件。检查方法是：在 Windows 系统中查看：管理工具 -> 本地安全策略 -> 本地策略 -> 审核策略，查看并记录各审核策略分别对哪些策略进行审核。测评标准中未对测评指标进行具体要求，在测评实施过程中，建议各个配置项的参考值如表 8 - 4 所示。

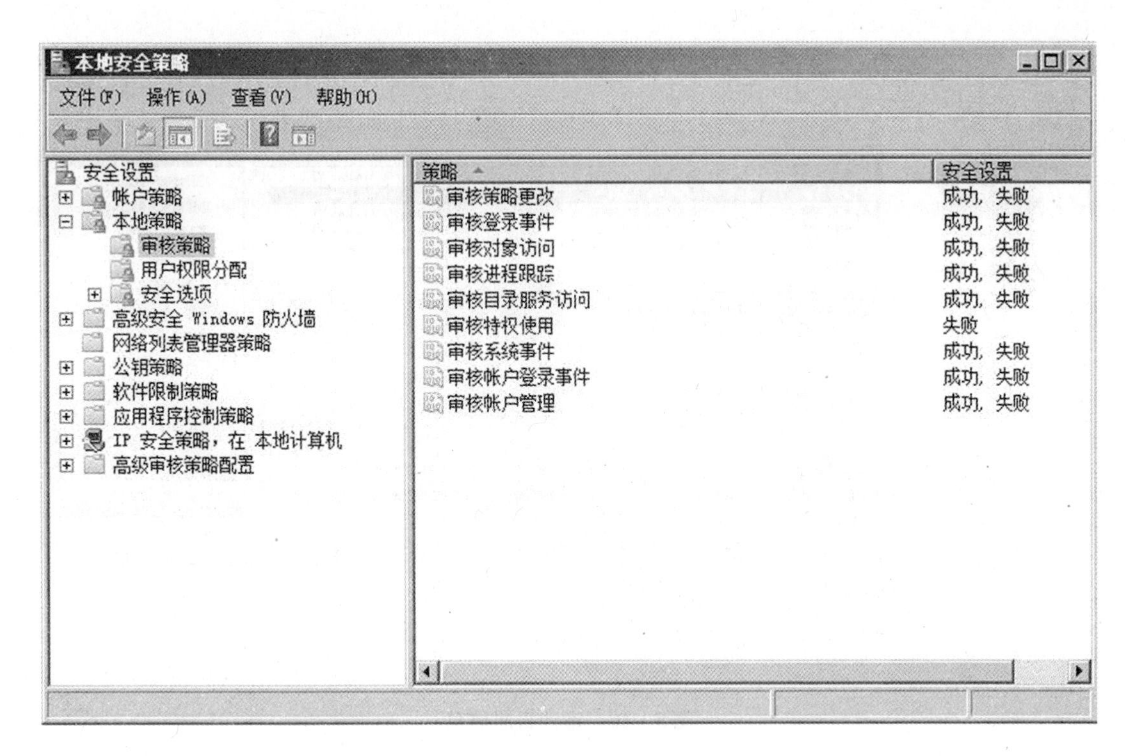

图 8-9 审核策略

表 8-4 审核策略

序号	审核内容	成功	失败
1	审核策略更改	√	—
2	审核登录事件	√	√
3	审核对象访问	√	√
4	审核进程跟踪	√	√
5	审核目录服务访问	—	—
6	审核特权使用	√	√
7	审核系统事件	√	—
8	审核账户登录事件	√	√
9	审核账户管理	√	√

③查看审计记录是否包括日期和时间、类型、主体标识、客体标识、事件的结果等。在Windows 操作系统中，审计日志包含事件名称、来源、时间、ID、任务类别、级别、事件结果、用户等信息，所以该项在开启审计的情况下默认符合。检查方法是：在 Windows 系统中查看，管理工具 -> 控制面板 -> 事件查看器 -> Windows 日志 -> 系统日志，查看并记录日志记录文件记录的内容，如图 8-10 所示。

④检查是否对记录数据进行分析，并生成审计报表，查看近期的日志审计报表。Windows 事件查看器仅具有日志查看功能，无法生成审计报表，须通过日志分析平台进行审

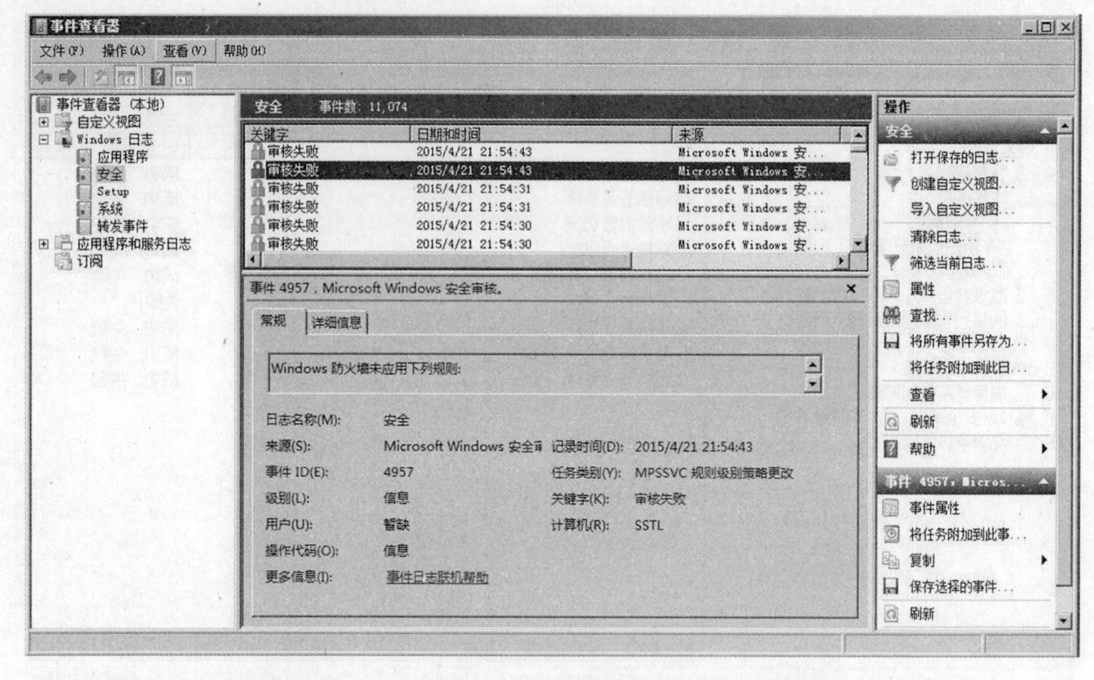

图8-10 审计日志信息

计记录分析和报表生成。检查方法是：

a. 访谈安全负责人员，明确是否对审计记录进行了分析并生成审计报表；

b. 如对审计记录进行分析并生成报表，检查近期的日志审计报表是否对安全可疑事件进行了分析追踪等。

⑤应保护审计进程，避免其受到未预期的中断。Windows 操作系统具备审计进程的自我保护功能，该项默认符合。检查方法是：在 Windows 系统中查看：管理工具 -> 本地安全策略 -> 本地策略 -> 用户权限分配，查看管理审核和安全日志属性，如图 8-11 所示。

⑥应保护审计记录，避免受到未预期的删除、修改或覆盖等。Windows 审计日志通常保存在本地，若采用覆盖方式，则当日志超过规定大小后，会自动覆盖之前的日志。同时，Administrator 用户可对日志进行删除操作，对于该要求项如未部署日志服务器并对日志进行备份保存，该项即默认不符合。检查方法是：

a. 查看是否配置了日志服务器；

b. 登录日志服务器，查看是否能够正常接收操作系统日志信息；

c. 确认日志服务器的可用空间、数据保存和备份方式，避免审计日志数据的丢失；

d. 在 Windows 系统中查看：管理工具 -> 本地安全策略 -> 本地策略 -> 用户权限分配，查看管理审核和安全日志属性；

e. 在 Windows 系统中查看：管理工具 -> 控制面板 -> 事件查看器，查看“安全性”和“系统”日志“属性”的存储大小和覆盖策略，如图 8-12 所示。

4. 剩余信息保护

剩余信息保护是要对用户使用过的信息在用户访问退出或用户注销后进行保护，确保任何资源的任何残余信息内容，对于其他主体都是不可利用的。

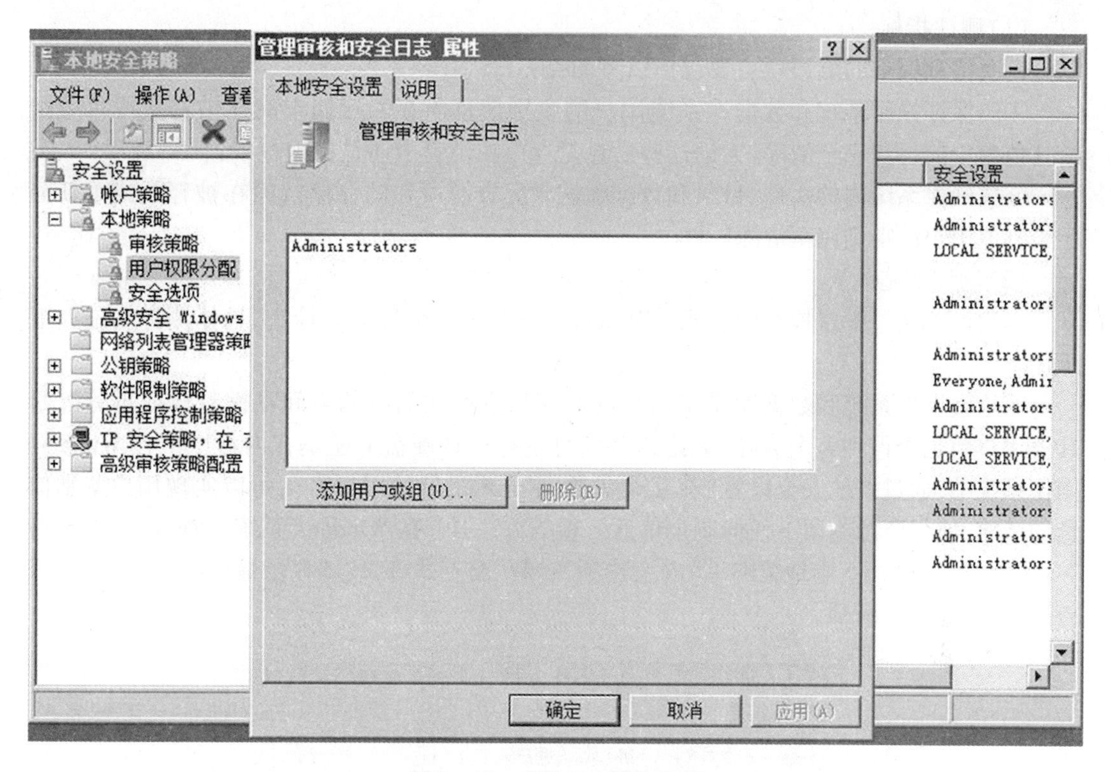

图 8－11 审核日志管理权限

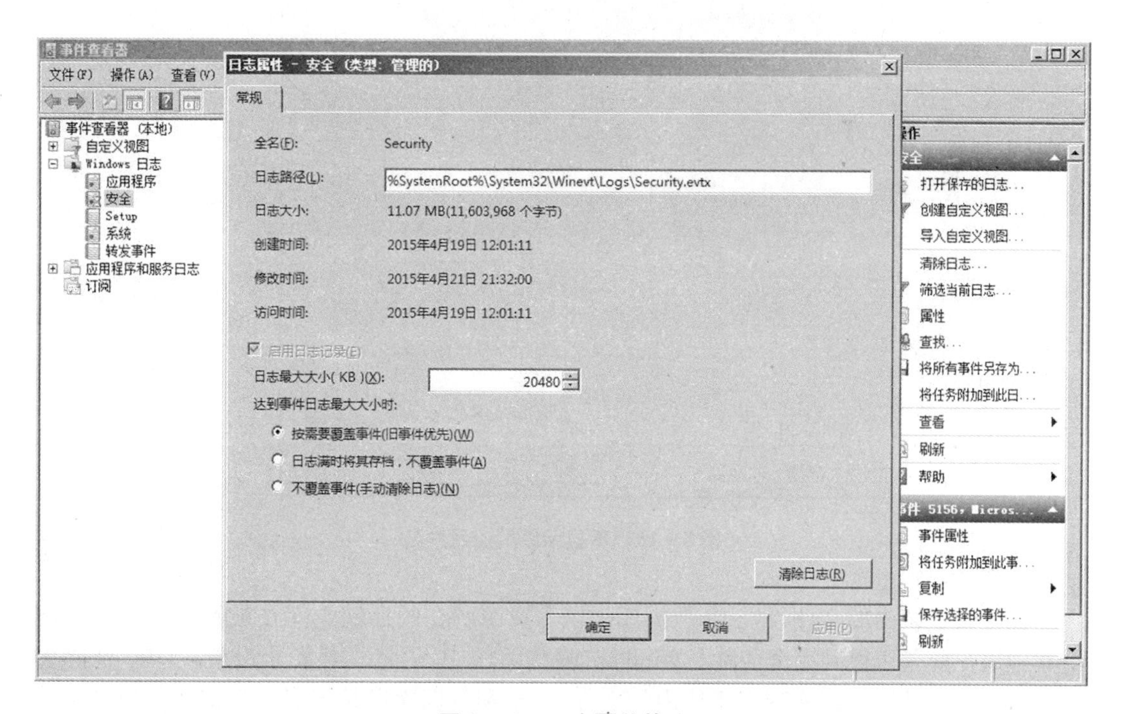

图 8－12 日志覆盖策略

(1)测评指标

剩余信息保护的测评项主要包括以下两点:

①应保证操作系统和数据库系统用户的鉴别信息所在的存储空间在被释放或再分配给其他用户前得到完全清除,无论这些信息是存放在硬盘上还是在内存中;

②应确保系统内的文件、目录和数据库记录等资源所在的存储空间在被释放或重新分配给其他用户前得到完全清除。

(2)测评实施

本测评项通过配置检查的方式对 Windows 系统安全配置进行检查,具体测评实施如下所述。

①检查操作系统和数据库系统用户的鉴别信息所在的存储空间在被释放或再分配给其他用户前是否得到完全清除,无论这些信息是存放在硬盘上还是在内存中。在 Windows 操作系统中,通过本地安全设置“交互式登录:不显示最后的用户名”,可以实现用户鉴别信息的清除,使得资源不留下任何剩余信息。检查方法是:在 Windows 系统中查看,管理工具 -> 本地安全策略 -> 本地策略 -> 安全选项,查看“交互式登录:不显示最后的用户名”是否启用,如图 8-13 所示。

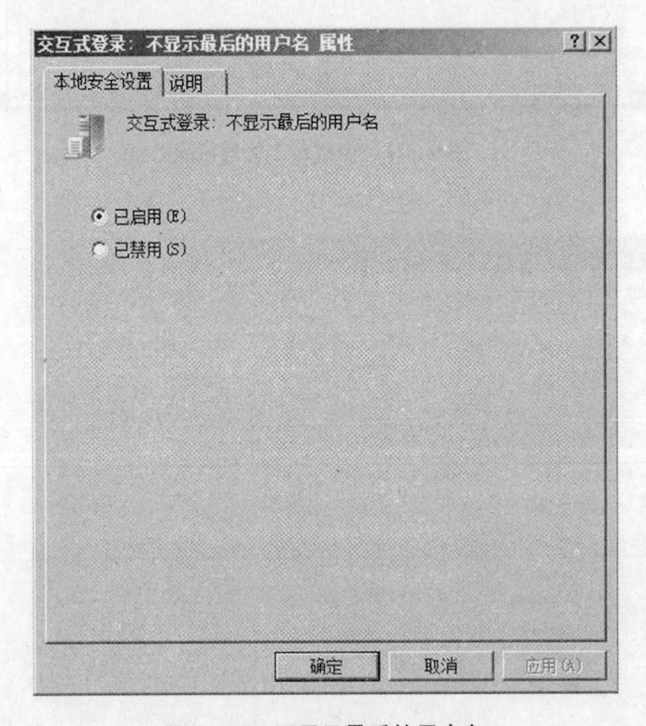

图 8-13　不显示最后的用户名

②检查系统内的文件、目录和数据库记录等资源所在的存储空间在被释放或重新分配给其他用户前是否得到完全清除。Windows 操作系统中,通过本地安全设置“关机:清除虚拟内存页面文件”,可以实现令系统内的文件、目录和数据库记录等资源不留下任何剩余信息。检查方法是:在 Windows 系统中查看管理工具 -> 本地安全策略 -> 本地策略 -> 安全选项,查看“关机:清除虚拟内存页面文件”是否启用,如图 8-14 所示。

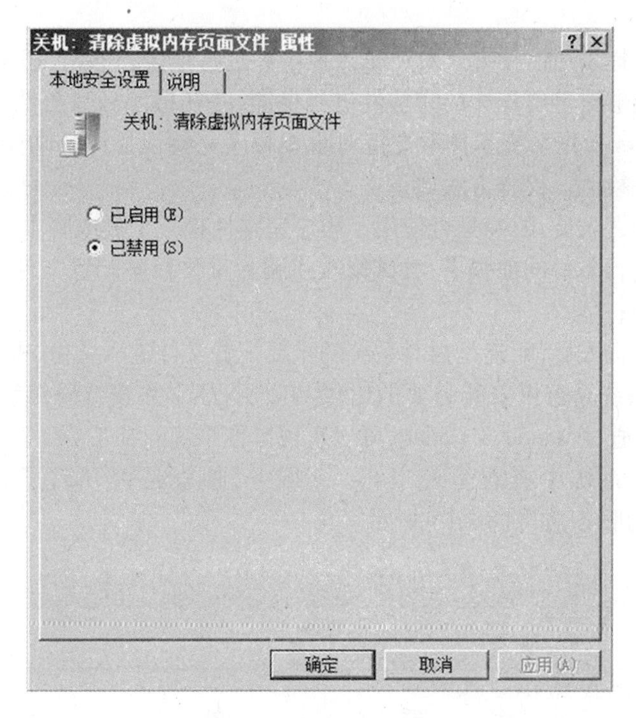

图8－14 清除虚拟内存页面文件

5. 入侵防范

入侵防范是一种主动的安全防护技术，能够抵抗内部攻击、外部攻击及用户的误操作，能够在系统瘫痪前截取并及时对入侵作出响应。

(1)测评指标

入侵防范的测评项主要包括以下三点：

①应能够检测到对重要服务器进行入侵的行为，能够记录入侵的源IP、攻击的类型、攻击的目的、攻击的时间，并在发生严重入侵事件时提供报警；

②应能够对重要程序的完整性进行检测，并在检测到完整性受到破坏后具有恢复的措施；

③操作系统应遵循最小安装的原则，仅安装需要的组件和应用程序，并通过设置升级服务器等方式保持系统补丁及时得到更新。

(2)测评实施

本测评项通过配置检查的方式进行检查，Windows系统无法提供对重要程序的完整性检测等功能，需采用第三方工具进行。具体测评实施如下所述。

①检查是否能够检测到对重要服务器进行入侵的行为，能够记录入侵的源IP、攻击的类型、攻击的目的、攻击的时间，并在发生严重入侵事件时提供报警，并查看相关记录和报警信息。Windows操作系统自带防火墙，但其仅能为计算机提供基于主机的双向网络通信筛选，阻止未授权的网络流量流向或流出本地，本身不支持入侵检测等功能，所以需要通过第三方入侵检测软件来实现入侵行为的检测。检查方法如下：

a. 访谈安全负责人员，明确是否部署了主机入侵检测软件或第三方入侵检测系统；

b. 查看入侵检测系统能否记录入侵的源IP、攻击的类型、攻击的目的、攻击的时间等信息；

c. 访谈系统选择采用何种方式对严重入侵事件进行报警，并查看相关报警记录。

②检查是否能够对重要程序的完整性进行检测，并在检测到完整性受到破坏后具有恢复的措施。Windows 操作系统本身不支持对重要程序完整性检测的功能，需要通过第三方工具实现重要程序检测。检查方法如下：

a. 访谈安全负责人员，明确是否使用了程序完整性检查工具或脚本；

b. 在对系统进行备份的前提下，尝试修改或删除重要程序配置文件。验证是否对程序完整性进行了保护；

c. 访谈安全负责人员，明确是否对系统的重要配置文件进行备份，查看备份记录。

③查看操作系统是否仅安装需要的组件和应用程序，并查看操作系统补丁升级情况。Windows 操作系统通过 Windows Update 可以实现操作系统的补丁更新。检查方法如下：

a. 在 Windows 系统中查看管理工具 -> 服务，检查是否开启了 SMTP、Telnet、Print Spooler 等不必要的服务，如图 8 - 15 所示。

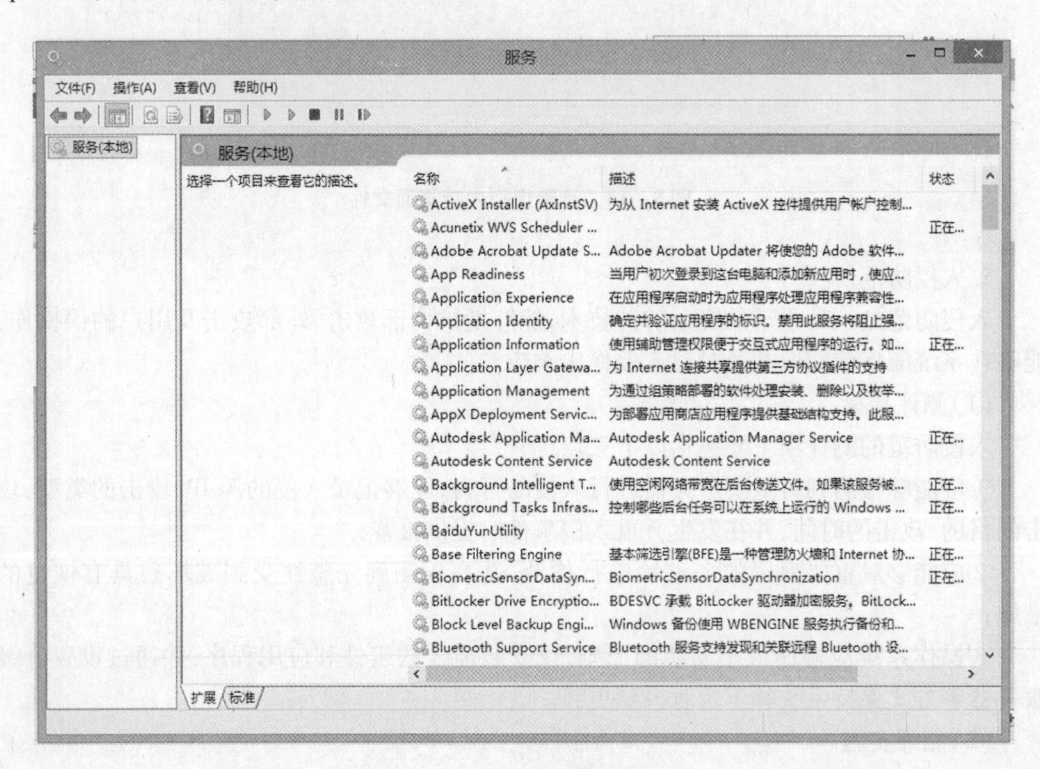

图 8 - 15　本地服务

b. 在命令行模式下执行"netstat - an"，查看列表中的监听端口是否与安全策略配置文档一致；

c. 在 Windows 系统中查看管理工具 -> 控制面板 -> 程序 -> 程序和功能 -> 已安装的更新，查看已安装的系统补丁，如图 8 - 16 所示。

6. 恶意代码防护

恶意代码指故意编制或设置的、对网络或系统会产生威胁或潜在威胁的计算机代码。Windows 操作系统作为应用最广泛的操作系统，非常容易成为恶意代码攻击的对象，网络共

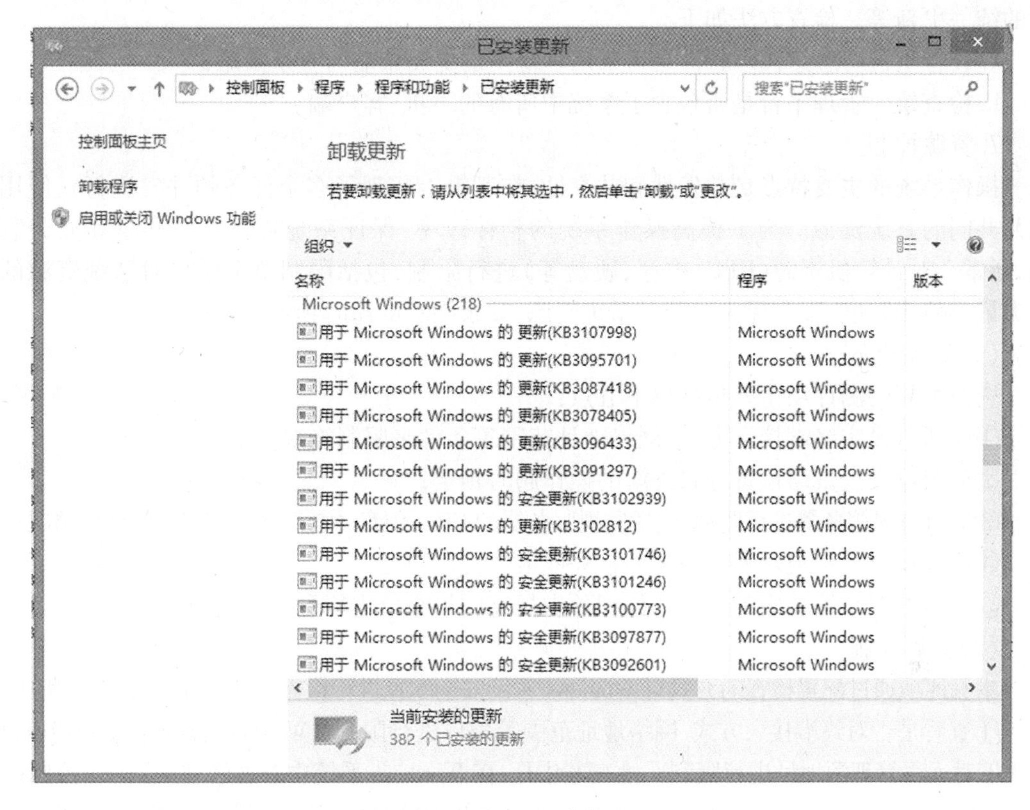

图 8－16　系统补丁

享和服务往往成为主要攻击点，因此 Windows 操作系统需要安装防恶意代码软件，并保持病毒库的更新。

(1)测评指标

恶意代码防护的测评项主要包括以下三点：

①应安装防恶意代码软件，并及时更新防恶意代码软件版本和恶意代码库；

②主机防恶意代码产品应具有与网络防恶意代码产品不同的恶意代码库；

③应支持防恶意代码的统一管理。

(2)测评实施

本测评项通过配置检查的方式进行。具体测评实施如下所述。

①查看操作系统是否安装防恶意代码软件，并检查是否及时更新防恶意代码软件和恶意代码库的版本，检查方法如下：

a. 查看操作系统是否安装了防恶意代码软件；

b. 查看并记录防恶意代码软件名称、版本号、恶意代码库版本号，查看历史更新记录。

②主机防恶意代码产品应具有与网络防恶意代码产品不同的恶意代码库。部署在网络和主机两个层面的防恶意代码产品构成了立体的防护结果。因此，基于网络和基于主机的防恶意代码产品具有不同的防恶意代码库。检查方法是：查看网络防恶意代码产品与主机防恶意代码产品是否采用了不同的恶意代码库。

③查看防恶意代码产品是否支持统一管理。为提高恶意代码防范能力，应采用防恶意代码产品统一管理平台，实现防恶意代码的统一管理，包括防恶意代码软件和防恶意代码

库的统一更新等。检查方法如下:

a. 查看主机防恶意代码软件是否采用了统一的更新策略与查杀策略;

b. 检查统一管理平台是否包含了系统中所有的主机、客户端。

7. 资源控制

操作系统的主要特点是并发性和共享性,在逻辑上实现了多个任务的并发运行且使用的是共同的系统资源。为了提高操作系统的整体效率,保证系统资源有效共享和充分利用,通常会对计算机资源(CPU、内存、硬盘等)进行限制,包括限制单个用户对系统资源的最大最小使用限度、服务优先级分配系统资源、登录终端的超时锁定等项目。

(1)测评指标

资源控制的测评项主要包括以下五点:

①应通过设定终端接入方式、网络地址范围等条件来限制终端登录;

②应根据安全策略设置登录终端的操作超时锁定;

③应对重要服务器进行监视,包括监视服务器的CPU、硬盘、内存、网络等资源的使用情况;

④应限制单个用户对系统资源的最大或最小使用限度;

⑤应能够对系统的服务水平降低到预先规定的最小值进行检测和报警。

(2)测评实施

本测评项通过配置检查的方式对Windows系统安全配置进行检查,具体测评实施如下所述。

①查看是否对终端接入方式、网络地址范围等条件进行限制。Windows操作系统能够通过防火墙对远程管理源地址进行限制。检查方法是:在Windows系统中查看管理工具 -> 控制面板 -> Windows防火墙 -> 高级设置,查看是否对远程IP地址进行了限制,如图8-17所示。

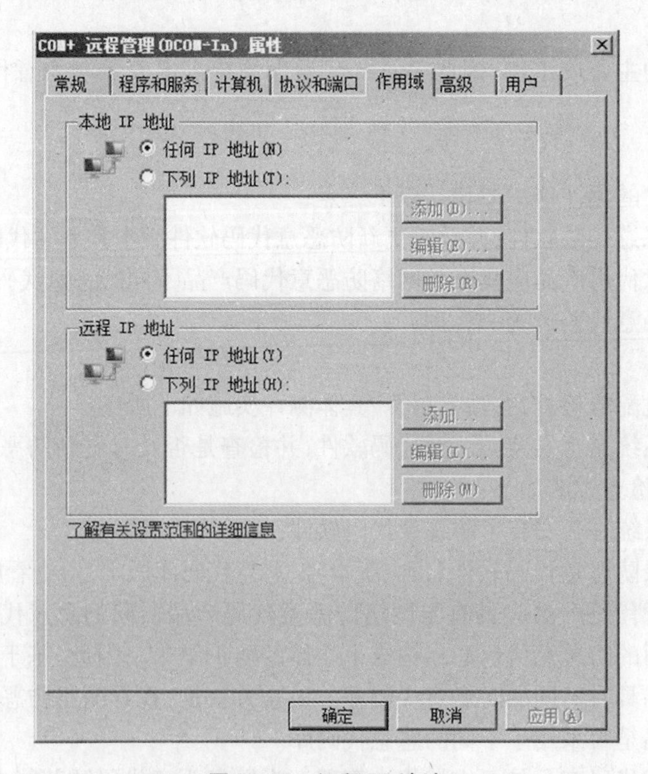

图8-17 远程IP地址

②查看是否根据安全策略设置了登录终端的操作超时锁定。Windows 操作系统通过设置远程连接的会话时间实现登录超时锁定,建议超时时间在 10 min 以内。检查方法是:在 Windows 系统中查看运行 gpedit. msc,打开本地组策略编辑器 -> 计算机配置 -> 管理模板 -> Windows 组件 -> 远程桌面管理 -> 远程桌面会话主机 -> 会话时间限制,查看并记录"设置活动但空闲的远程桌面服务会话的时间限制"设置值,如图 8 - 18 所示。

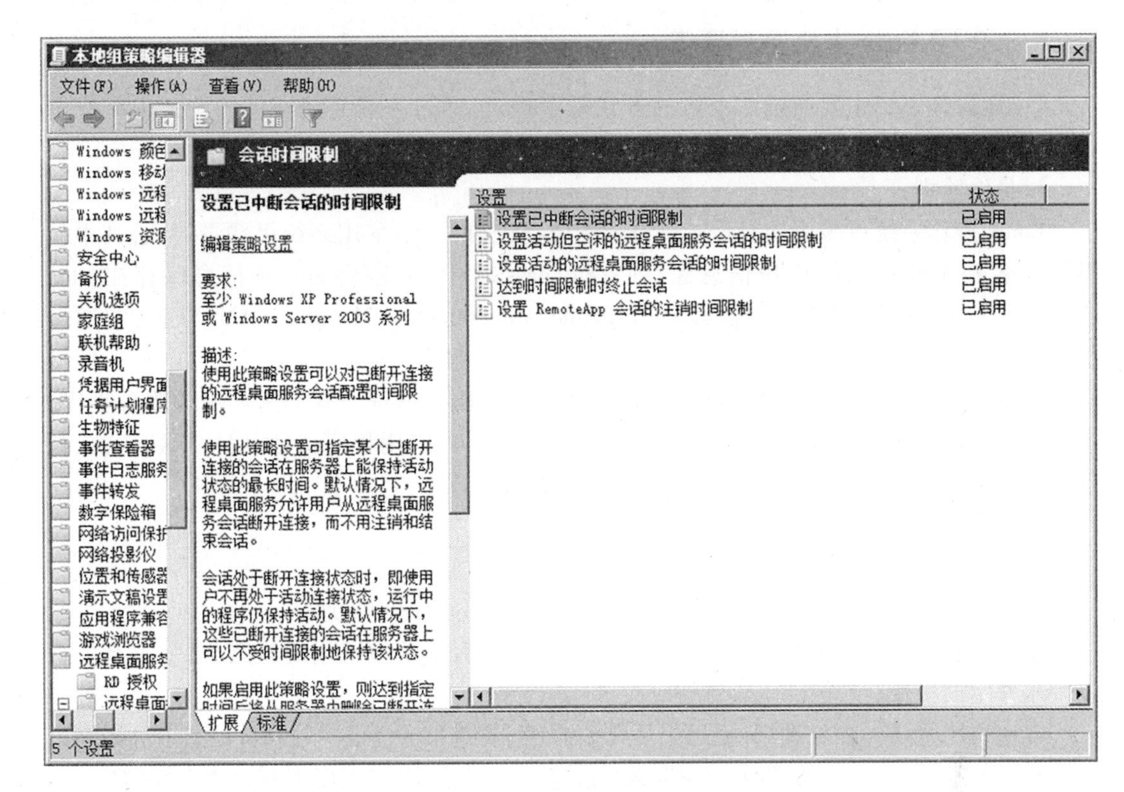

图 8 - 18　远程会话时间限制

③应对重要服务器进行监视,包括监视服务器的 CPU、硬盘、内存、网络等资源的使用情况。Windows 操作系统通常采用定期巡检查看系统资源监控器或使用第三方监控工具的方式对系统资源进行监控。检查方法如下:

a. 针对定期巡检的方式,访谈安全相关人员,明确系统资源监控器的巡检频率,并查看巡检记录;

b. 针对使用第三方监控工具的方式,查看监控工具是否对 CPU、内存、硬盘等系统资源的使用情况进行监控,并查看相关监控记录。

④查看是否限制单个用户对系统资源的最大或最小使用限度。Windows 自身无法限制单个用户对系统资源的最大或最小使用限度,通常利用第三方工具来实现用户对系统资源使用的限制。检查方法如下:

a. 访谈安全管理人员,明确是否采用了第三方工具对单个用户对系统资源的最大或最小使用限度进行限制;

b. 查看工具是否能够对系统资源进行限制并记录具体限制数值。

⑤查看是否能够对系统的服务水平降低到预先规定的最小值进行检测和报警。Windows 自

身无法对系统的服务水平是否降低到预先规定的最小值进行检测和报警。通常利用第三方监控工具实现对系统服务水平的检测和报警。检查方法如下:

a. 访谈安全管理人员,明确是否采用了第三方工具对系统的服务水平降低到预先规定的最小值进行检测和报警;

b. 针对采用第三方工具的情况,查看 CPU、内存、硬盘等资源的报警值,以及相关报警记录。

8.3.2 Linux 主机测评要素

Linux 操作系统主要通过命令行的方式来管理,可通过查看系统文件的方式进行配置检查,本节以 Red Hat Enterprise Linux 6.5 Server(64 bit)版本为例。

1. 身份鉴别

Linux 操作系统可采用的身份鉴别方式主要有三种:一是采用系统级登录验证,其中包括用户名和密码在内的用户信息保存在/etc/passwd 中,加密后的用户信息保存在/etc/shadow 中;二是采用可插拔认证模块(Pluggable Authentication Modules,PAM)认证,它通过提供一些动态链接库和一套统一的 API,将系统提供的服务和该服务的认证方式分开,使得系统管理员可以灵活地根据需要给不同的服务配置不同的认证方式而无需更改服务程序,同时也便于向系统中添加新的认证手段;三是采用第三方应用程序认证,包括指纹认证、智能卡认证等。

(1)测评指标

身份鉴别的测评项主要包括以下六点:

①应对登录操作系统和数据库系统的用户进行身份标识和鉴别;

②操作系统和数据库系统管理用户身份标识应具有不易被冒用的特点,口令应有复杂度要求并定期更换;

③应启用登录失败处理功能,可采取结束会话、限制非法登录次数和自动退出等措施;

④对服务器进行远程管理时,应采取必要措施,防止鉴别信息在网络传输过程中被窃听;

⑤应为操作系统和数据库系统的不同用户分配不同的用户名,确保用户名具有唯一性;

⑥应采用两种或两种以上组合的鉴别技术对管理用户进行身份鉴别。

(2)测评实施

本测评项通过配置检查的方式进行,其中 Linux 系统默认无法提供组合身份鉴别技术,需采用第三方应用程序实现。具体测评实施如下所述。

①检查操作系统对用户的身份标识和鉴别方式。Linux 操作系统中,通常采用验证用户名和口令、PAM 认证、第三方应用程序认证的方式进行用户身份鉴别和标识。

a. 针对采用验证用户名和口令的方式,用户的身份信息在存放在/etc/passwd 文件中,其实质是一个拥有简单格式的数据库表,并通过“:”作为分隔符分隔出多个字段,包括用户的名称、UID、GID、用户说明、主目录和登录使用的 shell 等相关信息。而用户口令经过加密处理后存放于/etc/shadow 文件中,包括用户名和经过加密之后的密码、上次修改密码时间、密码有效时间、密码报警时间等。/etc/passwd 和/etc/shadow 各个字段含义如表 8-5 所示。

表8－5　/etc/passwd 和/etc/shadow 字段含义

字段	/etc/passwd	/etc/shadow
1	用户名	用户名
2	口令	加密后口令
3	UID	上次修改口令时间
4	GID	两次修改口令最少间隔时间
5	用户名全称	两次修改口令最多间隔时间
6	用户“home”目录所在位置	提前警告用户口令将过期时间
7	用户 SHELL 类型	口令过期后多久禁用用户
8	---	用户过期日期
9	---	保留字段

检查方法如下：

- 以 root 身份登录 Linux 操作系统。
- 查看 Linux 密码文件内容，如图 8－19 所示。

```
# cat/etc/passwd

root:x:0:0:root:/root:/bin/bash
sstl:x:500:500:sstl:/home/sstl:/bin/bash
......
```

```
# cat/etc/shadow

root: $1$MW/giWjj $mes4ipKOVpiU. ecIVXe4V0:16545:0:99999:7:::
sstl: $1$MW/giWjj $mes4ipKOVpiU. ecIVXe4V0:16545:0:99999:7:::
......
```

图 8－19　Linux 密码文件情况

- 检查上述两个文件是否包含用户名和口令信息。用户名前加“#”的表示该用户已被禁用，/etc/passwd 中第二个字段表示口令，若为“x”，则表示有密码，若空则表示空密码；/etc/shadow 中第二个字段表示加密后的口令，若为空，则表示密码为空，若为“x”，表示该用户不能登录到系统，其余情况均有密码。

b. 针对采用其他身份标识和鉴别方式的情况，如 PAM 认证、指纹认证、智能卡认证等，访谈系统管理员相关软件及其认证配置方案，查看相关软件信息，并检查/etc/pam. d 中对应文件的配置情况，查看是否存在口令为空的用户。

②检查操作系统密码策略，是否对口令复杂度、长度、更换周期进行配置。Linux 操作系统中，对于口令复杂度等设置有以下两种方法：一是通过登录配置文件/etc/login. defs和密码文件/etc/shadow 实现，二是通过 PAM 中的 pam_cracklib. so 模块实现。

a. 针对通过登录配置文件和密码文件实现的情况，/etc/login. defs 是登录程序的配置文件，其中包含对于密码最大使用期限（PASS_MAX_DAYS）、修改密码最小间隔时间（PASS_

MIN_DAYS)、密码最小长度(PASS_MIN_LEN)、密码过期前提醒时间(PASS_WARN_AGE)等相关配置信息。需要注意的是,/etc/login. defs 文件中的信息为默认信息,若/etc/shadow 中存在对应的配置信息,则以/etc/shadow 中的配置信息为准。

检查方法如下:

- 以 root 身份登录 Linux 操作系统;
- 查看/etc/login. defs 和/etc/shadow 文件中的配置情况,如图 8-20 所示。

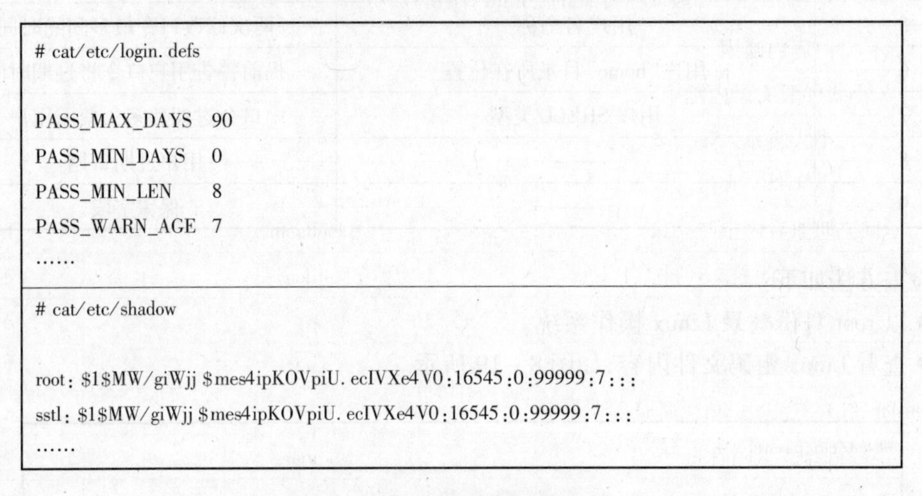

```
# cat/etc/login. defs

PASS_MAX_DAYS  90
PASS_MIN_DAYS  0
PASS_MIN_LEN   8
PASS_WARN_AGE  7
……

# cat/etc/shadow

root: $1$MW/giWjj $mes4ipKOVpiU. ecIVXe4V0:16545:0:99999:7:::
sstl: $1$MW/giWjj $mes4ipKOVpiU. ecIVXe4V0:16545:0:99999:7:::
……
```

图 8-20　登录系统配置信息

- 检查/etc/login. defs 和/etc/shadow 文件中是否配置了密码策略。如图 8-20 所示,密码策略包括密码最大使用期限(90 天)、修改密码最小间隔时间(0 天)、密码最小长度(8 位)、密码过期前提醒时间(7 天)等内容。

b. 针对通过 PAM 中 pam_cracklib. so 模块实现的情况,该模块主要的作用是对用户密码的复杂度进行检测,即检查和限制用户自定义密码的长度、复杂度和密码更换周期等。pam_cracklib. so 模块常用参数含义如表 8-6 所示。

表 8-6　pam_cracklib. so 模块参数含义

序号	参数	含义
1	debug	调试信息写入日志
2	type = xxx	输入密码的提示符,如 type = your own word
3	retry = N	修改密码失败时,可以重试的次数
4	difok = N	新密码中必须有几个字符要与旧密码不同
5	minlen = N	用户密码的最小长度
6	dcredit = N	用户密码中必须包含多少个数字
7	ucredit = N	用户密码中必须包含多少个大写字母
8	lcredit = N	用户密码中必须包含多少个小写字母
9	ocredit = N	用户密码中必须包含多少个特殊字符(除数字、字母之外)
10	Dictpath = n	用户密码字典路径

检查方法如下：

● 以 root 身份登录 Linux 操作系统；

● 查看/etc/pam. d 中对应文件配置情况，例如/etc/pam. d/system-auth 是用户登录系统的认证工作，/etc/pam. d/sshd 则是远程登录认证工作的配置文件等，不同配置文件对应不同的认证工作。在此以/etc/pam. d/system-auth 为例，如图 8－21 所示。

```
# cat /etc/pam.d/system-auth

auth        required     pam_env.so
......
password    requisite    pam_cracklib.so retry =5 difok =3 minlen =10 ucredit = -1 lcredit = -3
dcredit = -3 ocredit = -1 dictpath =/usr/share/cracklib/pw_dict
......
```

图 8－21　/etc/pam. d/system-auth 配置情况

c. 检查 pam_cracklib. so 相关参数是否配置了密码复杂度等策略。如图 8－21 中 pam_cracklib. so 后面的参数表示用户密码策略的相关设置。

测评标准中未对密码复杂度、密码长度、密码更换周期等参数提出具体要求，在测评实施过程中，建议按照表 8－7 所示进行检查。

表 8－7　密码策略配置参考值

序号	安全策略	参考值	备注
1	密码复杂度	大小写字母、数字、特殊字符	dcredit、ucredit、lcredit、ocredit
2	密码长度最小值	≥8 位	PASS_MIN_LEN、minlen
3	密码最长使用期限	≥90 天	PASS_MAX_DAYS

③检查操作系统账户锁定策略，是否对账户锁定时间和锁定阈值进行配置。Linux 操作系统中，账户锁定策略是通过 PAM 实现的。Linux 系统通过 pam_tally2. so 模块监控用户的不成功登录尝试的次数，在达到模块限制的次数时会锁定用户一段时间，以防止一些黑客软件的暴力破解。pam_tally2. so 模块的常用参数如表 8－8 所示。检查方法如下：

表 8－8　pam_tally2. so 模块参数含义

序号	参数	含义
1	deny = N	错误登录超过 N 次后拒绝登录
2	lock_time = N	登录拒绝 N 秒内无法登录
3	unlock_time = N	登录拒绝 N 秒后可以登录
4	magic_root	对 root 权限无效
5	no_lock_time	对该用户登录拒绝时间无效
6	no_reset	登录成功后不置计数器，只将计数器值减 1
7	even_deny_root	对 root 权限仍然有效
8	root_unlock_time = N	对 root 权限 N 秒后可以登录

a. 以 root 身份登录 Linux 操作系统；

b. 查看/etc/pam. d 中对应文件配置情况，以/etc/pam. d/system-auth 为例，如图 8 – 22 所示；

```
# cat /etc/pam. d/system – auth

auth            required            pam_env. so
auth required pam_tally2. so deny = 3unlock_time = 300 even_deny_root root_unlock_time = 10
……
```

图 8 – 22　/etc/pam. d/system-auth 配置情况

c. 检查 pam_tally2. so 相关参数是否配置了账户锁定策略。如图 8 – 22 中 pam_tally2. so 后面的参数表示用户账户锁定策略的相关设置。

测评标准中未对账户锁定时间等参数提出具体要求，在测评实施过程中，建议各个配置项的参考值如表 8 – 9 所示。

表 8 – 9　账户锁定配置项参考值

序号	安全策略	参考值	备注
1	账户锁定时间	30 min	lock_time、unlock_time
2	账户锁定阈值	5 次	deny

④检查操作系统远程连接协议配置，是否采用加密传输方式进行远程管理。Linux 操作系统中，远程登录主要方式可以分为文字接口和图形接口两种。文字接口包括 Telnet 和 SSH 等方式，Telnet 采用明文方式传递消息，SSH 是专为远程登录会话和其他网络服务提供安全性的协议。利用 SSH 协议可以有效防止远程管理过程中的信息泄露。图形接口包括 XDMCP 和 VNC 等方式，适用于远程登录 Linux 的图形界面。企业级 Linux 主要使用文字接口方式进行远程管理。

a. 针对采用 Telnet 方式远程登录操作系统的情况，则该项不符合。

检查方法如下：

- 以 root 身份登录 Linux 操作系统；
- 查看 Telnet 服务是否启用，命令为# service-status-all|grep telnet。

b. 针对采用 SSH 协议远程登录的方式，需要查看 SSH 安装版本，SSH 服务启用状况，SSH 端口等信息设置状况。

检查方法如下：

- 以 root 身份登录 Linux 操作系统；
- 查看 SSH 版本，命令为# rpm-qa|grep ssh，如图 8 – 23 所示。

```
# rpm -aq |grep ssh

openssh-askpass-5.3p1-94.el6.x86_64
openssh-5.3p1-94.el6.x86_64
libssh2-1.4.2-1.el6.x86_64
openssh-clients-5.3p1-94.el6.x86_64
openssh-server-5.3p1-94.el6.x86_64
```

图 8-23 SSH 版本信息

- 查看 SSH 服务是否启用,命令为# service-status-all|grep ssh;
- 若操作系统采用 SSH 远程登录,则该项符合。

⑤检查操作系统用户列表,是否存在共享账户和重名账户。Linux 操作系统中,内核以整数、用户标示符或 UID 区分用户。用户的 UID 不相同且唯一,是 Linux 中用户的身份标识。因此,可以通过查看用户 UID 的方法来检验用户的唯一性和是否重复。检查方法如下:

a. 以 root 身份登录 Linux 操作系统;

b. 通过# cat /etc/passwd 命令查看/etc/passwd 文件是否存在 UID 相同的账户和重名账户;

c. 检查系统管理员提供的用户列表是否包含账户实际使用人,并与/etc/passwd 文件中的账户进行比对,确认是否存在共享账户。

⑥检查操作系统是否采用了两种或两种以上的组合鉴别技术。Linux 操作系统默认无法提供两种或两种以上组合鉴别技术。通常利用第三方应用程序对 Linux 用户进行身份认证,以实现 Linux 操作系统的多种组合身份鉴别技术。检查方法是:在现场测评过程中,验证是否同时使用两种或两种以上的组合身份鉴别技术。

2. 访问控制

Linux 操作系统中的每个文件和目录都有访问许可权限,用以确定谁能通过何种方式对文件和目录进行访问和操作。文件或目录的访问权限分为只读、只写和可执行三种。只读权限表示只允许读其内容,而禁止对其做所有的更改操作。可执行权限表示允许将该文件作为一个程序执行。文件被创建时,文件所有者自动拥有对该文件的读、写和可执行权限,以便于对文件的阅读和修改。用户也可根据需要把访问权限设置为需要的所有组合。

(1)测评指标

访问控制的测评项主要包括以下六点:

①应启用访问控制功能,依据安全策略控制用户对资源的访问;

②应根据管理用户的角色分配权限,实现管理用户的权限分离,并仅授予管理用户所需的最小权限;

③应实现操作系统和数据库系统特权用户的分离;

④应严格控制默认账户的访问权限,重命名系统默认账户,修改这些账户的默认口令;

⑤应及时删除多余、过期的账户,避免共享账户的存在;

⑥应对重要信息资源设置敏感标记。

(2)测评实施

本测评项通过配置检查的方式对 Linux 系统安全配置进行检查,其中 Linux 系统无法对重要信息资源设置敏感标记，需采用第三方应用程序实现。具体测评实施所述。

①检查操作系统资源访问权限的设置。Linux 操作系统中，每一个文件或目录都包含有访问权限。因此，应当检查 Linux 操作系统主要目录的权限设置情况。检查方法如下：

a. 以 root 身份登录 Linux 操作系统；

b. 通过# ls-6 命令查看文件权限，例如/etc/passwd 的访问权限如图 8－24 所示。

```
# ls-l /etc/passwd

-rw-r--r--. 1 root root 1429 Apr 27 20:20 /etc/passwd
```

图 8－24　/etc/passwd 文件权限

如图 8－24 所示，/etc/passwd 的所有者为 root，权限为-rw-r--r--。其含义为：文件所有者拥有文件的读写权限（rw-，二进制数字表示为 110，十进制数字表示为 6），文件所有者所在组拥有文件的读权限（r--，二进制数字表示为 100，十进制数字表示为 4），其他用户拥有文件的读权限（r--，二进制数字表示为 100，十进制数字表示为 4），其数字表示为 644。通常，配置文件的文件权限不能大于 644，即文件所有者拥有文件的读写权限，其他用户拥有文件的读权限。

c. 检查/etc/ * 中重要的文件的权限，如/etc/passwd，/etc/shadow，/etc/login. defs 等文件，并记录相关权限信息，查看用户重要文件的权限。

②检查操作系统中管理用户权限分配情况，是否实现管理用户权限分离，是否仅授予管理用户最小权限。Linux 操作系统中，用户角色权限主要是文件权限，即文件对于文件所有者的权限（u 权限）、文件所有者所属组成员的权限（g 权限）和所有者所属组之外的用户的权限（o 权限）。检查方法如下：

a. 以 root 身份登录 Linux 操作系统；

b. 通过# cat /etc/passwd 命令查看用户所在组的信息，通过# ls-l 命令查看文件权限；

c. 检查不同用户所在组和相关文件的访问权限，查看用户列表是否包含超级管理员、普通管理员、审计员，是否仅授予上述用户最小权限。

③检查操作系统和数据库系统特权用户是否分离。Linux 操作系统除管理员用户外，还需分配审计员用户，两者之间的权限应互斥。检查方法如下：

a. 以 root 身份登录 Linux 操作系统；

b. 通过# cat /etc/passwd 命令查看管理员、审计员用户所在组的信息，通过# ls-l 命令查看文件权限；

c. 检查管理员、审计员用户所在组和相关文件的访问权限，检查管理员和审计员用户权限是否分离。

④检查默认账户的访问权限，检查系统默认账户是否重命名并修改口令。

Linux 操作系统中，UID 小于 500 的为系统默认账户，其中 root 用户为超级用户。对于 Linux 中的系统默认账户，由于其涉及内核运行的情况，任意修改其访问权限、用户名和密码会导致系统部分功能失效，因此通常不对系统默认账户进行修改。若系统默认账户信息被修改过，检查方法如下：

a. 以 root 身份登录 Linux 操作系统；

b. 通过命令# cat /etc/shadow 查看用户情况。检查系统默认用户是否禁用，是否重命名和修改密码，若用户名前面有“#”，则表示该用户被禁用。

⑤检查是否及时删除多余的、过期的账户。Linux 操作系统的账户信息存放于/etc/passwd 和/etc/shadow 文件中。检查方法如下：

a. 以 root 身份登录 Linux 操作系统；

b. 通过命令# cat /etc/passwd 和# cat /etc/shadow 查看用户信息。访谈系统管理员相关账户的用途，主要依据系统管理员提供的用户列表对系统中的用户进行核对，确认账户是否多余或过期，用户列表中需包含账户实际使用人。

⑥检查重要信息资源是否设置了敏感标记。Linux 操作系统的文件访问权限能够在一定程度上保护重要信息资源，但无法做到敏感信息标记的功能。检查方法是：访谈系统是否使用具有敏感信息标记功能的第三方硬件或软件，检查该功能是否实现。

3. 安全审计

Linux 提供了用来记录系统安全信息的审计系统，审计系统分为用户空间和内核空间审计系统，用户空间审计系统用来设置规则和审计系统状态，并将内核审计系统传来的审计消息写入 log 文件。内核审计系统用于产生和过滤内核的各种审计消息。管理员可以评审日志，确定可能存在的安全隐患，比如失败的登录尝试、用户对系统文件不成功的访问，这种功能称为 Linux 审计系统，通过 audit 服务实现。

(1)测评指标

安全审计的测评项主要包括以下六点：

①审计范围应覆盖到服务器和重要客户端上的每个操作系统用户和数据库用户；

②审计内容应包括重要用户行为、系统资源的异常使用和重要系统命令的使用等系统内重要的安全相关事件；

③审计记录应包括事件的时间、日期、类型、主体标识、客体标识和结果等；

④应能够根据记录数据进行分析，并生成审计报表；

⑤应保护审计进程，避免受到未预期中断；

⑥应保护审计记录，避免受到未预期的删除、修改或覆盖等。

(2)测评实施

本测评项通过配置检查的方式对 Linux 系统安全配置进行检查。具体测评实施如下所述。

①检查审计范围是否覆盖操作系统每个用户。在 Linux 操作系统中，audit 审计服务的作用是审计系统调用的记录，并把记录写入文件当中，因此其可以覆盖整个操作系统上的每个用户。检查方法如下：

a. 以 root 身份登录 Linux 操作系统；

b. 查看 audit 安装版本，如图 8-25 所示：

```
# rpm -qa|grep audit


audit-libs-2. 2-2. el6. x86_64
audit-2. 2-2. el6. x86_64
```

图 8-25　audit 安装版本

c. 通过#ps-aef|grep syslog 命令查看 syslog 是否启用。通过# cat /etc/rsyslog. conf 命令查看 syslog 的配置,并确认日志文件是否存在;

d. 访谈系统管理员,了解是否使用了第三方审计工具,若有,则检查其是否正常运行,审计的范围是否覆盖操作系统上的每个用户。

②检查审计内容是否包含重要用户行为、系统资源的异常使用和重要系统命令的使用。在 Linux 操作系统中,/etc/rsyslog. conf(以前 Linux 版本中该文件为 syslog. conf)文件中配置了系统生成日志的类型,主要包括 boot. log 记录系统在引导过程中发生的事件;messages、syslog 记录系统错误信息;secure 记录系统授权、认证等事件;wtmp、utmp、lastlog 记录用户登录、注销,系统启动、关闭的情况;maillog 记录每一个发送到系统或从系统发出的电子邮件的活动,内容能够覆盖系统重要用户行为、系统资源的异常使用和重要系统命令等方面;/etc/audit/auditd. conf 配置文件指定了 auditd 运行时的功能,包括日志的存放路径、日志的记录格式、日志属性、日志数目、命名格式等一系列参数;/etc/audit/audit. rules 文件则指定了 auditd 的审计规则,具体参数说明和使用方法参照 Linux Man 手册(# man auditd. conf 和# man audit. rules)。检查方法如下:

a. 以 root 身份登录 Linux 操作系统。

b. 查看/etc/rsyslog. conf、/etc/audit/auditd. conf 和/etc/audit/audit. rules 文件,如图 8 - 26 所示。

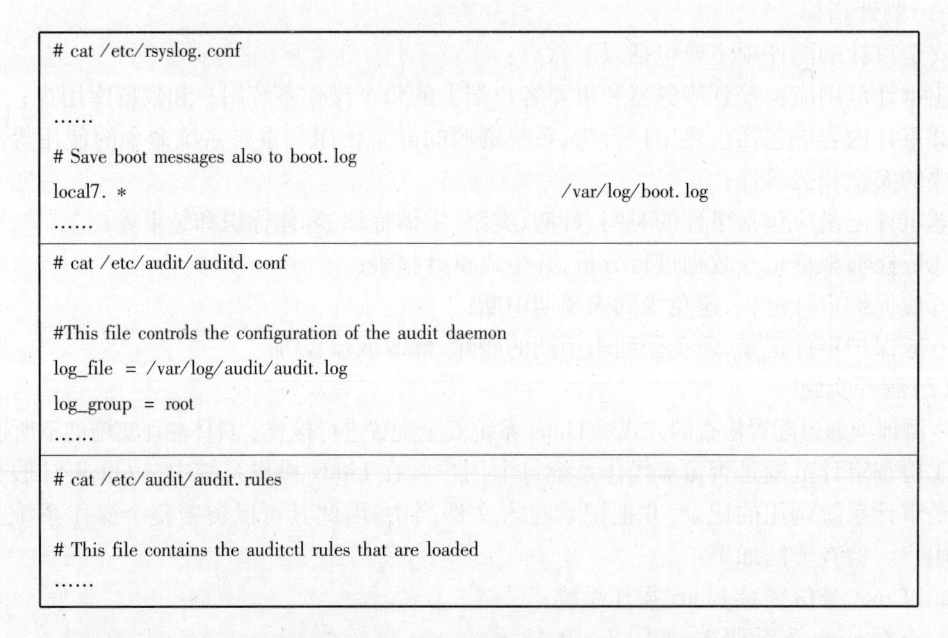
```
# cat /etc/rsyslog. conf
……
# Save boot messages also to boot. log
local7. *                                    /var/log/boot. log
……
```
```
# cat /etc/audit/auditd. conf

#This file controls the configuration of the audit daemon
log_file  = /var/log/audit/audit. log
log_group  = root
……
```
```
# cat /etc/audit/audit. rules

# This file contains the auditctl rules that are loaded
……
```

图 8 - 26　/etc/rsyslog. conf、/etc/audit/auditd. conf 和/etc/audit/audit. rules 文件

如图 8 - 26 中所示,文件指定了日志文件的路径(log_file)、日志所属的用户(log_group)等信息。

c. 检查/etc/rsyslog. conf 中开启的审计内容是否包含 boot. log、messages、secure、syslog 等日志,检查/etc/audit/auditd. conf、/etc/audit/audit. rules 中是否配置了审计策略和规则。若采用第三方审计工具,则检查第三方审计工具的审计内容是否包含重要用户行为、系统资源的异常使用和重要系统命令的使用。

③检查审计日志是否包括事件的时间、日期、类型、主体标识、客体标识和结果。Linux操作系统中,audit 服务会记录审计日志,日志默认存放在/var/audit/audit. log、/var/log 文件中,其内容包含事件的时间、日期、类型、主客体标识和结果等。通常可以通过#cat 命令获取日志内容,也可通过#ausearch 命令搜索日志文件。检查方法如下:

a. 以 root 身份登录 Linux 操作系统;

b. 检查/var/audit/audit. log 日志文件,检查/var/log 文件夹中的日志文件。例如,通过#ausearch命令搜索当天审计日志,如图 8-27 所示。

```
# ausearch -ts today|more

----
time -> Thu Apr 30 09:58:45 2015
type = USYS_CONFIG msg = audit(1430413125.504:99): user pid = 3533 uid = 0 auid = 4294967295
ses = 4294967295 subj = system_u:system_r:hwclock_t:s0 - s0:c0.c1023 msg = 'changing system time
exe = "/sbin/hwclock" hostname = ? addr = ? terminal = ? res = success;'
……
```

图 8-27 ausearch 查看当日的审计记录

从图 8-27 中可以看出,当天(time) root 用户(uid = 0)做了更改系统时间(msg = 'changing system time)操作,其类型为系统设置(type = USYS_CONFIG),结果为成功(res = success')等信息。

c. 检查系统日志或第三方审计工具的审计内容是否包含事件的时间、日期、类型、主客体标识和结果等信息。

④检查审计日志是否易于分析,是否能生成审计报表。Linux 操作系统中,可以通过# aureport 命令来生成审计报表,这些日志报表很容易被脚本化,并能应用于各种应用程序之中。# aureport 命令可以生成包括汇总表、关于配置修改的消息、关于事件的消息、关于文件的消息、关于主机的消息、关于登录的消息、关于进程的消息、关于系统调用的消息等各类个性化报表。检查方法如下:

a. 以 root 身份登录 Linux 操作系统。

b. 通过# aureport 命令生成报表。例如,生成关于配置修改消息的报表,如图 8-28 所示。

```
# aureport -c

Config Change Report
====================================
# date time type auid success event
====================================
1. 04/27/2015 19:08:51 CONFIG_CHANGE  -1 yes 4
2. 04/28/2015 18:11:36 CONFIG_CHANGE  -1 yes 4
3. 04/29/2015 06:02:32 CONFIG_CHANGE  -1 yes 4
4. 04/29/2015 18:15:00 CONFIG_CHANGE  -1 yes 4
5. 04/30/2015 09:58:45 USYS_CONFIG  -1 yes 99
……
```

图 8-28 配置修改消息报表

图 8－28 中可以看出，第 5 条报表信息对应了图 8－27 中的系统时间修改操作。

c. 访谈系统管理员，检查系统日志或第三方审计工具的审计记录是否定期分析，是否生成审计报表。

⑤检查审计进程是否受到保护。Linux 操作系统中，auditd 是安全审计的守护进程，负责把内核产生的信息写入到硬盘上，这些信息是由应用程序和系统活动所触发产生的，它确保了 audit 审计的安全运行。检查方法如下：

a. 以 root 身份登录 Linux 操作系统；

b. 通过命令# ps-ef |grep auditd 查看 auditd 进程是否开启，如图 8－29 所示。

```
# ps -ef |grep audit

root      1088     2  0 09:14 ?        00:00:00 [kauditd]
root      1689     1  0 09:14 ?        00:00:00 auditd
……
```

图 8－29　audit 进程开启情况

⑥检查审计记录是否受到保护、是否定期备份。Linux 操作系统中，审计日志默认存放在/var/log/audit 中。通常情况下，该目录及其中日志文件只有 root 用户有读、写和执行权限。所有其他用户都不能访问这个目录或这个目录中的日志文件。此外，还需检查日志文件是否定期备份。检查方法如下：

a. 以 root 身份登录 Linux 操作系统；

b. 通过# ls-l 命令查看/var/log/audit 文件访问权限，确保只有 root 用户有读、写和执行权限；

c. 若 Linux 配备了 syslog 日志服务器，通过#cat 命令查看/etc/syslog. conf 中是否有指向日志服务器的配置信息，如 authpriv. * @ loghost；

d. 访谈系统管理员是否对日志文件进行定期备份，检查审计日志实际备份情况。

4. 剩余信息保护

Linux 操作系统中，剩余信息的主要有三项内容：一是鉴别信息，操作系统用户的鉴别信息指用户名和密码，存放于/etc/passwd 和/etc/shadow 中；二是文件或目录，包括系统管理员专门为其开辟的空间（如/home/用户名）和散落在操作系统中该用户标记的文件空间（如用户创建的文件或目录等）；三是过程文件，操作系统用户在使用过程中产生的文件，如/. sh_history 等。对于用户鉴别信息和文件、目录、数据库记录等资源所在存储空间的剩余信息保护功能，需要第三方工具实现。

（1）测评指标

剩余信息包含的测评项主要包括以下两点：

①应保证操作系统和数据库系统用户的鉴别信息所在的存储空间被释放或再分配给其他用户前得到完全清除，无论这些信息是存放在硬盘上还是在内存中；

②应确保系统内文件、目录和数据库记录等资源所在的存储空间，被释放或重新分配给其他用户前得到完全清除。

(2)测评实施

本测评项通过配置检查的方式对 Linux 系统安全配置进行检查,具体测评实施如下所述。

①检查操作系统的用户鉴别信息所在的存储空间在被释放或再分配前是否得到完全清除。检查方法是:访谈系统管理员,访谈是否有剩余信息保护的第三方应用软件,检查是否有操作系统的用户鉴别信息所在的存储空间被释放或再分配前的处理方法,检查其处理过程。

②检查系统内文件、目录和数据库记录等资源所在的存储空间在被释放或再分配前是否得到完全清除。检查方法是:访谈系统管理员,访谈是否有剩余信息保护的第三方应用程序,检查是否有 Linux 系统内文件、目录和数据库记录等资源所在的存储空间,被释放或再分配前的处理方法,检查其处理过程。

5. 入侵防范

Linux 操作系统中,主要操作均会记录在系统日志中,因此对于入侵操作系统的行为,Linux 操作系统均能在系统日志中记录,且此类数据只对 root 权限可读写,其他用户无读写权限,但仍需要第三方工具如 HIPS、入侵检测工具实现对入侵行为的检查、记录及报警。Linux 操作系统也可以通过软件包的管理和校验功能,一定程度上防止重要程序被篡改。

(1)测评指标

入侵防范包含的测评项主要包括以下三点:

①应能够检测到对重要服务器进行入侵的行为,能够记录入侵的源 IP,攻击的类型、目的、时间,并在发生严重入侵事件时提供报警;

②应能够对重要程序的完整性进行检测,并在检测到完整性受到破坏后具有恢复的措施;

③操作系统应遵循最小安装的原则,仅安装需要的组件和应用程序,并通过设置升级服务器等方式保持系统补丁及时得到更新。

(2)测评实施

本测评项通过配置检查的方式进行,其中 Linux 系统无法提供对重要程序的完整性进行检测的功能,需采用第三方工具实现。具体测评实施如下所述。

①检查操作系统是否能检测并记录入侵行为,在严重入侵事件时提供报警。Linux 操作系统中,/var/log/messages 日志会记录整体系统信息,其中也包含系统启动期间的日志;/var/log/secure 日志文件会记录验证和授权方面信息。例如,Telnet、FTP、SSHD 等会将所有信息记录在这里,包括失败登录。通过查看该日志文件,可以查看入侵的重要线索。此外,Linux 操作系统内核内建了 netfilter 防火墙机制。所谓的数据包过滤,就是分析进入主机的网络数据包,将数据包的头部数据提取出来进行分析,以决定该连接为放行或阻挡的机制。Netfilter 提供了 iptables 这个程序来作为防火墙数据包过滤的命令。Netfilter 是内建的,效率非常高。检查方法如下:

a. 以 root 身份登录 Linux。

b. 查看/var/log/messages 和/var/log/secure 日志文件,如图 8-30 所示。

如图 8-30,/var/log/messages 记录了系统启动的信息(Initializing cgroup subsys cpu、Linux version、Sun Nov 10 22:19:54 等),/var/log/secure 记录了用户登录信息,登录方式为本地登录(authority = local)等。

c. 通过#service iptables status 查看防火墙服务是否运行,通过# iptables 命令查看防火墙设置,如图 8-31 所示。

```
# cat /var/log/messages

Apr 20 07:32:30 localhost kernel: imklog 5.8.10, log source = /proc/kmsg started.
Apr 20 07:32:30 localhost rsyslogd: [origin software = "rsyslogd" swVersion = "5.8.10" x-pid = "
1356" x-info = "http://www.rsyslog.com"] start
Apr 20 07:32:30 localhost kernel: Initializing cgroup subsys cpuset
Apr 20 07:32:30 localhost kernel: Initializing cgroup subsys cpu
Apr 20 07:32:30 localhost kernel: Linux version 2.6.32-431.el6.x86_64 (mockbuild@x86-023.
build.eng.bos.redhat.com) (gcc version 4.4.720120313 (Red Hat 4.4.7-4) (GCC)) #1 SMP Sun
Nov 10 22:19:54 EST 2013
……
```

```
# cat secure

Apr 19 23:40:18 localhost polkitd(authority = local): Registered Authentication Agent for session /org/
freedesktop/ConsoleKit/Session1 (system bus name :1.27 [/usr/libexec/polkit-gnome-
authentication-agent-1], object path /org/gnome/PolicyKit1/AuthenticationAgent, locale en_US.
UTF-8)
……
```

图 8-30 /var/log/messages 和/var/log/secure 日志文件

```
# service iptables status

Table: filter
Chain INPUT (policy ACCEPT)
num   target     prot opt source        destination
1     ACCEPT     all  --  0.0.0.0/0     0.0.0.0/0     state RELATED,ESTABLISHED
……
```

```
# iptables -L

Chain INPUT (policy ACCEPT)
target     prot opt source        destination
ACCEPT     all  --  anywhere      anywhere      state RELATED,ESTABLISHED
ACCEPT     icmp --  anywhere      anywhere
……
```

图 8-31 防火墙运行状况

如图 8-31 所示，Linux 系统防火墙允许所有用户从任何地方登录系统。

d. 访谈系统管理员是否部署了相关的入侵检测措施，如是否部署了 HIPS，是否部署了 PSAD、Snort、Suricata、chkrootkit、rootkit、fwsnort、fwknop 等入侵检测工具，是否在防火墙进行了相应配置等。访谈并验证重要入侵事件发生时是否提供报警及其报警方式，如声音、短信、E-mail 等。检查该入侵检测措施的功能是否正常运行，是否能记录入侵行为，并在严重入侵时提供报警。

②检测是否能够对重要程序的完整性进行检测，是否具有破坏后的恢复措施。采用 RPM 包的 Linux 操作系统中，可以通过# rpm-Va 命令查看安装到系统上的所有 RPM 包是否

被改变,相关的标识可以反映文件长度、文件的访问模式、MD5 校验、设备节点的属性、文件的符号链接等的改变情况,但通常需要第三方应用程序实现此项功能。检查方法如下:

a. 以 root 身份登录 Linux 操作系统。

b. 通过命令# rpm-Va 查看系统中安装的 RPM 包是否被改变,如图 8-32 所示。

如图 8-32 所示,所安装的 rpm 包均未被改变。

c. 访谈系统管理员是否使用完整性检测工具或 SHELL 脚本等对重要文件进行完整性检测,如是否采用 Tripwire、AIDE 等工具进行数据完整性检测。检查完整性检测工具是否提供完善的重要程序完整性检测和破坏后恢复的功能。

d. 访谈系统管理员,检查重要文件的备份情况。

```
# rpm -Va

..?......    c /etc/ssh/moduli
..?......    c /etc/sudo-ldap.conf
..?......    c /etc/sudo.conf
......
```

图 8-32 RPM 包改变状况

③检查操作系统是否遵循最小安装的原则,检查系统补丁更新情况。Linux 操作系统中,通过查看系统服务运行状况,并将非必要的服务关闭。同时,通过查看监听端口,可以对比系统所运行的服务和程序,将非必要的端口关闭。对采用 RPM 包的 Linux 操作系统中可以通过# rpm-qa| grep patch 查看补丁更新状态。检查方法如下:

a. 以 root 身份登录 Linux 操作系统。

b. 查看系统正在运行的服务,查看系统的监听端口,如图 8-33 所示。

```
# service --status-all|grep running

abrtd (pid  2218) is running...
acpid (pid  1916) is running...
atd (pid  2237) is running...
auditd (pid  1689) is running...
......

# netstat -an |grep LISTEN

tcp   0       0 0.0.0.0:22          0.0.0.0:*              LISTEN
tcp   0       0 127.0.0.1:631       0.0.0.0:*              LISTEN
tcp   0       0 127.0.0.1:25        0.0.0.0:*              LISTEN
tcp   0       0 :::22               :::*                   LISTEN
tcp   0       0 ::1:631             :::*                   LISTEN
tcp   0       0 ::1:25              :::*                   LISTEN
unix 2          [ ACC ]        STREAM       LISTENING      29847
/tmp/orbit-gdm/linc-d73-0-70f4e128c2ddb
......
```

图 8-33 系统服务运行状况和端口监听状况

如图 8－33 所示，系统运行了 abrtd、acpid、atd、auditd 等进程，开启了 22、25、631 等端口的监听。

c. 查看系统补丁状况，如图 8－34 所示。

```
# rpm -qa|grep patch

patch-2.6-6.el6.x86_64
```

图 8－34　系统补丁状况

d. 访谈系统管理员，并对照安全策略文档检查所运行的服务、开启的端口是否必需，检查系统补丁更新的方式、周期等。

6. 恶意代码防护

Linux 操作系统中，恶意代码和病毒主要有以下五类：感染 ELF 格式文件的病毒、脚本病毒、蠕虫病毒、后门程序、其他病毒。在 Linux 操作系统中，文件权限、防火墙、安全漏洞补丁等能在一定程度上遏制恶意代码的传播，但仍然需要一些防恶意代码软件或工具来进行恶意代码的防护，如 ClamAV 、Chkrootkit、rootkits、avast for Linux/Unix Servers 等或一些企业级防恶意代码软件。

（1）测评指标

恶意代码防护包含的测评项主要包括以下三点：

①应安装防恶意代码软件，并及时更新防恶意代码软件版本和恶意代码库；

②主机防恶意代码产品应具有与网络防恶意代码产品不同的恶意代码库；

③应支持防恶意代码的统一管理。

（2）测评实施

本测评项通过配置检查的方式进行检查。具体测评实施如下所述。

①检查操作系统是否安装防恶意代码产品，是否及时更新软件版本和恶意代码库版本。检查方法是：访谈系统管理员，访谈是否安装了防恶意代码产品，通过命令查看防恶意代码产品的信息和配置情况，访谈防恶意代码产品的覆盖范围，访谈防恶意代码软件的版本更新和恶意代码库更新方式和周期。检查防恶意代码产品引擎版本信息、病毒库版本，检查产品是否及时更新。

②检查主机防恶意代码产品与网络防恶意代码产品是否具有不同的恶意代码库。检查方法是：访谈系统管理员，检查网络防恶意代码产品的相关信息，检查主机防恶意代码产品与网络防恶意代码产品的恶意代码库是否相同，检查各自恶意代码库的更新方式和周期。对比网络层面的防恶意代码产品信息，检查二者的是否相同。

③检查是否支持防恶意代码的统一管理。检查方法：访谈系统管理员，询问是否采用统一的病毒更新策略和查杀策略。检查是否配置了统一病毒管理中心、病毒服务器等来对防恶意代码进行统一管理。

7. 资源控制

Linux 拥有强大的命令和工具实现系统性能的监控，同时，基于系统资源配置文件的修改，Linux 可以轻易地做到系统资源的限制。在 Linux 操作系统中，可以通过主机防火墙或 TCP/IP 筛选来实现登录终端的限制条件。/etc/security/limits.conf 是系统资源使用的配置文件，主要用来限制用户对系统资源的使用限制。

(1)测评指标

资源控制包含的测评项主要包括以下五点:

①应通过设定终端接入方式、网络地址范围等条件限制登录终端;

②应根据安全策略设置登录终端的操作超时锁定;

③应对重要服务器进行监视,包括监视服务器 CPU、硬盘、内存、网络等资源的使用情况;

④应限制单个用户对系统资源的最大或最小使用限度;

⑤应能够对系统的服务水平降低到预先规定的最小值进行检测和报警。

(2)测评实施

本测评项通过配置检查的方式进行检查。具体测评实施如下所述。

①检查是否有终端接入方式、网络地址范围等的限制条件。Linux 操作系统中,通常通过主机防火墙或 TCP/IP 筛选来实现登录终端的限制条件。主机防火墙通过 iptables 的配置,可以实现登录终端的限制条件。此外,/etc/host. allow 和/etc/hosts. deny这两个文件是 tcpd 服务的配置文件,可以控制外部 IP 对本机的访问。需要注意的是,Linux 系统会先检查/etc/hosts. deny 规则,再检查/etc/hosts. allow 规则,当 hosts. allow 和 host. deny 相冲突时,以 hosts. allow 设置为准。

a. 针对采用主机防火墙的方法限制登录终端的情况,通过查看 iptables 的配置状况获取限制条件。

检查方法如下:

- 以 root 身份登录 Linux 操作系统。
- 通过# iptables 命令查看防火墙配置情况,如图 8-35 所示。

```
# iptables  -L


Chain INPUT (policy ACCEPT)
target      prot opt source                    destination
ACCEPT      all  --  anywhere     anywhere     state RELATED,ESTABLISHED
ACCEPT      icmp --  anywhere     anywhere
……
```

图 8-35 防火墙配置情况

检查防火墙配置中是否含有 IP 过滤、MAC 地址过滤等规则。如图 8-35 所示,Linux 操作系统防火墙允许任何用户从任何地方登录操作系统。

b. 针对采用 TCP/IP 筛选的方法限制登录终端的情况,查看/etc/host. allow 和/etc/hosts. deny 两个文件的配置情况。

检查方法如下:

- 以 root 身份登录 Linux 操作系统。
- 查看/etc/host. allow 和/etc/hosts. deny 两个文件的配置情况,如图 8-36 所示。

检查/etc/host. allow 和/etc/hosts. deny 是否有 IP 过滤等规则。如图 8-36 中,/etc/host. allow 允许 sshd 远程登录从 192. 168. 100. 120/255. 255. 255. 0 登录,/etc/hosts. deny 拒绝 sshd 远程登录从 192. 168. 100. 0/255. 255. 255. 0 登录。

c. 针对采用其他方式限制登录终端的情况，访谈系统管理员并查看其配置规则等信息。检查登录终端限制规则是否生效。

```
# cat /etc/hosts. allow
……
# hosts. allow    This file contains access rules which are used to
#                 allow or deny connections to network services that
#                 either use the tcp_wrappers library or that have been
#                 started through a tcp_wrappers - enabled xinetd.
sshd:192. 168. 100. 120/255. 255. 255. 0
……
```

```
# cat /etc/hosts. deny

# hosts. deny     This file contains access rules which are used to
#                 deny connections to network services that either use
#                 the tcp_wrappers library or that have been
#                 started through a tcp_wrappers - enabled xinetd.
sshd:192. 168. 100. 0/255. 255. 255. 0
……
```

图 8-36　/etc/host. allow 和/etc/hosts. deny 配置情况

②检查是否根据安全策略设置登录终端的操作超时锁定。Linux 操作系统中，/etc/profile 文件中有 TIMEOUT 环境变量，使得用户在一段时间内没有操作的情况下，其登录会被自动注销。检查方法如下：

a. 以 root 身份登录 Linux 操作系统。

b. 查看/etc/profile 文件，如图 8-37 所示：

```
# cat /etc/profile

# /etc/profile
# System wide environment and startup programs, for login setup
……
TIMEOUT = 180
……
```

图 8-37　/etc/profile 配置情况

检查/etc/profile 中对登录超时时间的设置。如图 8-37，Linux 的登录超时时间为 180 秒（TIMEOUT = 180）。

③检查是否对重要服务器进行监视，包括监视服务器 CPU、硬盘、内存、网络等资源的使用情况。Linux 操作系统中，拥有大量的系统性能监控命令和工具，监控内容覆盖 CPU、内存、硬盘、IO、网络等各个方面。常用的监控命令和工具主要有 dstat、atop、Nmon、slabtop、sar、Saidar、top、Sysdig、netstat、tcpdump、vmstat、free、Htop、ss、lsof、iftop、iperf、Smen、Icinga、

Nagios、Linux process explorer、Collectl、MRTG、Monit、Munin 等。在此通过# sar 命令给出简单的例子，检查方法如下：

a. 以 root 身份登录 Linux 操作系统。

b. 查看 CPU、内存、IO、网络等的使用状况，如图 8－38 所示。

c. 访谈系统管理员，访谈其是否使用了其他工具实现了操作系统监视，查看其监视状况，检查其是否对服务器资源进行实时监控，监控内容是否包含服务器 CPU、硬盘、内存、网络等资源的使用情况。

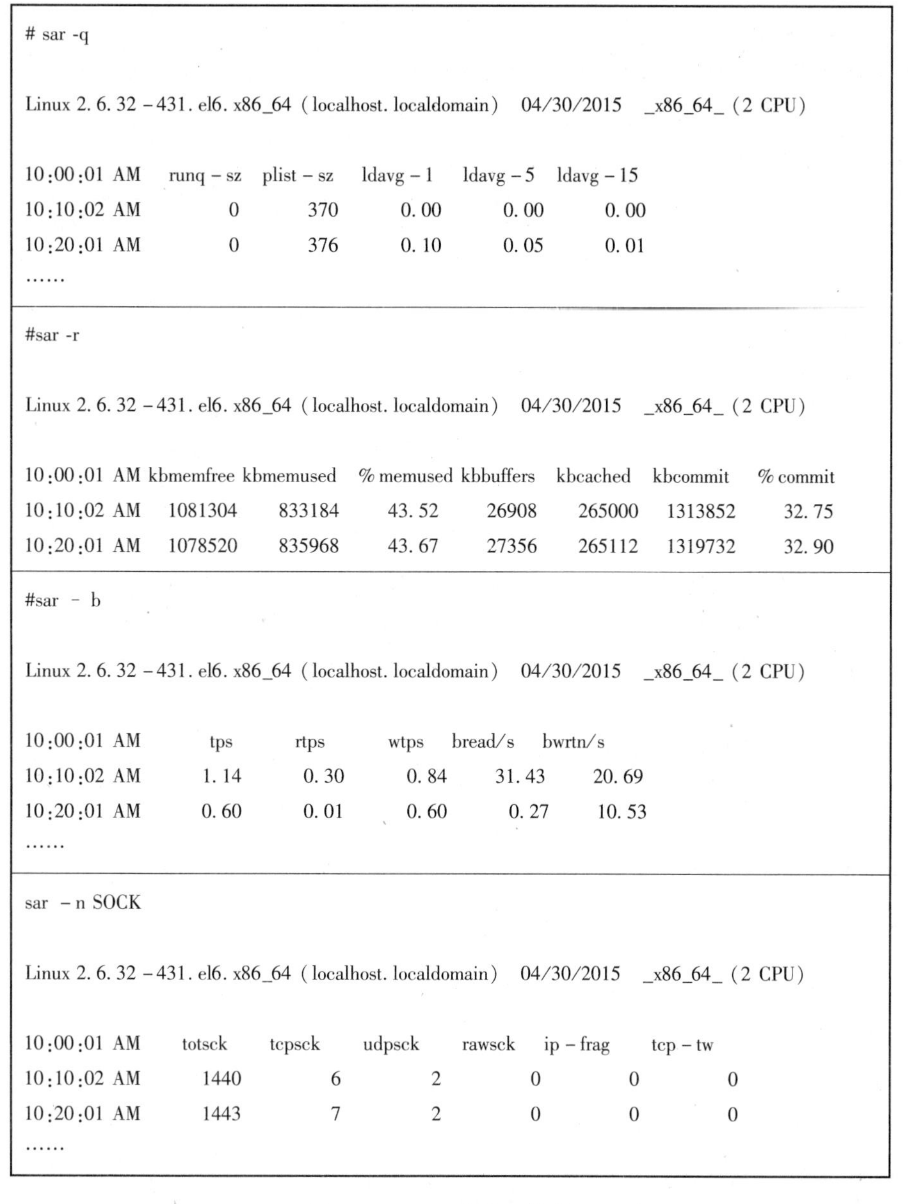

```
# sar -q

Linux 2.6.32-431.el6.x86_64 (localhost.localdomain)   04/30/2015   _x86_64_ (2 CPU)

10:00:01 AM   runq-sz   plist-sz   ldavg-1   ldavg-5   ldavg-15
10:10:02 AM         0        370      0.00      0.00       0.00
10:20:01 AM         0        376      0.10      0.05       0.01
……
```

```
#sar -r

Linux 2.6.32-431.el6.x86_64 (localhost.localdomain)   04/30/2015   _x86_64_ (2 CPU)

10:00:01 AM kbmemfree kbmemused %memused kbbuffers kbcached kbcommit %commit
10:10:02 AM   1081304    833184    43.52     26908   265000  1313852   32.75
10:20:01 AM   1078520    835968    43.67     27356   265112  1319732   32.90
```

```
#sar -b

Linux 2.6.32-431.el6.x86_64 (localhost.localdomain)   04/30/2015   _x86_64_ (2 CPU)

10:00:01 AM     tps    rtps    wtps   bread/s   bwrtn/s
10:10:02 AM    1.14    0.30    0.84     31.43     20.69
10:20:01 AM    0.60    0.01    0.60      0.27     10.53
……
```

```
sar -n SOCK

Linux 2.6.32-431.el6.x86_64 (localhost.localdomain)   04/30/2015   _x86_64_ (2 CPU)

10:00:01 AM   totsck   tcpsck   udpsck   rawsck   ip-frag   tcp-tw
10:10:02 AM     1440        6        2        0         0        0
10:20:01 AM     1443        7        2        0         0        0
……
```

图 8－38 sar 监控系统状况

④检查是否限制单个用户对系统资源的使用限度。在 Linux 操作系统中，/etc/security/limits.conf 是系统资源使用的配置文件。它主要用来限制用户对系统资源的使用限制，包

括用于限制该用户的内核文件的大小、最大数据大小、最大文件大小、最大锁定内存地址空间、打开文件的最大数目、最大栈大小、进程的最大数目、地址空间限制、此用户允许登录的最大数目等限制的配置。检查方法如下：

a. 以 root 身份登录 Linux 操作系统；

b. 查看/etc/security/limits. conf 配置文件中 core、cpu、noproc 等参数，如表 8－10 所示。

表 8－10　/etc/security/limits. conf 参数对照

序号	具体参数	限制内容
1	core	限制内核文件的大小
2	date	最大数据大小
3	fsize	最大文件大小
4	memlock	最大锁定内存地址空间
5	nofile	打开文件的最大数目
6	rss	最大持久设置大小
7	stack	最大栈大小
8	cpu	以分钟为单位的最多 CPU 时间
9	noproc	进程的最大数目
10	as	地址空间限制
11	maxlogins	此用户允许登录的最大数目

⑤检查是否存在操作系统服务水平降低到预设最小值的检测和报警。在 Linux 操作系统中，通常需要第三方应用程序实现系统服务水平的实时报警。检查方法如下：

a. 访谈系统管理员，询问系统服务水平的最小值设置及其检测方法，询问是否有对应的报警机制及其工作原理；

b. 若有第三方监控程序如 Omni 等，检查其是否具有相关功能。

8.3.3　SQL Server 测评要素

SQL Server 2008 在 Microsoft 的数据平台上发布，它可以将结构化、半结构化和非结构化文档的数据（例如图像和音乐）直接存储到数据库中。SQL Server 2008 还可以提供对数据进行查询、搜索、同步、报告和分析等功能。

在安全性方面，SQL Server 2008 提供了许多改善数据库总体安全性的功能，如强身份验证、访问控制的安全性增强功能、加密和密钥管理功能以及增强型审核功能等。SQL Server 2008 提供图形化界面方式管理数据，在配置检查过程能够直观显示各类安全配置，本节以 Microsoft SQL Server 2008 为例。

1. 身份鉴别

数据库管理系统的身份鉴别是为了防止非授权用户私自访问，同时对于登录用户的身份进行合法性校验，只有通过验证的用户才能对数据库管理系统进行操作。

（1）测评指标

身份鉴别的测评项主要包括以下六点：

①应对登录操作系统和数据库系统的用户进行身份标识和鉴别；

②操作系统和数据库系统管理用户身份标识应具有不易被冒用的特点，口令应有复杂度要求并定期更换；

③应启用登录失败处理功能，可采取结束会话、限制非法登录次数和自动退出等措施；

④当对服务器进行远程管理时，应采取必要措施，防止鉴别信息在网络传输过程中被窃听；

⑤应为操作系统和数据库系统的不同用户分配不同的用户名，确保用户名具有唯一性；

⑥应采用两种或两种以上组合的鉴别技术对管理用户进行身份鉴别。

(2)测评实施

本测评项通过配置检查的方式对 SQL Server 2008 身份鉴别方式进行检查，具体测评实施如下所述。

①检查数据库管理系统对用户的身份标识和鉴别方式。针对 SQL Server 2008，服务器身份验证有“Windows 身份验证模式”和“SQL Server 和 Windows 身份验证模式”两种，为便于数据库的维护和使用，一般采用“SQL Server 和 Windows 身份验证模式”。检查方法如下：

a. 通过企业管理器登录，检查用户登录时是否需要输入登录名和密码，如图 8－39 所示；

图 8－39　数据库系统登录

b. 打开企业管理器，登录数据库管理系统，查看数据库服务器属性，如图 8－40 所示，查看安全性中的“服务器身份验证”是否设置为“SQL Server 和 Windows 身份验证模式”，如图 8－41 所示。

②检查数据库管理系统密码策略是否对口令复杂度进行配置。数据库的身份验证方式有“Windows 身份验证”和“SQL Server 身份验证”两种。Windows 身份验证方式直接调用 Windows 策略要求；SQL Server 身份验证方式需勾选强制实施密码策略和密码过期方可调用 Windows 策略要求。检查方法如下：

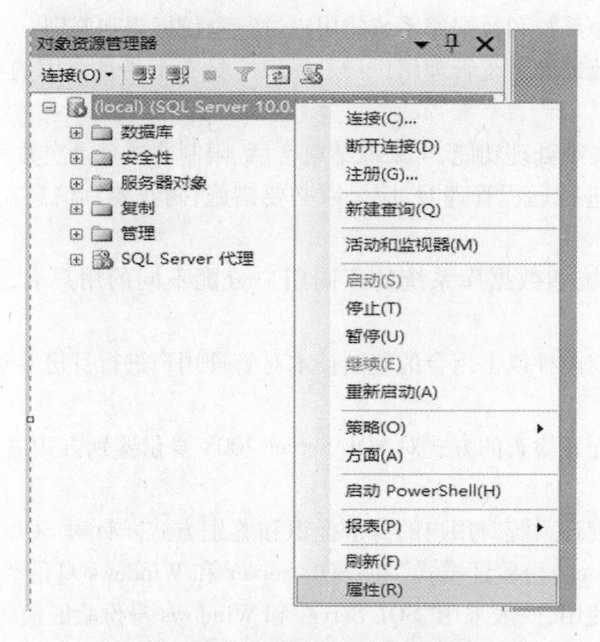

图 8－40　查看数据库服务器属性

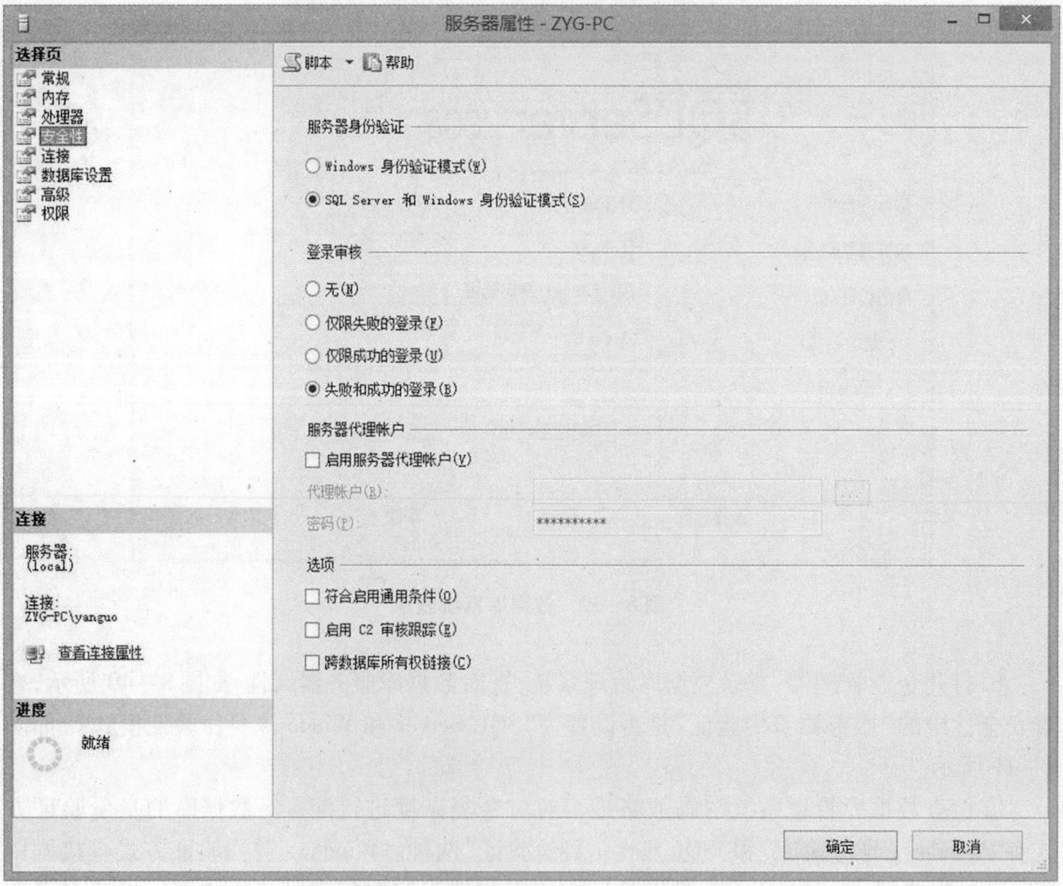

图 8－41　SQLSERVER 数据库系统属性

a. 针对采用“Windows 身份验证”模式，用户口令复杂度直接调用 Windows 策略要求，检查方法同 8.3.1 节中所述；

b. 针对采用“SQL Server 身份验证”方式，查看登录名属性中是否启用强制密码策略、强制密码过期策略，如图 8－42 所示。

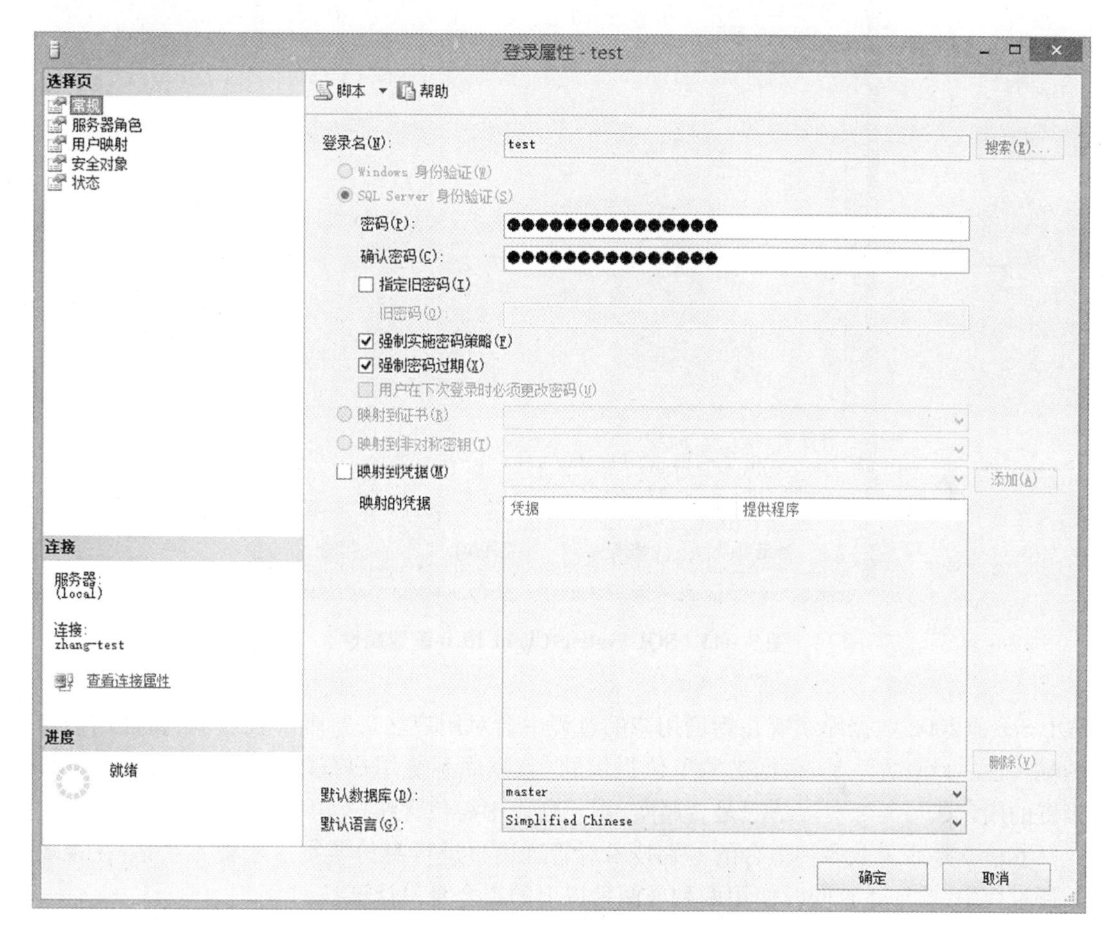

图 8－42 SQL Server 强制密码策略设置

③检查数据库管理系统账户锁定策略，是否对账户锁定时间和锁定阈值进行配置。SQL Server 数据库系统的账户锁定策略直接调用 Windows 策略要求。检查方法是：在 Windows 系统中查看，管理工具 -> 本地安全策略 -> 账户策略 -> 账户锁定策略的相关参数，检查方法同 8.3.1 节中所述。

④对数据库进行远程管理时，采取加密措施防止鉴别信息在网络传输过程中被窃听。为了防止用户身份鉴别信息等敏感数据在网络传输过程中被窃取，在对数据库进行远程管理时，应该采用包括 SSL 在内的加密方式对数据进行加密传输。SQL Server 2008 默认以明文方式进行数据传输，为了防止用户身份鉴别信息等敏感数据在网络传输过程中被窃取，SQL Server 2008 提供了 SSL 方式对传输数据进行了加密，但需要对其进行配置。检查方法是：在 SQL Server 配置管理器中，右键点击 SQL Native Client 10.0 配置，选择属性菜单，查看强制协议是否加密，如图 8－43 所示。其中，强制协议加密使用 SSL 请求连接。

⑤检查是否为数据库系统不同用户分配不同的用户名，并确保用户名具有唯一性。

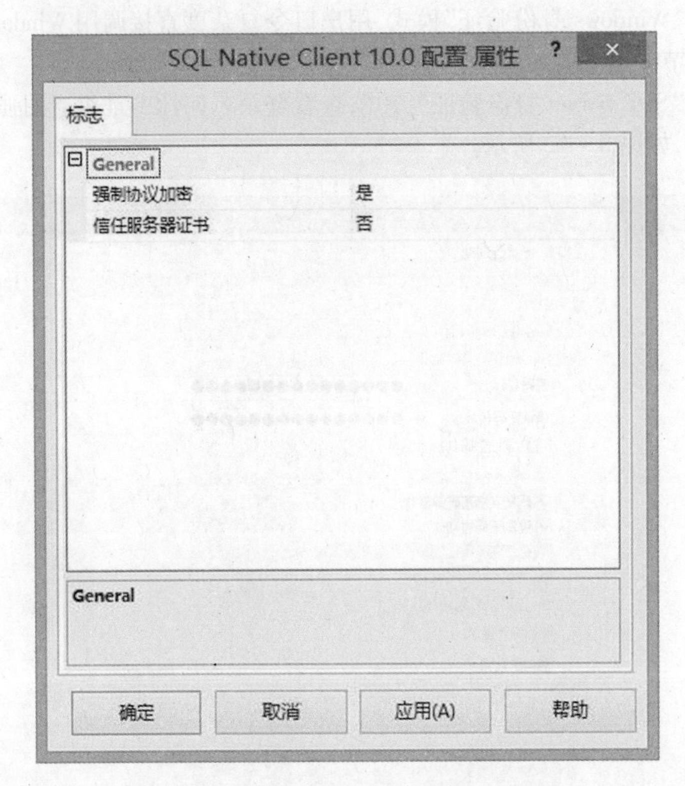

图 8－43 SQL Native Client 10.0 配置属性

SQL Server 2008 数据库系统在新增用户的过程中会对用户名进行唯一性校验，保证用户名的唯一性。检查方法是：根据被测单位提供的“数据库系统用户权限表”，检查数据库系统设置的用户账号与之对应情况是否属实，用户列表中需包含账户实际使用人。

⑥检查是否采取多种组合的鉴别技术对管理用户进行身份鉴别。检查方法是：在现场测评过程中，验证是否同时使用两种或两种以上的组合身份认证技术。

2. 访问控制

SQL Server 2008 访问控制策略采用基于角色的访问控制，限制非授权人员进入数据库系统、允许合法用户访问受到保护的数据资源、防止合法用户对受保护的数据资源进行非授权访问。

(1)测评指标

访问控制的测评项主要包括以下七点：

①应启用访问控制功能，依据安全策略控制用户对资源的访问；

②应根据管理用户的角色分配权限，实现管理用户的权限分离，仅授予管理用户所需的最小权限；

③应实现操作系统和数据库系统特权用户的权限分离；

④应严格限制默认账户的访问权限，重命名系统默认账户，修改这些账户的默认口令；

⑤应及时删除多余的、过期的账户，避免共享账户的存在；

⑥应对重要信息资源设置敏感标记；

⑦应依据安全策略严格控制用户对有敏感标记重要信息资源的操作。

(2)测评实施

本测评项通过配置检查的方式进行,具体实施方法如下所述。

①检查是否启用了访问控制功能,并依据安全策略控制用户对资源的访问。检查方法如下:

a. 访谈数据库管理员是否制定了数据库系统的访问控制安全策略文档;

b. 查看 SQL Server 数据库系统中各个用户的访问控制策略是否与安全策略文档一致。

②查看是否依据安全策略,按照管理用户角色分配权限,实现了管理用户的权限分离,仅授予管理用户所需的最小权限。SQL Server 2008 数据库系统将管理员角色分为 9 种,详细描述如表 8 - 11 所示。检查方法如下:

表 8 - 11 SQL Server 2008 数据库管理员角色

序号	服务器角色	角色说明	备注
1	Bulkadmin	将文本文件中的数据导入到 SQL Server 2008 数据库中,为需要执行大容量插入到数据库的域账户而设计	
2	Dbcreator	可以创建、更改、删除和还原任何数据库	适合助理 DBA、开发角色
3	Diskadmin	用于管理磁盘文件,比如镜像数据库和添加备份设备	适合助理 DBA
4	Processadmin	进程管理	
5	Securityadmin	管理登录名及其属性,可以授权、拒绝和撤销服务器级权限。也可以授权、拒绝和撤销数据库级权限	
6	Serveradmin	可以更改服务器范围的配置选项和关闭服务器	
7	Setupadmin	需要管理链接服务器和控制启动的存储过程的用户而设计	
8	Sysadmin	有权在 SQL Server 2008 中执行任何任务	
9	Public	第一,初始状态时没有权限;第二,所有的数据库用户都是它的成员	

a. 查看用户列表,检查是否按照最小权限原则给用户分配权限;

b. 检查数据库管理员在 SQL Server Enterprise Manager 的安全性管理中查看是否为每个登录的用户分配了服务器角色,是否仅授予用户其业务所需的最小权限。

③查看操作系统和数据库系统是否设置管理员和审计员等特权用户,避免特权用户拥有过大权限,做到职责明确。检查方法是:检查操作系统用户列表中每个管理员设置的权限,同一用户不能同时具有操作系统和数据库系统的管理权限。

④检查是否及时删除多余的、过期的账户，避免共享账户的存在。为了安全考虑，应锁定 SQL Server 当中不需要的用户。检查方法是：在 SQL 查询分析器中执行命令：select name from syslogins，比对用户列表中是否存在多余、过期的账户，并查看所有用户是否一一对应到了实际使用人。

⑤检查是否严格限制默认账户的访问权限，重命名系统默认账户，修改这些账户的默认口令。SQL Server 2008 安装过程中会建立系统默认账户 sa 账号，sa 账号默认为 Sysadmin 服务器角色，能够执行 SQL Server 2008 中的任务操作。但 sa 默认账号常常也是非授权人员暴力破解口令的对象。出于安全的角度考虑，需要重命名或者禁用 sa 账号，并修改默认账号的默认口令。检查方法是：

登录数据库管理系统，展开安全性目录，查看登录名中是否禁用或者重命名 sa 账号。

⑥检查是否对重要信息资源设置了敏感标记。敏感标记是标示主体/客体安全级别的一组信息，常通过匹配敏感标记来确认是否允许主体对客体的访问。包括资源拥有者在内的其他用户无法对标记进行修改，把敏感标记作为强制访问控制的依据。检查方法是：检查 SQLServer 数据库是否对重要信息资源设置敏感标记，以实现强制访问控制功能。

⑦检查是否依据安全策略严格控制用户对有敏感标记重要信息资源的操作。检查方法如下：

a. 查看安全策略配置文档，是否制定用户对有敏感标记重要信息资源的操作策略；

b. 如制定了操作策略，检查和记录划分敏感标记分类方式，如何设定访问权限，并验证该策略是否生效；如未制定，本要求项为不符合。

3. 安全审计

数据库审计作为信息安全审计的重要组成部分，同时也是数据库管理系统安全性重要的一部分。通过审计功能，凡是与数据库安全性相关的操作均可被记录下来并放入审计日志中。只要检测审计记录，系统安全员便可掌握数据库的使用状况。在 SQL Server 数据库中，审计具体是指审核 SQL Server 数据库引擎实例或单独的数据库涉及跟踪和记录数据库引擎中发生的事件。审核数据可以输出到审核文件、Windows 安全日志和应用程序日志中。

(1)测评指标

安全审计的测评项主要包括以下六点：

①审计范围应覆盖到服务器和重要客户端上的每个操作系统用户和数据库用户；

②审计内容应包括重要用户行为、系统资源的异常使用和重要系统命令的使用等系统内重要的安全相关事件；

③审计记录应包括日期和时间、类型、主体标识、客体标识、事件的结果；

④应能够根据记录数据进行分析，并生成审计报表；

⑤应保护审计进程，避免受到未预期的中断；

⑥应保护审计记录，避免受到未预期的删除、修改或覆盖。

(2)测评实施

本测评项通过配置检查的方式对 SQL Server 2008 安全审计进行检查，具体实施方法如下所述。

①检查审计范围是否覆盖到数据库系统的所有用户。检查方法是：打开企业管理器，登录数据库管理系统，打开属性菜单，查看安全性中的登录审核是否选择了“失败和成功的登录”，选项是否勾选了“启用 C2 审核跟踪”，如图 8－44 所示。

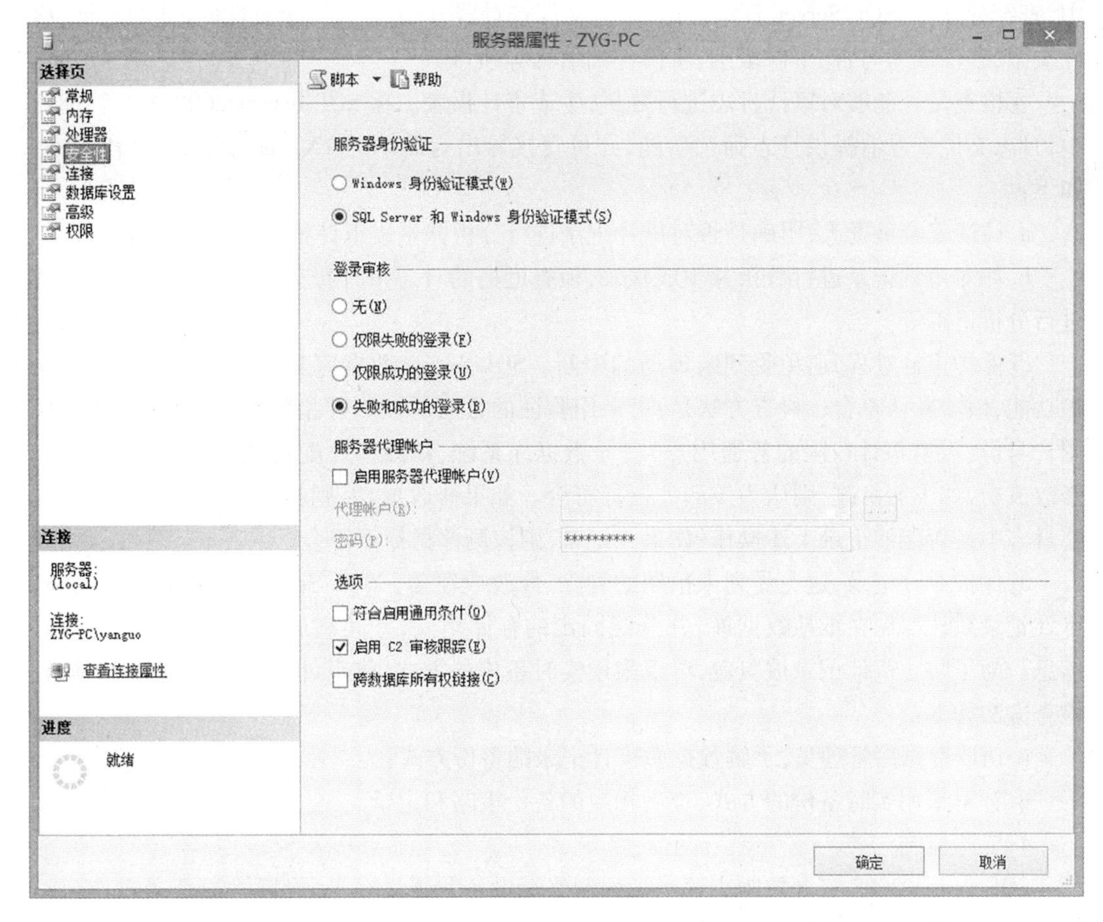

图 8－44　审核策略配置

②审计内容是否包含重要用户行为、重要系统命令使用、系统资源的异常使用、系统内重要的安全相关事件。SQL Server 2008 可以对服务器级别和数据库级别的操作进行审核/审计。其中审核数据库级别事件，主要记录针对数据库层面执行的操作，如使用删除、修改、更新等命令，审核服务器级别事件，主要记录数据库系统层面发生的用户行为日志、系统日志等①，但需要用户进行配置，自定义审计内容。检查方法如下：

a. 打开企业管理器，登录数据库管理系统，打开属性菜单，查看安全性中的登录审核是否为“失败和成功的登录”，选项是否勾选了“启用 C2 审核跟踪”，如图 8－44 所示；

b. 登录数据库管理系统，查看安全性 -> 审核和服务器审核规范，检查是否依据安全策略创建服务器审核规范；

c. 登录数据库管理系统，查看数据库 -> 实例 -> 安全性 -> 数据库审核规范，检查是否依据安全策略创建数据库审核规范。

③检查审计记录是否包括日期和时间、类型、主体标识和客体标识、事件的结果。SQL Server 2008 只要开启审计，则视为默认符合。检查方法是：在 SQL Server 2008 企业管理器

① http://www.cnblogs.com/lyhabc/p/4074003.html 2015.5.2。

中,查看管理 -> SQL Server 日志,打开日志文件查看器,日志默认记录日期时间、源地址、事件类型、事件成功与否、事件级别、事件详细信息等项目。

④检查是否能够对审计日志进行分析,生成审计报表。在 SQL Server 2008 企业管理器中,日志文件查看器提供日志筛选功能,并可直接导出为简单的 TXT 日志格式。检查方法如下:

a. 访谈安全负责人,明确是否对审计记录进行分析并生成审计报表;

b. 如对审计记录进行分析并生成报表,检查近期的日志审计报表是否对安全可疑事件进行分析追踪等。

⑤保护审计进程,避免受到未预期的中断。SQL Server 数据库具备审计进程的自我保护功能,该项默认符合。检查方法是:可采用验证的方法对该测评指标进行验证,以非授权用户身份(没有审计权限的普通用户)登录数据库系统,修改审计配置选项,查看是否可以修改成功,如不能修改,则认为该测评指标符合。如果修改成功,则执行查询、退出操作,查看日志中是否能够记录上述操作;如果无记录,则该测评指标不符合。

⑥保护审计记录,避免受到未预期的删除、修改或覆盖。SQL Server 2008 数据库系统,审计记录默认存储在本地数据库,并分配固定的存储空间,空间满后自动覆盖最早的日志信息。为了防止审计记录被覆盖,可以采用实时备份的方式,将审计日志备份保存于异地。检查方法如下:

a. 访谈数据库管理员,了解数据库审计记录的备份方式;

b. 针对采用实时备份的方式,查看相应的备份策略和记录。

4. 资源控制

SQL Server 2008 资源控制主要包括限制终端设备非授权登录、设置终端登录操作超时等功能来避免非授权操作,通过限制单个用户对所能使用系统资源的最大或最小值防止拒绝服务攻击,保证数据库系统的可用性。

(1)测评指标

资源控制的测评项主要包括以下三点:

①应通过设定终端接入方式、网络地址范围等条件限制终端登录;

②应根据安全策略设置登录终端的操作超时锁定;

③应限制单个用户对系统资源的最大或最小使用限度。

(2)测评实施

本测评项通过配置检查的方式进行,具体实施方法如下所述。

①检查是否采用限制网络地址的方式限制终端登录。SQL Server 数据库系统本身未提供相关的安全配置,但从 SQL Server 2005 版本开始,提供了登录触发器,能够限制登录的 IP 地址。

a. 访谈数据库管理员是否配置登录触发器对管理员源地址进行限制;

b. 登录数据库,查看触发器的配置,如图 8 - 45 所示:

```
CREATERIGGER[tr_connection_limit]
ONALL SERVER WITHEXECUTEAS'sa'
FOR LOGON
AS
BEGIN
//一限制 test 这个账号的连接
IF ORIGINAL_LOGIN() = 'test'
//--允许 test 在本机和下面的 IP 登录
AND
(SELECT EVENTDATA(). value('(/EVENT_INSTANCE/ClientHost)[1]', 'NVARCHAR
(15)'))
NOTIN('<local machine>','192.168.1.20','192.168.1.21'
    ROLLBACK;
END;
```

图 8－45　触发器配置

当登录名是 test 的时候,会对登录所使用 IP 地址(如上图配置为:本地登录、192.168.1.20、192.168.1.21)进行比对,如在这个范围内,则允许登录。

c. 验证触发器是否生效。

②检查是否设置登录终端的超时锁定。为防止数据库终端被非授权访问,在终端应设置操作超时锁定时间,当连接超时,数据库系统自动断开连接,建议超时时间不超过 10 min。检查方法是:在 SQL Server 2008 企业管理器中,新建查询中执行命令 sq_configure,查看"remote login timeout(s)"参数中是否设置了超时时间。

③是否限制单个用户所能使用的系统资源的最大或最小值。SQL Server 自身无法限制单个用户对系统资源的最大或最小使用限度,通常利用第三方工具实现用户对系统资源使用的限制。检查方法如下:

a. 访谈安全管理人员,明确是否采用第三方工具对单个用户对系统资源的最大或最小使用限度进行限制;

b. 查看工具是否能够对系统资源进行限制并记录具体限制数值。

8.3.4　Oracle 测评要素

Oracle 数据库系统是美国 ORACLE 公司(甲骨文)提供的以分布式数据库为核心的一组软件产品,是目前最流行的数据库之一。本节以 Oracle 11g 为例。

1. 身份鉴别

数据库管理系统的身份鉴别是为了防止非授权用户私自访问,同时对于登录用户的身份进行合法性校验,只有通过验证的用户才能对数据库管理系统进行操作。

(1)测评指标

身份鉴别的测评项主要包括以下六点:

①应对登录操作系统和数据库系统的用户进行身份标识和鉴别;

②操作系统和数据库系统管理用户身份标识应具有不易被冒用的特点,口令应有复杂度要求并定期更换;

③应启用登录失败处理功能，可采取结束会话、限制非法登录次数和自动退出等措施；

④当对服务器进行远程管理时，应采取必要措施，防止鉴别信息在网络传输过程中被窃听；

⑤应为操作系统和数据库系统的不同用户分配不同的用户名，确保用户名具有唯一性；

⑥应采用两种或两种以上组合的鉴别技术对管理用户进行身份鉴别。

（2）测评实施

本测评项通过配置检查的方式进行，具体测评实施如下所述。

①检查数据库管理系统对用户的身份标识和鉴别方式。连接 Oracle 11g 服务端可采用三种数据库用户登录验证机制：操作系统验证、密码文件验证、数据库验证。其中操作系统验证只适用于本机登录，不需要输入用户名、口令，需判断当前连接数据库服务端的操作系统用户是否在 OSDBA 数据库管理员组。检查方法如下：

a. 如可以直接采用操作系统验证方式登录，该测评项为不符合；

b. 查看数据库中是否存在空口令用户。

②检查数据库管理系统密码策略是否对口令复杂度、长度、更换周期进行配置。针对 Oracle 11g 数据库系统，在安装过程中，默认对 system 账号的口令复杂度进行要求，要求口令必须包含大写字母、小写字母、数字、特殊字符中的三种。跟口令相关的策略，Oracle 提供了 dba_profiles 和 utlpwdmg. sql 文件进行配置，其中 dba_profiles 可以对口令更换周期、口令复杂度、登录失败处理等安全策略进行配置，utlpwdmg. sql 提供口令长度、口令复杂度、不与历史密码重复等检查功能。检查方法如下：

a. 打开 SQL Plus，输入用户、口令登录数据库系统，执行命令：select * from dba_profiles where profile = 'DEFAULT' and resource_type = 'PASSWORD'，如图 8－46 所示：

```
SQL > select * from dba_profiles where profile = 'DEFAULT' and resource_type = 'PASSWORD';
PROFILE                     RESOURCE_NAME    RESOURCE
------------------------------------------------------------------------------------------------
DEFAULT          FAILED_LOGIN_ATTEMPTS          PASSWORD  10
DEFAULT          PASSWORD_LIFE_TIME             PASSWORD  180
DEFAULT          PASSWORD_VERIFY_FUNCTION       PASSWORD  --
VERIFY_FUNCTION_11G
DEFAULT          PASSWORD_LOCK_TIME             PASSWORD  1
```

图 8－46　Oracle 口令相关配置

b. 针对是否启用口令复杂度策略，可通过查看图 8－46 中是否启用了口令复杂度函数 PASSWORD_VERIFY_FUNCTION；如果启用，执行命令“select * from dba_source where name ='VERIFY_FUNCTION_11G'”检查函数 VERIFY_FUNCTION_11G 中的相关配置参数；

c. 查看是否设置 PASSWORD_LIFE_TIME 参数，系统安装默认设置为 180 天，即口令的生命周期为 180 天。

③检查数据库管理系统账户锁定策略，是否对账户锁定时间和锁定阈值进行配置。在 Oracle 11g 数据库系统中，通过 dba_profiles 视图中的 FAILED_LOGIN_ATTEMPTS 和 PASSWORD_LOCK_TIME 参数对登录失败进行配置。FAILED_LOGIN_ATTEMPTS 和

PASSWORD_LOCK_TIME 参数的默认值分别为 10、1，即连续登录 10 次失败，锁定账号 1 天。检查方法是：打开 SQL Plus，输入用户名、口令登录数据库系统，执行命令：select * from dba_profiles where profile = 'DEFAULT' and resource_type = 'PASSWORD'，检查 FAILED_LOGIN_ATTEMPTS 和 PASSWORD_LOCK_TIME 参数是否设置在合理范围内。

测评标准中未对账户锁定时间等参数提出具体要求，在测评实施过程中，建议各个配置项的参考值如表 8 - 12 所示。

表 8 - 12　账户锁定配置项参考值

序号	安全策略	参考值	备注
1	账户锁定时间	30/1440(30 min)	PASSWORD_LOCK_TIME
2	账户锁定阈值	5(5 次)	FAILED_LOGIN_ATTEMPTS

④对数据库进行远程管理时，采取加密措施防止鉴别信息在网络传输过程中被窃听。为了防止用户身份鉴别信息等敏感数据在网络传输过程中被窃取，在对数据库进行远程管理时，应该采用包括 SSL 在内的加密方式对数据进行加密传输。Oracle 11g 默认以明文方式进行数据传输，为了防止用户身份鉴别信息等敏感数据在网络传输过程中被窃取，Oracle 11g 提供了 SSL 方式对传输数据进行了加密，但需要对其进行配置。检查方法如下：

a. 使用文本方式，打开 Oracle 安装路径下的数据库配置文件 init <sid>. ora，查看参数 REMOTE_OS_AUTHENT 值；

b. 如果 REMOTE_OS_AUTHENT 值为 FALSE，则禁止远程登录，本要求项为不适用；

c. 如果 REMOTE_OS_AUTHENT 值为 TRUE，则查看 LISTENER. ora 文件“PROTOCOL”的赋值，是否启用了 TCPS 在内的加密协议。Oracle 11g 数据库系统远程管理默认采用 TCP 方式。

⑤为数据库系统不同用户分配不同的用户名，并确保用户名具有唯一性。Oracle 11g 数据库系统在新增用户的过程中会对用户名进行唯一性校验，保证用户名的唯一性。根据被测单位提供的“数据库系统用户权限表”，检查数据库系统设置的用户账号与实际使用人对应情况是否属实。

⑥检查是否采取多种组合的鉴别技术对管理用户进行身份鉴别。检查方法是：登录数据库系统，验证是否同时使用两种或两种以上的组合身份认证技术（如用户知道的信息、用户持有的信息、用户生物特征信息）。

2. 访问控制

Oracle 数据库采用了基于角色的访问控制方法，其特点是先确定角色对服务所拥有的权限，然后将用户注册到角色中；或者说授予用户适当的角色，从而获得调用服务的权利。整个访问控制分成了两个部分，即访问权限与角色相关联、角色再与用户相关联，从而实现了用户与访问权限的逻辑分离。

(1) 测评指标

访问控制的测评项主要包括以下七点：

①应启用访问控制功能，依据安全策略控制用户对资源的访问；

②应根据管理用户的角色分配权限，实现管理用户的权限分离，仅授予管理用户所需

的最小权限；

③应实现操作系统和数据库系统特权用户的权限分离；

④应严格限制默认账户的访问权限，重命名系统默认账户，修改这些账户的默认口令；

⑤应及时删除多余的、过期的账户，避免共享账户的存在；

⑥应对重要信息资源设置敏感标记；

⑦应依据安全策略严格控制用户对有敏感标记重要信息资源的操作。

(2)测评实施

本测评项通过配置检查的方式对 Oracle 11g 访问控制进行检查，具体测评实施如下所述。

①检查是否启用访问控制功能，并依据安全策略控制用户对资源的访问。检查方法如下：

a. 访谈数据库管理员是否制定了数据库系统的访问控制安全策略文档；

b. 查看 Oracle 系统中各个用户的访问控制策略是否与安全策略文档一致。

②查看是否依据安全策略，按照管理用户角色分配权限，实现管理用户的权限分离，仅授予管理用户所需的最小权限。检查方法如下：

a. 查看用户列表，检查是否按照最小权限原则分配用户权限；

b. 检查是否从 PUBLIC 组中撤回不必要的权限或角色，如 UTL_SMTP，UTL_TCP，UTL_HTTP，UTL_FILE，DBMS_RANDOM，DBMS_SQL，DBMS_SYS_SQL，DBMS_BACKUP_RESTORE。

③查看操作系统和数据库系统是否设置管理员和审计员等特权用户，避免特权用户拥有过大权限，做到职责明确。检查方法是：检查操作系统用户列表中每个管理员设置的权限，同一用户不能具有操作系统和数据库系统的管理权限。

④检查是否及时删除多余的、过期的账户，避免共享账户的存在。为了安全考虑，应锁定 Oracle 当中不需要的用户。检查方法如下：

a. 打开 SQL Plus，执行命令：select username，account_status from dba_users；查看返回结果是否存在 DIP，EXFSYS，OUTLN，TSMSYS，WMSYS 等默认账户，并检查这些默认账户状态是不是 EXPIRED&LOCKED；

b. 针对上述命令获得用户账号，查看是否存在过期账户，访谈数据库管理员是否每一个账户均为正式、有效的账户。

⑤检查是否严格限制默认账户的访问权限，重命名系统默认账户，修改这些账户的默认口令。检查方法是：以默认账户/口令尝试登录数据库系统，查看能否成功登录，Oracle 系统安装时存在的默认口令如：sys/change_on_install；system/manager 等。

⑥检查是否对重要信息资源设置了敏感标记。敏感标记是标示主体/客体安全级别的一组信息，通过匹配敏感标记以确认是否允许主体对客体的访问。包括资源拥有者在内的其他用户无法对标记进行修改，把敏感标记作为强制访问控制的依据。在测评中，检查方法如下：

a. 检查是否安装了 Oracle Label Security 模块：select username from dba_users；

b. 查看是否创建了访问策略：select police_name，status from DBA_SA_POLICES；

c. 查看是否创建了级别：select * from dba_sa_levels order by level_num；

d. 查看标签创建情况：select * from dba_sa_labels；

e. 查看策略与模式、表的对应关系：select * from dba_sa_tables_policies，判断是否针对重要信息设置了敏感标记。

⑦检查是否依据安全策略严格控制用户对有敏感标记重要信息资源的操作。检查方法如下：

a. 查看安全策略配置文档，是否制定用户对有敏感标记重要信息资源的操作策略；

b. 如制定了操作策略，检查和记录划分敏感标记分类方式，如何设定访问权限，并验证该策略是否生效，如未制定，本要求项为不符合。

3. 安全审计

Oracle 11g 安全审计总体上可分为"标准审计"和"细粒度审计"，其中标准审计分别支持以下三种审计类型：语句审计、特权审计、对象审计。语句审计，对某种类型的 SQL 语句审计，不指定结构或对象；特权审计，对执行相应动作的系统特权的使用审计；对象审计，对一特殊模式对象上的指定语句的审计。

(1)测评指标

安全审计的测评项主要包括以下六点：

①审计范围应覆盖到服务器和重要客户端上的每个操作系统用户和数据库用户；

②审计内容应包括重要用户行为、系统资源的异常使用和重要系统命令的使用等系统内重要的安全相关事件；

③审计记录应包括日期和时间、类型、主体标识、客体标识、事件的结果等；

④应能够根据记录数据进行分析，并生成审计报表；

⑤应保护审计进程，避免受到未预期的中断；

⑥应保护审计记录，避免受到未预期的删除、修改或覆盖。

(2)测评实施

本测评项通过配置检查的方式对 Oracle 11g 安全审计进行检查，建议从以下六个要点进行检查。

①检查审计范围是否覆盖到数据库系统的所有用户。在 Oracle 数据库系统中，AUDIT_TRAIL 参数取值有如下几种：

- DB/TRUE：启动审计功能，并且把审计结果存放在数据库的 SYS. AUD$ 表中；
- OS：启动审计功能，并把审计结果存放在操作系统的审计信息中；
- DB_EXTENDED：具有 DB/TRUE 的功能，另外填写 AUD$ 的 SQLBIND 和 SQLTEXT 字段；
- NONE/FALSE：关闭审计功能。

Oracle 10g 之前的版本，AUDIT_TRAIL 参数默认为 NONE/FALSE，未开启审计功能；从 Oracle 11g 版本开始 AUDIT_TRAIL 参数默认为 DB/TRUE。Oracle 数据库默认对 sys 和 system 系统账户开启审计功能。检查方法如下：

a. 执行 show parameter audit_trail，查看是否指定日志保存位置，若参数为 NONE，则未开启审计功能；

b. 使用不同用户登录数据库系统进行不同的操作，查看 Oracle 数据库日志记录，是否有相应的登录和操作日志。

②检查审计内容是否包含重要用户行为、重要系统命令使用、系统资源的异常使用、系统内重要的安全相关事件。在 Oracle 数据库系统中，检查方法如下：

a. 执行 show parameter audit_trail,查看是否开启审计功能;

b. 执行 show parameter audit_sys_operations,查看是否对所有 sys 用户的操作进行了记录;

c. 执行 select sel,udp,del,ins from dba_obj_audit_opts,查看是否对 sel,udp,del,ins 操作进行了审计;

d. 执行 select * from dba_stmt_audit_opts,查看审计是否设置成功;

e. 执行 select * from dba_priv_audit_opts,查看权限审计选项。

③检查审计记录是否包括日期和时间、类型、主体标识、客体标识、事件的结果。检查方法是:执行 select * from v4$logfile,打开任何一个日志文件,记录一条日志内容,确认审计记录是否包含事件的日期和时间、触发事件的主体与客体、事件的类型、事件的成功或失败等内容。

④检查是否能够对审计日志进行分析,生成审计报表。Oracle Audit Vault and Database Firewall 提供了增强的企业级审计功能。它可以收集、整合并管理来自 Oracle 审计及事件日志,整合和集中式的储存库用于存放所有审计及事件日志,以按照预先制定的规则对日志进行实时分析。检查方法如下:

a. 访谈管理员,查看是否安装 Oracle Audit Vault and Database Firewall 等插件;

b. 检查是否对日志进行分析,并生成相应的审计报表,需查看近期的日志审计报表。

⑤保护审计进程,避免受到未预期的中断。检查方法如下:

a. 访谈安全主管,了解是否严格限制了数据库管理员的权限,检查数据库管理员是否能进行与审计相关的操作;

b. 执行 alter system set audit_trail = none,查看是否能够关闭审计功能。

⑥保护审计记录,避免受到未预期的删除、修改或覆盖。在 Oracle 11g 数据库系统中,审计记录默认存储在本地数据库 msdb 并分配固定的存储空间,当空间满后自动覆盖。为了防止审计记录被覆盖,可以采用实时备份的方式,将审计日志备份保存于异地。检查方法如下:

a. 访谈数据库管理员,了解数据库审计记录的备份方式;

b. 针对采用实时备份的方式,检查相应的备份策略和记录。

4. 资源控制

Oracle 11g 资源控制主要包括通过限制终端设备非授权登录、设置终端登录操作超时等功能来避免非授权操作,通过限制单个用户对系统资源使用的最大或最小值防止拒绝服务攻击,保证数据库系统的可用性。

(1)测评指标

资源控制的测评项主要包括以下三点:

①应通过设定终端接入方式、网络地址范围等条件限制终端登录;

②应根据安全策略设置登录终端的操作超时锁定;

③应限制单个用户对系统资源的最大或最小使用限度。

(2)测评实施

本测评项通过配置检查的方式对 Oracle 11g 资源控制进行检查,检查方法如下所述。

①检查是否采用限制网络地址的方式限制终端登录。Oracle 11g 中可以通过使用 sqlnet. ora 方式来限制网络地址的方式限制终端登录。sqlnet. ora 具有与防火墙类似的功

能,提供限制与允许特定的 IP 或主机名通过 Oracle Net 来访问数据库。通过 sqlnet. ora 方式实现轻量级访问限制,比在数据库内部通过触发器进行限制效率要高。检查方法如下:

a. 针对使用 sqlnet. ora 方式的情况,查看 sqlnet. ora 文件,是否配置 tcp. invited_nodes 或者 tcp. excluded_nodes,如图 8 - 47 所示:

```
tcp. validnode_checking = yes
tcp.  invited_nodes = (192. 168. 0. 1 , 192. 168. 0. 2 , 192. 168. 0. 3 ,………)
tcp.  excluded_nodes = (192. 168. 0. 1 , 192. 168. 0. 2 , 192. 168. 0. 3 ,………)
```

图 8 - 47 sqlnet. ora 文件

其中, tcp. invited_nodes 意思是仅所包含的 IP 地址能够通过 Net 连接到数据库, tcp. excluded_nodes 意思是除了所包含的 IP 地址外,其他地址均可以通过 Oracel Net 连接到数据库。

b. 针对使用触发器限制单用户或 IP 段连接的情况,查看是否创建触发器限制单用户或 IP 段登录,并对其有效性进行验证。

②检查是否设置登录终端的超时锁定。在 Oracle 11g 中可以通过 profile 的 idle_time 和 sqlnet 的 expire_time 设置超时锁定。检查方法如下:

a. 针对采用 profile 的 idle_time 限制的情况,必须设置数据库系统启动参数 RESOURCE_LIMIT,此参数默认值为 FALSE。在检查过程中,必须先确认 resource limit 是否开启,如图 8 - 48 所示:

```
SQL > show parameter resource_limit
NAME                                    TYPE          VALUE
--------------------------------------- ------------- ---------------------------------
resource_limit                          boolean       TURE
```

图 8 - 51 设置 resource_limit

再执行查询语句:select limit from dba_profiles where profile = 'DEFAULT' and resource_name = 'IDLE_TIME',查看是否设置 idle_time。

b. 针对采用 sqlnet 的 expire_time 限制的情况,查看 sqlnet. ora 是否添加有该行内容 SQLNET. EXPIRE_TIME = XX。其中,时间单位为分钟,如果设置客户端空闲 10 min 即被中断,则查看是否设置 SQLNET. EXPIRE_TIME = 10。

③查看是否限制单个用户所能使用的系统资源的最大或最小值。某一个数据库系统用户,执行查询操作占用了太多系统资源时,会降低数据库系统的服务质量,导致数据库系统无法正常给其他用户提供服务。为了防止类似的拒绝服务攻击,在数据库系统中应限制单个用户对系统资源使用的最大或最小限度。检查方法是:在 Oracle 数据库中,检查 profile 中以下参数 CPU_PER_SESSION、CPU_PER_CALL、PRIVATE_SGA、LOGICAL_READS_PER_SESSION 是否启用。各项参数含义如表 8 - 13 所示。

表 8-13 profile 参数含义

序号	参数	参数含义
1	CPU_PER_SESSION	每个 SESSION 占用的 CPU 的时间
2	CPU_PER_CALL	指定一次调用(解析、执行和提取)的 CPU 时间限制
3	LOGICAL_READS_PER_SESSION	单个会话允许读的数据块的数目,包括从内存和磁盘读的所有数据块
4	PRIVATE_SGA	指定一个会话可以在共享池(SGA)中所允许分配的最大空间
5	COMPOSITE_LIMIT	指定一个会话的总的资源消耗

第9章 应用与数据安全

应用安全是信息系统整体防御的一道屏障，也是最容易遭受攻击的对象之一。在应用层面运行着的信息系统包括各类基于网络的应用以及特定业务需求的应用。应用系统的安全保护就是保护系统的各种业务能够正常安全地运行。

信息系统处理的各种数据在维持系统正常运行中起着非常重要的作用，一旦数据遭受破坏，不管是何种数据都会不同程度上对系统造成影响，从而危害到系统的正常运行。由于信息系统各个层面（网络、主机、应用）都涉及数据的传输、存储和处理，所以对数据的保护需要在物理环境、网络、主机、数据库、应用程序等各个层面提供支持，使数据泄露或遭到破坏所造成的损失降到最小。

9.1 测评内容

应用与数据安全主要由应用安全和数据安全及备份恢复两部分内容组成。

应用安全针对的测评对象主要包括业务系统和中间件系统，主要从身份鉴别、访问控制、安全审计、剩余信息保护、抗抵赖、通信完整性、通信保密性、软件容错和资源控制等九个方面进行安全防护，共32个安全测评项。其具体分类如图9－1所示。

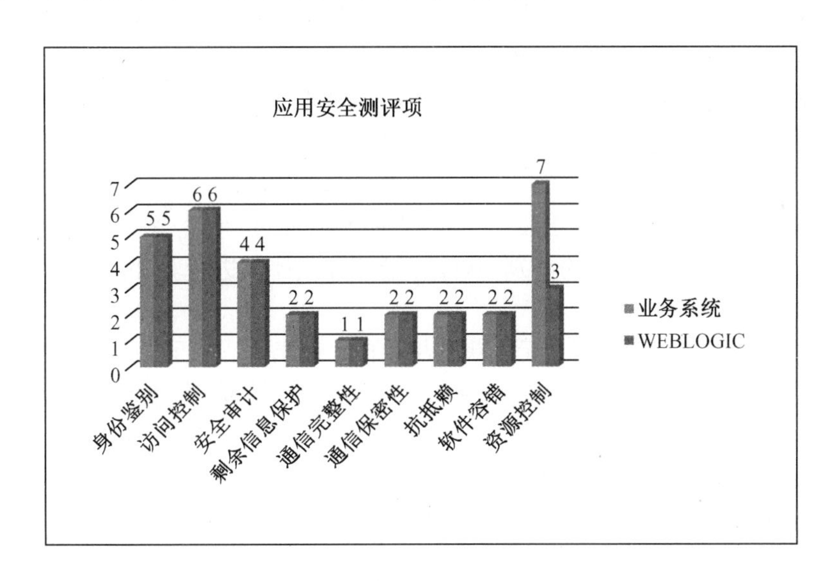

图9－1 应用安全测评项

数据安全及备份恢复主要从数据完整性、数据保密性、备份和恢复三个方面进行安全防护，共八个安全测评项。其具体分类如图9－2所示。

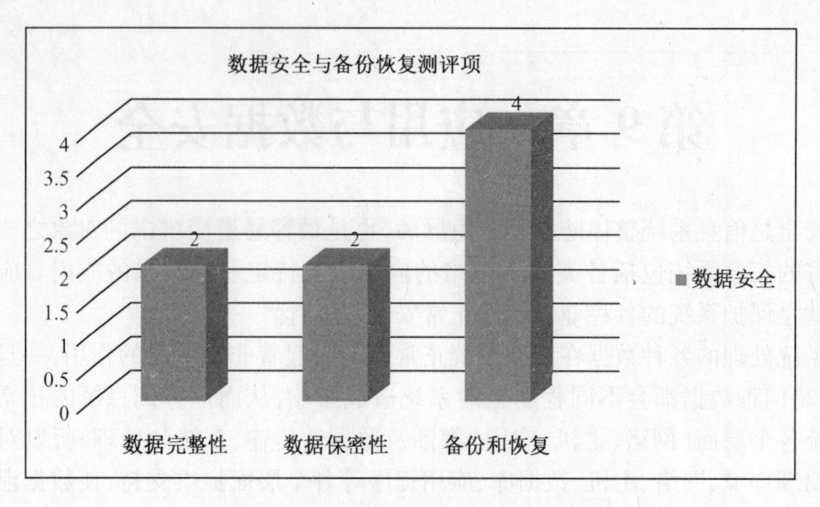

图9-2 数据安全与备份测试测评项

9.2 测评方式

根据信息系统安全等级保护测评准则,应用安全测评的方法包括访谈、文档审阅、配置检查和测试,现场测评中主要以文档审阅、配置检查和测试为主。

文档审阅通过查看应用系统的安全设计方案、测试报告、操作手册等文档,了解应用系统所采取的安全措施。如在方案设计中,会对身份鉴别、访问控制策略、数据加密、第三方数据接口安全、资源控制等安全问题进行考虑。

配置检查是应用安全测评的基本方法,可以直观地了解应用系统的安全控制措施。应用系统可通过图形化界面方式登录,查看用户身份鉴别、用户访问权限、日志审计等模块的安全配置。

测试是应用安全测评的验收手段。在应用安全中,通过"明鉴 WEB 应用弱点扫描器"对应用系统进行漏洞扫描,对身份鉴别、软件容错部分测评项进行验证测试,从而保证测试结果的客观和准确。

针对文档审阅、配置检查、测试无法获取相关信息的情况,可通过访谈的方式获取相关证据类信息,如通过访谈获取剩余信息防护的要求及实施情况,查阅系统剩余信息保护相关的设计、实施、测试类文档。

现场测评以文档审阅、配置检查和访谈为基本方法,测试作为验证手段,具体测评过程中测评工程师应根据项目实际情况灵活运用四种测评方法。

9.3 测评实施

9.3.1 业务系统测评要素

本节以"某软件服务网"为例进行介绍。

1. 身份鉴别

业务系统的身份鉴别是为了防止非授权用户私自访问,同时对于登录用户的身份进行合法性校验,只有通过验证的用户才能对业务系统进行操作。

(1)测评指标

身份鉴别的测评项主要包括以下五点:

①应提供专用的登录控制模块对登录用户进行身份标识和鉴别;

②应对同一用户采用两种或两种以上组合的鉴别技术实现用户身份鉴别;

③应提供用户身份标识唯一和鉴别信息复杂度检查功能,保证应用系统中不存在重复用户身份标识,身份鉴别信息不易被冒用;

④应提供登录失败处理功能,可采取结束会话、限制非法登录次数和自动退出等措施;

⑤应启用身份鉴别、用户身份标识唯一性检查、用户身份鉴别信息复杂度检查以及登录失败处理功能,并根据安全策略配置相关参数。

(2)测评实施

在现场测评中,需要调研应用系统架构,明确包含哪些业务模块。“某软件服务网”包括前台信息展示系统和后台运营管理系统。由于前台信息展示系统仅提供公共信息的展示,如图9-3,不需要用户登录后操作,所有的公共信息管理均在后台运营管理系统中实现,因此仅针对后台运营管理系统进行身份鉴别的测评。其具体测评实施如下所述。

图9-3 前台信息展示页面

①检查应用系统是否采用专用的登录控制模块进行登录。检查方法如下:

a. 查看应用系统是否存在专用的登录控制模块提供用户登录;

b. 检查登录模块是否需要输入用户标识信息和身份鉴别信息,如图9-4所示;

c. 使用合法账户登录系统,查看是否能够成功登录。

②检查应用系统用户身份鉴别,是否采用了两种或两种以上的组合鉴别技术。要求采用两种或两种以上组合的鉴别技术,除静态口令以外,一般选择USBKey、动态口令卡、手机动态验证码等作为第二种身份鉴别技术对用户进行身份鉴别。检查方法是:查看是否同时

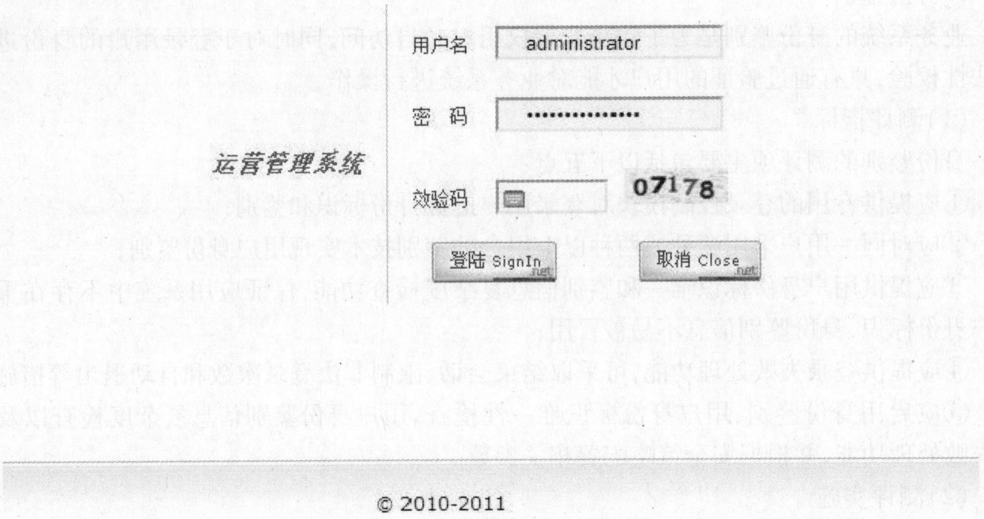

图 9-4　后台用户登录界面

使用两种或两种以上的组合身份鉴别技术(用户知道的信息、用户持有的信息、用户生物特征信息),并验证鉴别技术的有效性。

③检查是否对应用系统用户的身份鉴别信息复杂度进行要求,是否保证了用户身份标识的唯一性。应用系统一般在用户注册和用户创建环节对用户身份标识的唯一性进行检查,在用户注册和修改口令时对用户口令复杂度进行检查。检查方法如下:

a. 检查应用系统设计文档是否包含用户身份唯一标识、身份鉴别信息不易被冒用的说明;

b. 访谈系统管理员,了解应用系统是否对用户口令复杂度进行要求,是否采用 SSID 或用户名等对用户身份进行唯一标识;

c. 登录应用系统,查看是否有相关配置功能,如无相关配置功能,可采用注册新用户、尝试修改口令等方式,检查是否对口令复杂度和用户身份标识唯一性进行要求,如图 9-5 所示。

④检查系统是否提供登录失败处理功能。应用系统一般通过限制错误登录次数和自动退出两种方式实现登录失败处理功能。当采用限制错误登录次数的方式时,用户连续输入错误口令达到设定的限制次数后,系统会自动锁定账户。“某软件服务网”的登录失败处理功能通过自动退出方式实现。检查方法如下:

a. 访谈应用系统管理员,了解应用系统是否具有登录失败处理功能,如结束会话、锁定账号、自动退出等;

b. 如果应用系统提供登录失败处理功能的选项或模块,查看其是否启用,并对其进行设置;

c. 根据系统使用的登录失败处理策略,有条件可使用测试账号测试其策略是否生效;

d. 使用正确账号和错误密码登录后台运营管理系统,系统自动退出当前登录窗口,跳转至“某软件服务网”首页,如图 9-6 所示。

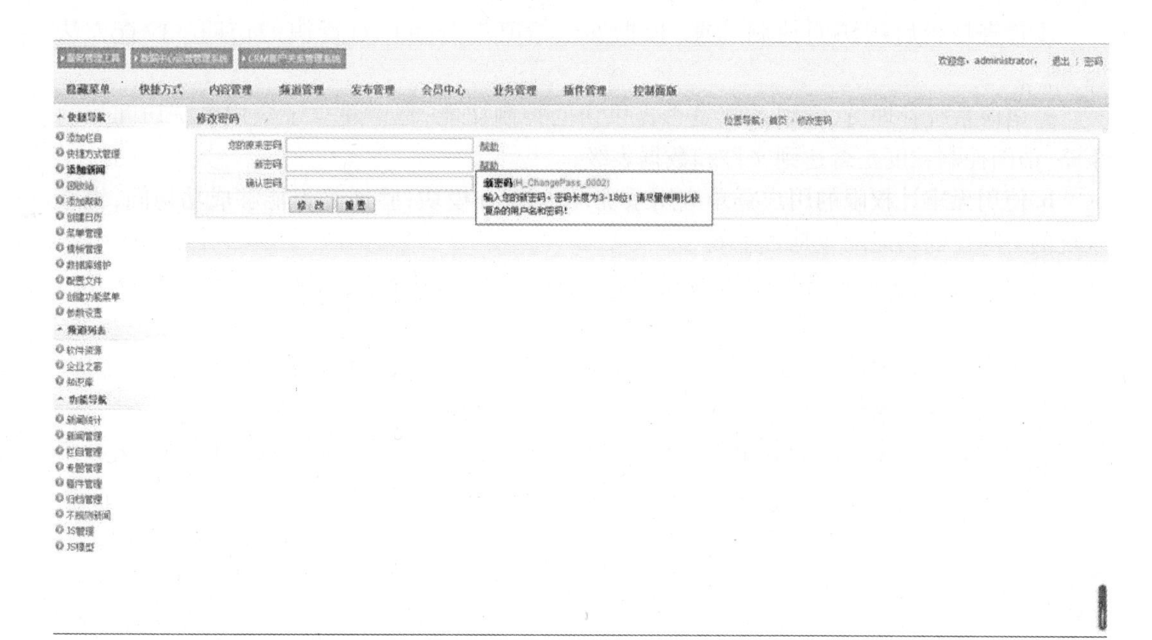

图9－5　修改用户口令

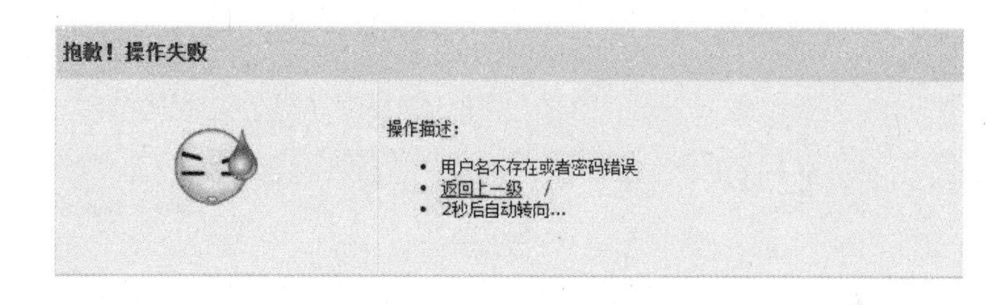

图9－6　登录失败自动退出

2. 访问控制

应用系统中的访问控制主要是保证用户能够在受控的情况下进行合法操作，且用户只能根据自己拥有的权限访问相应的系统模块，不能够越权访问。

(1)测评指标

访问控制的测评项主要包括以下六点：

①应提供访问控制功能，依据安全策略控制用户对文件、数据库表等客体的访问；

②访问控制的覆盖范围应包括与资源访问相关的主体、客体及它们之间的操作；

③应由授权主体配置访问控制策略，并严格限制默认账户的访问权限；

④应授予不同账户为完成各自承担任务所需的最小权限，并在它们之间形成相互制约的关系；

⑤应具有对重要信息资源设置敏感标记的功能；

⑥应依据安全策略严格控制用户对有敏感标记重要信息资源的操作。

(2)测评实施

“某软件服务网”采用基于角色的访问控制策略，根据用户角色设置不同的访问权限，实现访问控制功能。具体测评实施如下：

①检查是否启用访问控制功能，依据安全策略控制用户对资源的访问。检查方法如下：

a. 访谈系统管理员，应用系统是否提供访问控制功能，是否建立了应用系统访问控制策略，访问控制粒度是否达到文件和数据表级；

b. 使用无审计权限的用户登录应用系统，访问审计模块，验证是否能够成功访问，检查系统的访问控制功能配置是否生效。

②检查访问控制策略是否覆盖访问的主体、客体以及它们之间的操作。检查方法如下：

a. 访谈系统管理员，是否建立访问控制矩阵，明确是否覆盖到与信息安全相关的主体、客体及它们之间的操作；

b. 查看是否依据访问控制矩阵，设置相应的角色分组和用户权限设置，如图 9－7 和图 9－8 所示。

服务管理工具　数据中心运营管理系统　CRM客户关系管理系统　欢迎您，administrator，　退出 | 密码

隐藏菜单　快捷方式　内容管理　频道管理　发布管理　会员中心　业务管理　插件管理　控制面版

快捷导航　频道列表　功能导航：常规管理　参数设置　配置文件　管理员列表　管理员组　回收站管理　地区管理　日程安排　功能菜单

管理员组管理　位置导航：首页 · 管理员组管理

添加管理员组

编号	名称	添加时间	操作
74290236		2014/7/30 13:10:15	
39915371		2010/12/28 22:48:50	
94512673		2010/12/21 15:38:28	
46661511		2010/12/21 15:37:52	
96184154		2010/12/21 15:36:49	
14350860		2010/12/21 13:44:50	
83413087		2010/12/17 0:19:39	
00000001		2007/12/14 15:00:43	

共8条记录,共1页,当前第1页 首页 上一页 下一页 尾页 1 转到此页

图 9－7　角色分组

③检查是否由授权主体配置访问控制策略，并严格限制默认账户的访问权限。应用系统的访问控制策略应由授权主体（如系统管理员）进行配置，在应用系统中需严格限制默认账号（如系统交付遗留的账号、测试账号等）的访问权限。检查方法如下：

a. 查看应用系统是否提供访问控制策略配置模块；

b. 访谈应用系统管理员，确认是否设置了授权主体账号，检查该账号的用户权限；

c. 查看用户列表是否存在默认账号；如果有，则检查是否限制了这些账户的访问权限。

④检查用户权限是否按照最小权限原则分配，并形成相互制约关系。应用系统用户权限应遵循“最小权限原则”，应授予账户所需承担任务所需的最小权限，如管理员只需拥有系统管理权限，不应具备业务操作权限；同时要求不同账号之间形成相互制约关系，如系统的审计人员不应具有系统管理权限，管理人员也不应具有审计权限，这样审计员和管理员

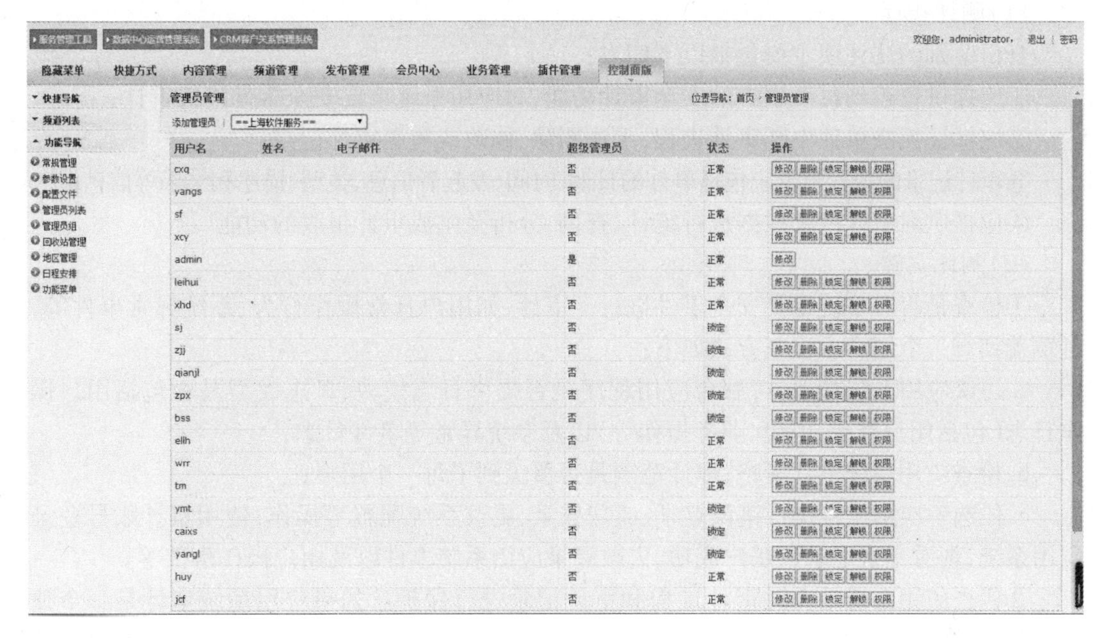

图9－8 用户权限设置

之间就形成了相互制约关系。检查方法如下：

a.访谈应用系统管理员，是否制订了访问控制策略文档，并依据策略文档对系统用户进行分角色管理，为特定角色分配完业务所需的最小权限，相互之间形成制约关系；

b.查看应用系统中的用户权限列表，是否依据访问控制策略文档进行用户权限配置；

c.检查应用系统角色划分情况，是否不同角色权限做到了分离，并形成了制约，如至少存在系统管理员、配置管理员、审计管理员等角色。

⑤检查应用系统是否提供对重要信息资源设置敏感标记的功能。应用系统敏感标记是标识主体/客体安全级别的一组信息，通过匹配敏感标记以确认是否允许主体对客体的访问。包括资源拥有者在内的其他用户无法对标记进行修改，把敏感标记作为强制访问控制的依据。检查方法如下：

a.访谈安全管理人员，明确是否对重要信息资源设置了敏感信息标记；

b.检查应用系统设计文档，是否包含对重要信息资源设置敏感标记的安全措施，如何依据安全策略严格控制用户对敏感标记重要信息资源的操作。

⑥检查是否依据安全策略严格控制用户对有敏感标记重要信息资源的操作。检查方法如下：

a.查看应用系统设计文档，是否制定用户对有敏感标记重要信息资源的安全策略；

b.如制定了安全策略，检查和记录划分敏感标记分类方式，如何设定访问权限，并验证该策略是否生效；如未制定，本要求项为不符合。

3.安全审计

应用系统后台管理系统中一般具有日志模块，提供用户登录、操作日志的查询、统计功能，日志内容也会尽量详细的展示在后台界面中。后台日志模块一般仅提供日志查询功能，通常无法直接在系统管理后台对日志进行修改或删除；而系统异常事件日志大多会通过中间件记录。

(1)测评指标

身份鉴别的测评项主要包括以下四点：

①应提供覆盖到每个用户的安全审计功能，对应用系统重要安全事件进行审计；

②应保证无法单独中断审计进程，无法删除、修改或覆盖审计记录；

③审计记录的内容至少应包括事件的日期、时间、发起者信息、类型、描述和结果等信息；

④应提供对审计记录数据进行统计、查询、分析及生成审计报表的功能。

(2)测评实施

①检查是否对系统重要安全事件进行了审计，如用户日常操作行为、系统异常事件等，且覆盖到每一个用户。检查方法如下：

a. 访谈应用系统管理员，后台应用程序是否提供日志模块，日志类型是否包括用户操作日志(包括用户登录、退出、业务操作等)以及系统异常等事件日志；

b. 检查应用系统审计策略，审计范围是否覆盖到了每一个用户；

c. 任选一应用账号执行错误登录、成功登录、更改系统配置等操作；使用审计账号登录应用系统，查看是否记录该账户成功、失败登录应用系统事件以及用户操作事件等。

②检查应用系统是否对审计进程和审计记录进行保护。如果应用系统审计是一个独立的功能，则应防止非授权用户关闭审计功能，另外应当保护审计记录，避免非授权的删除、修改或覆盖。检查方法如下：

a. 访谈应用系统管理员，了解应用系统审计方式，如果审计模块是个独立的功能，则尝试使用非授权账号关闭审计功能，查看能否成功；

b. 以非授权账号登录应用系统，查看是否具有删除、修改或覆盖自身及他人日志的权限；

c.“某软件服务网”后台管理系统仅提供日志的查询功能，无法对审计进程和审计记录进行操作，如图 9－9 所示。

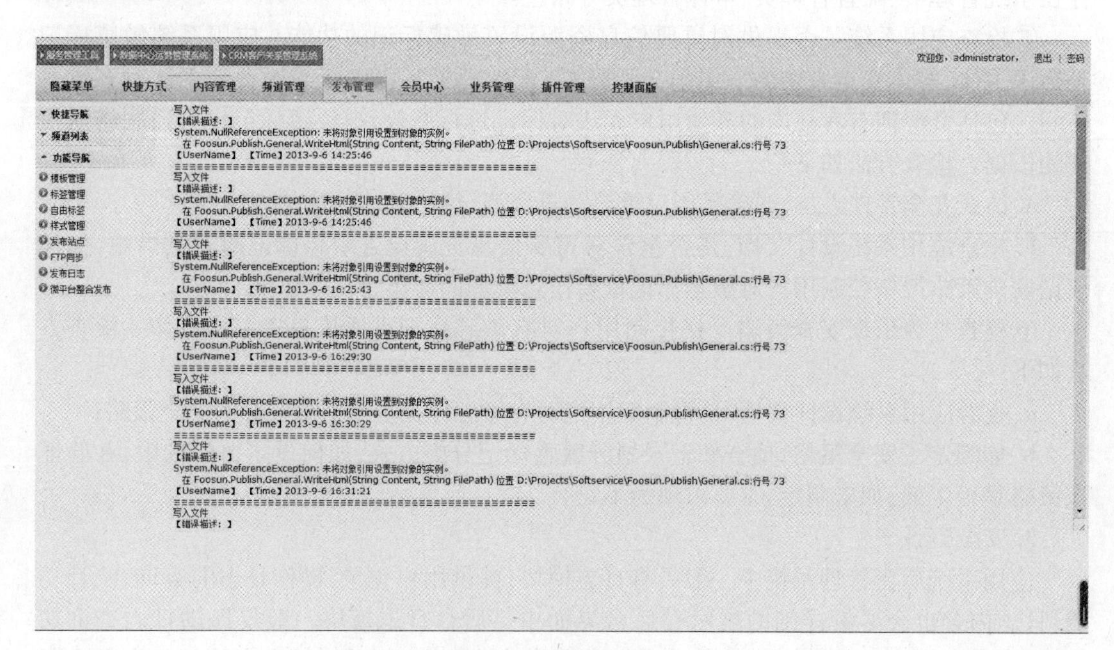

图 9－9　用户发布日志

③检查应用系统日志审计内容是否包括了时间、日期、类型、描述和结果等信息。检查方法是:以审计管理员账号登录应用系统,查看审计日志记录内容是否包括审计日期、时间、审计类型、发起者信息(如用户名、IP 地址等)、详细描述和结果等。

④检查应用系统是否对审计日志进行统计、查询、分析,并生成审计报表。检查方法如下:

a. 访谈应用管理员,明确是否对应用系统审计记录进行分析并生成审计报表;

b. 如对审计记录进行分析并生成报表,检查近期的日志审计报表是否对安全可疑事件进行分析追踪。

4. 剩余信息保护

剩余信息保护要保护的主要是内存或者硬盘存储空间中的残留数据。内存或者硬盘的存储空间被释放或重新分配给其他用户之前残留数据须完全清空,且不可恢复。但通常情况下,应用系统在用户退出后,不会对内存中残留的应用系统数据进行清理,仍然存储在内存中。

(1)测评指标

剩余信息保护的测评项主要包括以下两点:

①应保证用户鉴别信息所在的存储空间被释放或再分配给其他用户前得到了完全清除,无论这些信息是存放在硬盘上还是在内存中;

②应保证系统内的文件、目录和数据库记录等资源所在的存储空间被释放或重新分配给其他用户前得到了完全清除。

(2)测评实施

①检查应用系统的用户鉴别信息所在的存储空间,被释放或再分配前是否得到完全清除。检查方法如下:

a. 查看应用系统设计文档,明确应用系统的用户鉴别信息是否具有独立的存储空间;

b. 检查应用系统是否提供对用户鉴别信息所在存储空间被释放或再分配前,对其进行完全清除的功能;

c. 访谈系统管理员,是否通过第三方工具来实现该功能,如未提供该功能,该要求项为不符合。

②检查系统内文件、目录和数据库记录等资源所在的存储空间,被释放或再分配前是否得到了完全清除。检查方法如下:

a. 查看应用系统设计文档,明确应用系统内文件、目录和数据库记录等资源是否具有独立的存储空间;

b. 检查应用系统是否提供对系统内文件、目录和数据库记录等资源所在存储空间被释放或再分配前,对其进行完全清除的功能;

c. 访谈系统管理员,是否通过第三方工具来实现该功能,如未提供该功能,该要求项为不符合。

5. 通信完整性

应用系统除了通过网络直接与用户传递数据,还会通过中间应用程序节点传递数据,这些数据具有完整性要求,如在交易系统中,涉及银行卡账号、交易明细、身份证、手机号码等敏感信息。为了避免数据在传输过程中被篡改,就必须保证通信的安全性。安全的通信具有以下两个特点:完整性和保密性。在应用系统中一般会采用增加校验位、循环冗余校验(Cyclic Redundancy Check,CRC)的方式来检查数据完整性是否被破坏,或者采用各种散列运算和数字签名等方式实现通信过程中的数据完整性。

(1)测评指标

通信完整性的测评项主要包括应采用密码技术保证通信过程中数据的完整性。

(2)测评实施

检查通信过程中是否采取措施保证数据的完整性。检查方法如下:

a. 查看应用系统设计和验收文档,检查是否包含了对通信过程中数据完整性的要求,是否具有采取措施保证通信完整性的相关描述;

b. 访谈安全管理员,确认在通信过程中是否具有保护数据完整性的措施;

c. 通过工具获取通信双方的数据包,查看通信报文是否存在校验码,尝试篡改通信一方的数据报文发送给另一方,以验证通信另一方是否能够识别。

6. 通信保密性

通信保密性是保证通信过程中数据安全的重要组成部分,它主要是确保数据处于加密状态并不被窃听。在通信过程中,应用系统通常可采用通道加密或端对端加密两种加密方式实现数据的保密性。端对端加密技术一般包括 3DES、AES 和 IDEA,通道加密一般使用 HTTPs 协议、IPSec 协议和 TLS 协议。

(1)测评指标

通信保密性的测评项主要包括以下两点:

①在通信双方建立连接之前,应用系统应利用密码技术进行会话初始化验证;

②应对通信过程中的整个报文或会话过程进行加密。

(2)测评实施

①检查应用系统的通信双方在建立连接之前,是否采用密码技术进行会话初始化验证。检查方法如下:

a. 查看应用系统设计\验收文档,检查在通信双方建立连接之前是否采用密码技术进行会话初始化验证;

b. 访谈安全管理员,在通信双方建立连接之前是否采用密码技术进行会话初始化验证;

c. 使用应用系统漏洞扫描工具对系统进行扫描,检查系统中是否存在"已解密的登录请求"等漏洞。如存在类似漏洞,该要求项为不符合。

②检查应用系统在通信过程中是否采用密码技术对整个报文或会话过程进行加密。检查方法如下:

a. 查看应用系统设计\验收文档,检查在通信过程中是否采用密码技术对整个报文或会话过程进行加密;

b. 访谈安全管理员,在通信过程中是否采用密码技术对整个报文或会话过程进行加密;

c. 针对采用端对端加密方式的应用系统,使用抓包工具抓取通信过程中的数据包,查看数据包的内容,检查是否对数据内容进行加密。

7. 抗抵赖

在通信过程中,可能存在数据原发者不承认已发送的数据,或数据接收者不承认已接收到的数据的情况。因此应用系统需采用抗抵赖的技术手段来防止通信双方否认数据交换，一般采用非对称加密技术（使用 RSA 算法的数字签名、数字证书等）实现。

（1）测评指标

抗抵赖的测评项主要包括以下两点：

①应具有在请求的情况下为数据原发者或接收者提供数据原发证据的功能；

②应具有在请求的情况下为数据原发者或接收者提供数据接收证据的功能。

（2）测评实施

检查是否具有在请求的情况下为数据原发者或接收者提供数据原发和接收证据的功能。

抗抵赖的主要目的是生成、收集和维护已声明事件和动作的证据，并使该证据可以确认该事件或动作，以此来达到不可否认性。检查方法如下：

a. 查看应用系统设计\验收文档，检查应用系统中是否采用数字签名或数字证书；

b. 针对采用数字证书的应用系统，查看并记录数字证书的版本信息、序列号、发行机构、有效期等信息。

8. 软件容错

为了提供整个系统的可靠性，通常在硬件方面采用双机热备或集群的方式，在软件方面主要考虑应用程序对异常输入的检测和处理能力。软件容错主要是软件方面的考虑，验证通过人机接口或通过通信接口输入的数据格式和长度是否符合系统设定，防止用户输入畸形数据导致系统出错，从而影响系统的正常使用。

（1）测评指标

软件容错的测评项主要包括以下两点：

①应提供数据有效性检验功能，保证通过人机接口输入或通过通信接口输入的数据格式或长度符合系统设定要求；

②应提供自动保护功能，当故障发生时自动保护当前所有状态，保证系统能够进行恢复。

（2）测评实施

①检查人机接口或通信接口是否提供数据有效性（数据的格式和长度）检验功能。检查方法如下：

a. 查看应用系统设计文档，检查应用系统是否对人机接口和通信接口输入数据的有效性进行校验；

b. 登录应用系统，验证主要表单及查询输入框是否对输入数据格式、长度进行校验；

c. 使用 WEB 漏洞扫描工具，对应用系统进行漏洞扫描，查看是否存在 SQL 注入、链接注入、框架注入等漏洞，并进行验证。

②检查系统是否提供自动保护功能，当故障发生时，保护当前状态，保证系统能够进行恢复。应用系统的自动保护功能可通过重传和回滚方式实现，检查方法如下：

a. 查看应用系统设计/验收文档，是否具有自动保护功能；

b. 通过测试应用系统，验证系统自动保护功能能否实现。

9. 资源控制

操作系统能够对打开的文件数量、使用的进程数量以及进程使用的内存大小进行一定资源控制，保证系统资源合理有效的使用。同样，应用系统也需有相应的资源控制措施，例如，限制单个用户的多重并发会话、限制系统的最大并发会话连接数等措施。

(1)测评指标

资源控制的测评项主要包括以下七点：

①当应用系统的通信双方中的一方在一段时间内未作任何响应，另一方应能够自动结束会话；

②应能够对系统的最大并发会话连接数进行限制；

③应能够对单个账户的多重并发会话进行限制；

④应能够对一个时间段内可能的并发会话连接数进行限制；

⑤应能够对一个访问账户或一个请求进程占用的资源分配最大限额和最小限额；

⑥应能够对系统服务水平降低到预先规定的最小值进行检测和报警；

⑦应提供服务优先级设定功能，并在安装后根据安全策略设定访问账户或请求进程的优先级，根据优先级分配系统资源。

(2)测评实施

①检查用户一段时间内未作任何响应，另一方是否能够自动结束会话。检查方法如下：

a. 访谈应用系统管理员，询问系统是否提供会话闲置超时功能；

b. 如系统提供会话闲置超时配置功能，查看并记录相应的配置参数，如图 9－10 所示；

c. 如未提供，则查看源代码中是否设置了 Session 超时。

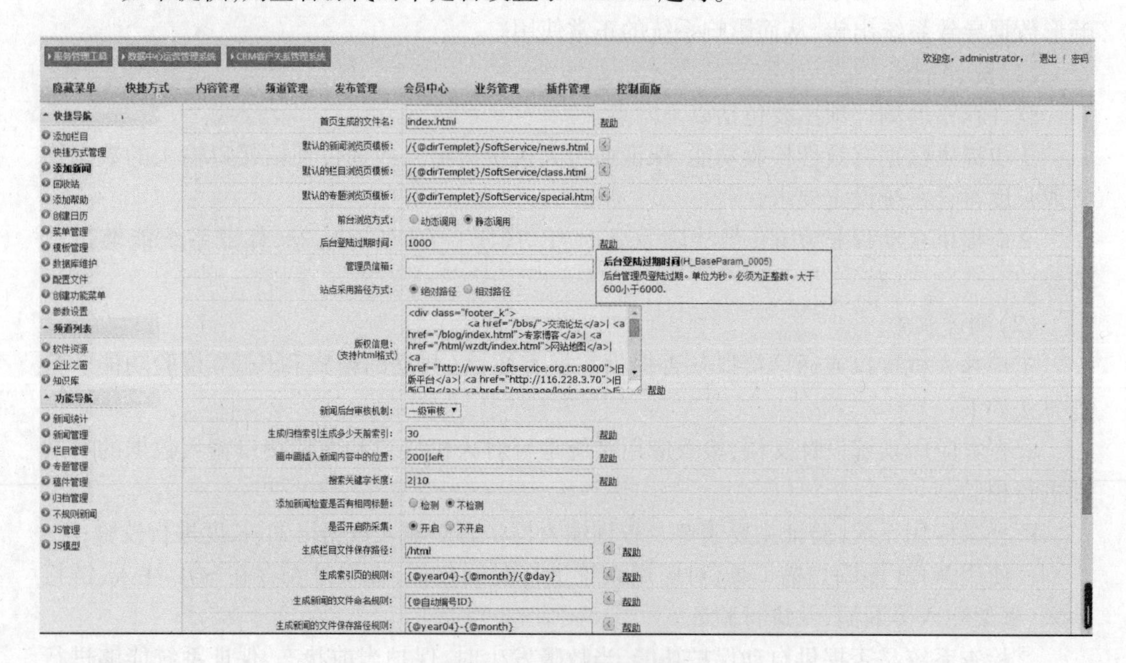

图 9－10　会话闲置超时

②检查是否对最大并发会话连接数进行限制。检查方法如下：

a. 访谈应用系统管理员，询问系统最多支持多少并发的会话连接；

b. 如通过中间件设置系统最大并发连接数，登录中间件，检查并记录相关配置；

c. 如在源代码中对系统最大并发连接数进行限制，检查并记录相关配置。

③检查应用系统是否对单个账户的多重并发会话进行了限制。检查方法如下：

a. 访谈应用系统管理员，系统是否限制单个账户的多重登录；

b. 在条件允许的情况下，使用单个账户进行多重登录，验证单个账户的多重并发限制是否生效。

④检查应用系统是否对一个时间段内可能的并发会话连接数进行了限制。检查方法如下：

a. 访谈应用系统管理员，询问是否对一个时间段内可能的会话连接数进行限制；

b. 如系统对一个时间段内可能的会话连接数进行限制，检查并记录相关配置。

⑤检查应用系统是否能对一个访问账户或一个请求进程占用的资源分配最大限额和最小限额。检查方法如下：

a. 访谈应用系统管理员，询问系统是否对访问用户或请求进程占用的资源分配最大和最小限度进行限制；

b. 如系统对一个访问用户或请求进程占用的资源分配最大限度和最小限度进行限制，检查并记录相关配置。

⑥检查是否能对系统服务水平降低到预先规定的最小值进行检测和报警。检查方法如下：

a. 访谈应用系统管理员，询问是否建立了监控系统，对应用系统的服务水平进行监控；

b. 查看监控系统，当应用系统服务水平降低到预先设定的最小值时，是否能够提供报警功能，查看历史报警记录。

⑦检查是否能根据安全策略设定访问账户或请求进程的优先级，并根据优先级分配系统资源。检查方法如下：

a. 访谈应用系统管理员，询问系统是否提供多个服务，各个服务优先级是否不同；

b. 访谈应用系统管理员，询问系统是否能设置主体的服务优先级，根据优先级分配系统资源；

c. 查看服务优先级是否生效，是否符合安全策略。

9.3.2 WebLogic 测评要素

WebLogic 是一个基于 J2EE 架构的中间件系统，用于开发、集成、部署和管理大型分布式 Web 应用、网络应用、数据库应用，也是操作系统和应用程序之间的桥梁。因此应用系统的安全与中间件的安全息息相关，一旦 WebLogic 存在安全弱点，也会对应用系统造成严重影响。

在 WebLogic 中，通常使用管理控制台定义安全策略的属性来实现系统的安全。在管理控制台中可以设置域、用户与组、访问控制列表、SSL 协议、审计等安全属性。本节以 WebLogic Server 10 为例进行说明。

1. 身份鉴别

身份鉴别主要是确认操作者身份的过程，以确定该用户是否具有访问某种资源的权限，防止攻击者假冒合法用户访问系统资源，保障 WebLogic 的访问策略可靠、有效地执行，保障系统和数据的安全，以及授权访问者的合法利益。

(1)测评指标

身份鉴别的测评项主要包括以下五点：

①应提供专用的登录控制模块对登录用户进行身份标识和鉴别；

②应对同一用户采用两种或两种以上组合的鉴别技术实现用户身份鉴别；

③应提供用户身份标识唯一和鉴别信息复杂度检查功能,保证应用系统中不存在重复用户身份标识,身份鉴别信息不易被冒用;

④应提供登录失败处理功能,可采取结束会话、限制非法登录次数和自动退出等措施;

⑤应启用身份鉴别、用户身份标识唯一性检查、用户身份鉴别信息复杂度检查以及登录失败处理功能,并根据安全策略配置相关参数。

(2)测评实施

本测评项通过配置检查的方式对 WebLogic 安全配置进行检查,可通过查看 Security Configuration 窗口下的 password 标签来进行,具体参考表 9-1。其中 WebLogic 无法提供组合鉴别技术,需采用第三方认证。具体测评实施如下:

表 9-1　口令保护属性

序号	属性名	描述
1	Minimum Password Length	口令的长度,至少为 8 个字符。缺省为 8 个字符
2	Lockout Enabled	是否需要锁住某个登录无效的账号。缺省情况下,该属性被启用
3	Lockout Threshold	当一个用户试图登录到一个用户账户,因口令不对而失败,那么多少次这样的失败登录后将锁住这个账号。在管理员对该账号进行解锁前,或在锁住期限内,该账号一直处于锁住的状态。注意非法登录必须在 LockoutReset Duration 属性所定义期限内。默认为 5
4	Lockout Duration	该属性定义了当某一账户因为在 Lockout Reset Duration 期限内发生非法登录而被锁住后,多长时间内该用户账号不能被使用。默认为 30 min。要解开一个被锁住的用户账号,你必须拥有 weblogic. passwordpolicy 的 unlockuser 权限
5	Lockout Reset Duration	该属性定义了在多长时间里,非法登录某一账号将导致该账号被锁住。当某一账号在该属性定义的时间范围内,被非法登录的次数超过了 Lockout Threshold 属性所定义的值,那么该账号将被锁住

①检查 WebLogic 是否采用了专用的登录控制模块进行登录。WebLogic 默认提供登录控制模块,需用户输入用户名、口令来登录。检查方法如下:

a. 查看是否存在专用的登录控制模块提供用户登录;

b. 检查登录模块是否需要输入用户标识信息和身份鉴别信息;

c. 使用合法账户登录系统,查看是否能够成功登录。

②检查 WebLogic 用户身份鉴别,是否采用了两种或两种以上的组合鉴别技术。WebLogic 自身无法提供两种或两种以上组合鉴别技术,通常利用堡垒机或统一认证服务器对系统管理员进行身份认证,实现 WebLogic 应用系统的多种组合身份鉴别技术。检查方法是:查看是否同时使用两种或两种以上的组合身份鉴别技术(用户知道的信息、用户持有的信息、用户生物特征信息),并验证鉴别技术的有效性。

③检查是否对 WebLogic 用户的身份鉴别信息复杂度进行要求，是否保证了用户身份标识的唯一性。WebLogic 的安全域中每个用户都有唯一的标识。检查方法如下：

a. 登录 WebLogic 控制台，在“Security Realms -> myrealm -> users and groups”中，查看用户身份标识是否具有唯一性；

b. 在“Security Realms -> myrealm -> providers -> DefaultAuthenticator”中，查看 Minimum Password Length 的数值，参考表 9-1。

④检查是否提供登录失败处理功能。WebLogic 系统提供 Security 菜单，默认未配置 Lockout Enabled 参数，需根据安全策略设置合适的配置参数。检查方法是：登录 WebLogic 控制台，在“Security Realms -> myrealm -> User Lock”，查看是否勾选 Lockout Enabled，是否设置 Lockout Threshold（锁定阀值）、Louckout Duration 和 Loukout Reset Duration 的数值，参考表 9-1。

2. 访问控制

Weblogic 提供安全域配置，可以通过轻量级目录访问协议（LDAP）服务器对客户端请求进行验证，目前 WebLogic 服务器支持 LDAP realm V1/LDAP realm V2 两个版本的 LDAP 安全域；也可配置 Windows NT 安全域和 Unix 安全域，Windows NT 安全域使用 Windows NT 域中的账号信息对用户与用户组进行验证，而 Unix 安全域则通过执行一个小程序 wlauth 来查找用户与组并基于用户的 UNIX 登录名与口令来对用户进行身份验证。

Weblogic 也提供了用户和组的概念，使用者可以根据自身需要灵活设置用户名和组，依据安全策略配置访问控制功能。

（1）测评指标

访问控制的测评项主要包括以下六点：

①应提供访问控制功能，依据安全策略控制用户对文件、数据库表等客体的访问；

②访问控制的覆盖范围应包括与资源访问相关的主体、客体及它们之间的操作；

③应由授权主体配置访问控制策略，并严格限制默认账户的访问权限；

④应授予不同账户为完成各自承担任务所需的最小权限，并在它们之间形成相互制约的关系；

⑤应具有对重要信息资源设置敏感标记的功能；

⑥应依据安全策略严格控制用户对有敏感标记重要信息资源的操作。

（2）测评实施

本测评项通过配置检查的方式对 WebLogic 安全配置进行检查。具体测评实施如下所述。

①检查是否启用访问控制功能，依据安全策略控制用户对资源的访问。WebLogic 系统中具有 Security 菜单，提供了 User、Groups，实现了用户和组之间的权限管理。检查方法如下：

a. 访谈系统管理员是否建立了 WebLogic 安全配置策略文档；

b. 登录 WebLogic 控制台，在“Security -> Realms -> myrealm -> Users -> 选择 User -> Groups -> Current Groups -> Applly”中，查看用户所在组的组权限是否按照安全配置策略文档设置。

②检查是否提供用户及角色权限控制，且覆盖资源访问相关的主体、客体及它们之间的操作。WebLogic 系统提供了 Groups 分组功能，可将所有用户分配到不同的权限组。检查

方法是：检查 WebLogic 应用系统，并分别查看特权用户的权限是否进行了分离，如可分为系统管理员、安全管理员、安全审计员，查看他们各自的权限功能。

③检查是否授权主体配置访问控制策略，并严格限制默认账户的访问权限。WcbLogic 安装过程中，默认会创建 weblogic，system，portaladmin，guest 等账号，检查是否禁用或严格限制 weblogic，system，portaladmin，guest 等默认账号的访问权限，检查方法如下：

a. 检查是否设置了独立账户配置相应的访问控制策略；

b. 登录 WebLogic 控制台，在“Security -> Realms -> myrealm -> Users”中，查看是否限制了以下默认账户 weblogic、system、portaladmin、guest 的访问权限。

④检查用户权限是否按照最小权限原则分配，并形成相互制约关系。检查方法是：登录 WebLogic 控制台，在“Security -> Realms -> myrealm -> Users”中，查看是否按照 WebLogic 安全策略配置文档为各个用户配置了最小权限。

⑤检查是否提供对重要信息资源设置敏感标记的功能。敏感标记是标识主体/客体安全级别的一组信息，通过匹配敏感标记以确认是否允许主体对客体的访问。包括资源拥有者在内的其他用户无法对标记进行修改，把敏感标记作为强制访问控制的依据。检查方法如下：

a. 访谈安全管理人员，明确是否对重要信息资源设置了敏感信息标记；

b. 检查相关文档，是否包含对重要信息资源设置敏感标记的安全措施，如何依据安全策略严格控制用户对敏感标记重要信息资源的操作。

⑥检查是否依据安全策略严格控制用户对有敏感标记重要信息资源的操作。检查方法如下：

a. 查看相关文档，是否制定用户对有敏感标记重要信息资源的安全策略；

b. 如制定了安全策略，检查和记录划分敏感标记分类方式，如何设定访问权限，并验证该策略是否生效，如未制定，本要求项为不符合。

3. 安全审计

在 WebLogic 服务器中，可以创建一个审计提供者来接收与处理安全事件布告，如：身份验证请求、失败的或成功的授权以及无效的数字证书等。

(1)测评指标

安全审计的测评项主要包括以下四点：

①应提供覆盖到每个用户的安全审计功能，对应用系统重要安全事件进行审计；

②应保证无法单独中断审计进程，无法删除、修改或覆盖审计记录；

③审计记录的内容至少应包括事件的日期、时间、发起者信息、类型、描述和结果等信息；

④应提供对审计记录数据进行统计、查询、分析及生成审计报表的功能。

(2)测评实施

本测评项通过配置检查的方式对 WebLogic 安全配置进行检查。具体测评实施如下所述。

①检查是否对系统重要安全事件进行了审计，如用户日常操作行为、系统异常事件等，且覆盖到每一个用户。WebLogic 提供了安全审计功能，能够详细记录应用系统、服务器以及本地用户日志。检查方法如下：

a. 登录 WebLogic 控制台，在“Security -> Realms -> myrealm -> Providers -> Auditing”

中,查看是否配置了 Auditor。如有,点击 Auditor,查看 Details 中的 Severity 是否为 FAILURE;

b. 登录 WebLogic 控制台,在"Realms -> Configuration -> General 和 Logging"中,查看是否配置了 Configuration Auditing、Domain File Name、Rotation Type、Limit Number of Retained Log Files 等选项;

c. 登录 WebLogic 控制台,在"Servers -> 选择各个服务器 -> Logging",查看是否为 Server、Domain、HTTP 等标签开启了日志记录。

②检查 WebLogic 是否对审计进程和审计记录进行保护。检查方法如下:

a. 查看当前是否通过设置用户权限或第三方工具等方式对审计进程进行监控和保护,保证无法单独中断审计进程;

b. 查看是否配置日志服务器,若有,则检查日志服务器中是否包含 WebLogic 的审计记录。

③检查 WebLogic 日志审计内容是否包括了时间、日期、类型、描述和结果等信息。检查方法是:查看 WebLogic 审计记录内容是否包含日期、时间、类型、源地址、描述和结果等信息。

④检查 WebLogic 是否对审计日志进行统计、查询、分析,并生成审计报表。WebLogic 未提供对审计日志进行分析并生成审计报表的功能,需通过第三方工具(例如 Style Report)或脚本实现日志数据分析并生成审计报表的功能。检查方法如下:

a. 访谈系统管理员,明确是否对 WebLogic 审计记录进行分析并生成审计报表;

b. 如对审计记录进行分析并生成报表,检查近期的日志审计报表是否对安全可疑事件进行分析追踪等。

4. 剩余信息保护

剩余信息保护要保护的主要是内存或者硬盘存储空间中的残留数据,内存或者硬盘的存储空间被释放或重新分配给其他用户之前残留数据需完全清空,且不可恢复。

(1)测评指标

剩余信息保护的测评项主要包括以下两点:

①应保证用户鉴别信息所在的存储空间被释放或再分配给其他用户前得到完全清除,无论这些信息是存放在硬盘上还是在内存中;

②应保证系统内的文件、目录和数据库记录等资源所在的存储空间被释放或重新分配给其他用户前得到完全清除。

(2)测评实施

①检查 WebLogic 的用户鉴别信息所在的存储空间,被释放或再分配前是否得到完全清除。检查方法如下:

a. 查看相关文档,检查 WebLogic 的用户鉴别信息所在的存储空间被释放或再分配前的处理方法和过程;

b. 访谈系统管理员,是否通过采用第三方工具来实现该功能;

c. 针对采用第三方工具的情况,需根据工具的类型验证其功能是否实现。

②检查系统内文件、目录和数据库记录等资源所在的存储空间,被释放或再分配前是否得到完全清除。检查方法如下:

a. 查看相关文档,检查系统内文件、目录和数据库记录等资源所在的存储空间,被释放或再分配前的处理方法和过程；

b. 访谈系统管理员，是否通过采用第三方工具来实现该功能；

c. 针对采用第三方工具的情况，需根据工具的类型验证其功能是否实现。

5. 通信完整性

WebLogic 在安全域中提供了配置 SSL 协议的功能，可以对要交换的数据进行加密。

(1)测评指标

通信完整性的测评项主要是是否采用了密码技术来保证通信过程中数据的完整性。

(2)测评实施

WebLogic Server 10 提供 SSL 模块，对通信过程中数据进行加密，保证数据的完整性。检查方法如下：

①登录 WebLogic 控制台，在“Servers -> 点击需要管理的服务器名 -> Configuration -> 一般信息”，查看是否启用和配置了 SSL 监听端口；

②在“Keystore & SSL -> Advanced Options”中，查看是否勾选 SSLRejection Logging Enabled；

③在“Keystore Configuration 和 SSL Configuration -> Change”中，查看是否修改默认私有密钥的设置。

6. 通信保密性

WebLogic 在安全域中提供了配置 SSL 协议的功能，可以对要交换的数据进行加密。

(1)测评指标

通信保密性的测评项主要包括以下两点：

①在通信双方建立连接之前，应用系统应利用密码技术进行会话初始化验证；

②应对通信过程中的整个报文或会话过程进行加密。

(2)测评实施

WebLogic Server 10 提供 SSL 模块，对通信过程中数据进行加密，保证整个报文和会话过程的保密性。检查方法如下：

①登录 WebLogic 控制台，在“Servers -> 点击需要管理的服务器名 -> Configuration -> 一般信息”，查看是否启用和配置 SSL 监听端口；

②在“Keystore & SSL -> Advanced Options”中，查看是否勾选 SSLRejection Logging Enabled；

在“Keystore Configuration 和 SSL Configuration -> Change”中，查看是否修改默认私有密钥的设置；

④通过抓包工具，抓包获取登录过程的数据包，查看是否对登录过程中提交的所有数据进行加密传输。

7. 抗抵赖

WebLogic 提供了私钥与数字证书功能。WebLogic 服务器有一个证书请求生成器 servlet，可以用 servlet 创建 CSR，将 CSR 提交给 VeriSign 或 Entrust. net 等证书管理机构，实现抗抵赖的功能。

(1)测评指标

抗抵赖的测评项主要包括以下两点：

①应具有在请求的情况下为数据原发者或接收者提供数据原发证据的功能；

②应具有在请求的情况下为数据原发者或接收者提供数据接收证据的功能。

(2)测评实施

WebLogic Server 10 提供了 Keystore 模块,自定义秘钥库密码短语,并在 SSL 模块中配置私有密钥,同时提供详细的日志记录,记录用户的操作行为,能够对用户行为进行追溯。检查方法如下:

①登录 WebLogic 控制台,在"Servers -> 点击需要管理的服务器名 -> Configuration -> 一般信息",查看是否启用和配置 SSL 监听端口;

②在"Keystore & SSL -> Advanced Options"中,查看是否勾选 SSLRejection Logging Enabled;

③在"Keystore Configuration 和 SSL Configuration -> Change"中,查看是否修改默认私有密钥的设置;

④查看用户操作日志,是否包含日期、时间、源 IP、用户、操作详细信息等,是否能通过这些信息追溯到用户。

8. 软件容错

WebLogic 软件容错主要是软件方面的考虑,验证通过人机接口或通过通信接口输入的数据格式和长度是否符合系统设定,防止用户输入畸形数据导致系统出错,在 WebLogic 中可配置 JMS 模块,自定义报错页面,并提供自动化的 JMS 故障恢复功能。

(1)测评指标

软件容错的测评项主要包括以下两点:

①应提供数据有效性检验功能,保证通过人机接口输入或通过通信接口输入的数据格式或长度符合系统设定要求;

②应提供自动保护功能,当故障发生时能自动保护当前所有状态,保证系统能够进行恢复。

(2)测评实施

本测评项通过配置检查的方式对 WebLogic 安全配置进行检查。

①检查主要人机接口或其他通信接口是否提供数据有效性检验功能,对输入数据的格式、长度进行校验,符合系统设定。检查方法是:登录 WebLogic 控制台,在"mydomain -> Services -> JDBC -> Connection Pools -> Configuration -> Connections",查看是否配置了 Test Frequency、Test Reserved Connections、Test Created Connections、Test Released Connections、Test Table Name 等参数。

②检查系统是否提供自动保护功能,当故障发生时,保护当前状态,保证系统能够进行恢复。检查方法是:查看是否实现自动化的 JMS 故障恢复,是否对 WebLogic JMS 进行了配置。

9. 资源控制

应用系统资源控制一般可通过 WebLogic 服务器来实现,可限制应用系统最大并发会话连接数,登录超时等功能。

(1)测评指标

资源控制的测评项主要包括以下三点:

①当应用系统的通信双方中的一方在一段时间内未作任何响应,另一方应能够自动结束会话;

②应能够对系统的最大并发会话连接数进行限制;

③应提供服务优先级设定功能,并在安装后根据安全策略设定访问账户或请求进程的优先级,根据优先级分配系统资源。

(2)测评实施

本测评项通过配置检查的方式对 WebLogic 安全配置进行检查。具体测评实施如下所述。

①检查用户一段时间内未作任何响应,另一方是否能够自动结束会话。WebLogic 配置文件/WEB-INF/weblogic. xml 提供了闲置时间超时配置功能,默认为 1 小时。检查方法是:在主目录下的/WEB-INF/weblogic. xml 配置文件中,查看是否按照 WebLogic 安全策略配置文档配置合适的 TimeoutSecs 参数,如图 9-11 所示。

```
< session-descriptor >
< session-param >
< param-name > TimeoutSecs < /param-name >
< param-value > 600 < /param-value >
< /session-param >
< /session-descriptor >
```

图 9-11 TimeoutSecs 参数设置

②检查是否对最大并发会话连接数进行限制。WebLogic 提供了最大并发会话连接数的配置功能。检查方法是:查看启动脚本是否存在如下参数,如图 9-12 所示。

```
%JAVA_HOME% \bin\java %JAVA_VM% %MEM_ARGS% %JAVA_OPTIONS%
-Dweblogic. Name = % SERVER_NAME%  - Djava. security. policy = % WL_HOME% \server\lib\
weblogic. policy
-Dweblogic. threadpool. MinPoolSize = 100  - Dweblogic. threadpool. MaxPoolSize = 500
%PROXY_SETTINGS%  %SERVER_CLASS%
```

图 9-12 并发会话连接数

③检查 WebLogic 是否能根据安全策略设定访问账户或请求进程的优先级,并根据优先级分配系统资源。WebLogic 在 config. xml 配置文件中是提供 ThreadPriority 参数。检查方法是:在主目录下的 config. xml 文件中,查看是否按照 WebLogic 安全策略配置文档配置线程的优先级。

9.3.3 数据安全测评要素

数据安全包括数据完整性、数据保密性以及数据备份和恢复,在信息系统中涉及的数据非常多,主要包括用户身份鉴别数据、业务数据、应用系统配置文件、网络/安全设备的配置文件、管理数据等。

1. 数据完整性

为保证各种重要数据在存储和传输过程中免受破坏,应对数据的完整性进行检测,当检测到数据的完整性遭受破坏时,应采取恢复措施对数据进行恢复。

(1)测评指标

数据完整性的测评项主要包括以下两点:

①应能够检测到系统管理数据、鉴别信息和重要业务数据在传输过程中完整性受到破坏,并在检测到完整性错误时采取必要的恢复措施;

②应能够检测到系统管理数据、鉴别信息和重要业务数据在存储过程中完整性受到破坏,并在检测到完整性错误时采取必要的恢复措施。

(2)测评实施

①检查是否能够检测到系统管理数据、鉴别信息和业务数据在传输过程完整性遭受破坏,并在检测到完整性遭受破坏时,采取必要的恢复措施。在数据传输过程中,通过增加校验位、循环冗余校验(Cyclic Redundancy Check,CRC)、传输通道加密、MD5 等方式保证数据完整性,通过数据重传机制实现完整性遭受破坏的数据恢复。检查方法如下:

a. 访谈安全管理员,采用何种技术手段对系统的管理数据、身份鉴别信息和重要业务数据在传输中的完整性进行检测,是否能够在受到破坏后进行恢复;

b. 通过工具获取通信双方的数据包,查看通信报文是否存在校验码,尝试篡改通信一方的数据报文发送给另一方,验证通信另一方是否能够识别。

②检查是否能够检测到系统管理数据、鉴别信息和业务数据在存储过程完整性遭受破坏,并在检测到完整性遭受破坏时,采取必要的恢复措施。检测方法如下:

a. 访谈系统管理员,采用何种技术手段对系统的管理数据、身份鉴别信息和重要业务数据在存储中的完整性进行检测,同时检测到完整性遭受破坏后是否有采取必要的恢复措施;

b. 检查主要数据库系统,是否能够检查到重要业务数据在存储过程中的完整性,可采用数据库审计系统等第三方工具。同时检查在重要的数据库的完整性受到破坏时,是否采取必要的恢复措施。

2. 数据保密性

数据保密性主要从数据的传输和存储两个方面保证各类敏感数据不被未授权的访问,以免造成数据泄露。

(1)测评指标

数据保密性的测评项主要包括以下两点:

①应采用加密或其他有效措施实现系统管理数据、鉴别信息和重要业务数据传输保密性;

②应采用加密或其他保护措施实现系统管理数据、鉴别信息和重要业务数据存储保密性。

(2)测评实施

①检查是否采用加密或其他措施保证系统管理数据、鉴别信息和业务数据在传输过程中的保密性。检测方法如下:

a. 访谈安全管理员,询问采用何种技术措施实现系统管理数据、鉴别信息和重要业务数据传输的保密性;

b. 使用抓包工具抓取通信过程中的数据包，查看数据包的内容，检查是否对数据内容进行加密。

②检查是否采用加密或其他措施保证系统管理数据、鉴别信息和业务数据在存储过程中的保密性

检测方法如下：

a. 访谈系统管理员，询问采用何种技术措施实现系统管理数据、鉴别信息和重要业务数据存储的保密性；

b. 查看数据库管理系统，检查是否对重要数据信息进行加密存储。

3. 备份和恢复

数据备份是保障数据完整性和可用性的最好方法。通过对数据进行备份能够保证系统数据的完整性，通过数据恢复测试能够保障数据的可用性。同时，硬件的不可用也是造成系统无法正常运行的主要原因，因此有必要为重要设备（如数据库服务器、网络核心交换设备、应用服务器等）设置冗余。在必要的情况下，应为重要系统建立异地灾备系统。常见的数据备份方式包括完全备份、增量备份、差异备份。

（1）测评指标

备份和恢复的测评项主要包括以下四点：

①应提供本地数据备份与恢复功能，完全数据备份至少每天一次，备份介质在场外存放；

②应提供异地数据备份功能，利用通信网络将关键数据定时批量传送至备用场地；

③应采用冗余技术设计网络拓扑结构，避免关键节点存在单点故障；

④应提供主要网络设备、通信线路和数据处理系统的硬件冗余，保证系统的高可用性。

（2）测评实施

①检查是否提供数据备份与恢复功能，并查看数据备份策略。检查方法如下：

a. 访谈系统管理员，是否建立备份和恢复策略文档；

b. 检查备份和恢复策略文档中是否明确备份和恢复测试的对象、频率、方式等内容；

c. 查看数据备份设置和备份记录、恢复测试报告和测试记录，是否严格按照备份和恢复策略执行；

d. 查看重要业务数据备份介质是否已在场外存放。

②检查是否提供异地数据备份功能，并利用通信网络将关键数据定时批量传送至备用场地。检查方法如下：

a. 访谈系统管理员，是否建立异地灾备系统；

b. 查看异地灾备系统，检查数据备份是否利用通信网络定时进行传输。

③网络拓扑结构设计是否采用冗余设计，避免关键节点存在单点故障。检查方法是：查看网络拓扑结构图和网络设计、验收文档，检查是否采用冗余技术，关键节点是否存在单点故障。

④检查网络设备、通信线路和数据处理系统是否存在硬件冗余。检查方法如下：

a. 访谈网络管理员、系统管理员，了解主要网络设备、通信线路和数据处理系统是否存在硬件冗余；

b. 查看主要网络安全设备、数据处理系统是否提供硬件冗余，通信线路是否采用双线路。

第 4 篇　测评管理篇

第 10 章　信息安全管理基础

10.1　概　　述

国际标准化组织 ISO 对信息安全(即信息系统安全)的定义是:“为数据处理系统建立和采取的技术和管理的安全保护。保护计算机硬件、软件、数据不因偶然的或恶意的原因而受到破坏、更改、泄露。”信息安全不仅仅是设备、软件、数据等信息资产安全,更是技术、管理、工程、人员及组织内部环境综合因素组成的安全。人们通常依赖于主机、网络、应用、数据等技术措施保障信息安全,但往往会忽视人员、系统建设和运维等安全管理层面的重要性。而安全管理恰恰是各项技术措施能够发挥作用的重要保障,信息系统安全应是从技术扩展到管理,为实现信息安全目标而进行的计划、组织、指挥、协调和控制等一系统活动。

安全管理(Safety Management)是管理科学的一个重要分支,它是为实现安全目标而进行的有关决策、计划、组织和控制等方面的活动,运用现代安全管理原理、方法和手段,分析和研究各种不安全因素,从技术、组织和管理上采取有力措施,解决和消除各种不安因素,防止事故发生。

信息安全管理体系(Information Security Management System)是组织在整体或特定范围内建立信息安全方针和目标,以及完成这些目标所用方法组成的体系。信息安全管理制度体系(ISMS)主要由总体安全方针和策略、信息安全相关的规章制度、日常行为的操作规程以及记录类文档(运行记录、表单、工单等)构成的四层金字塔体系,如图 10－1 所示。

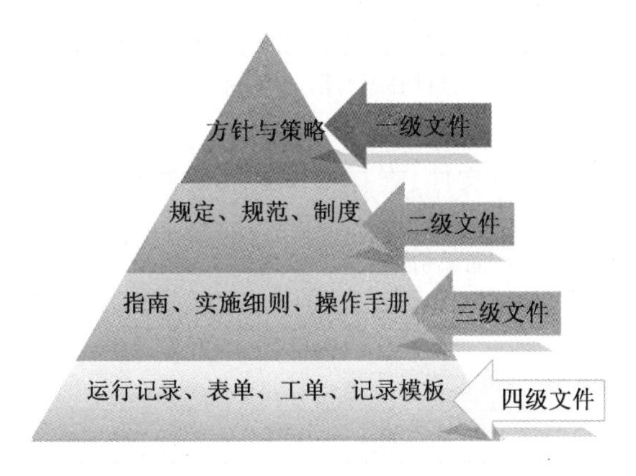

图 10－1　ISMS 的文档层次结构

10.2　测评内容

在 GB/T 22239—2008《信息安全技术 信息系统安全等级保护基本要求》中对信息安全管理提出了等级保护的要求,信息系统的安全管理不仅包含组织的安全管理制度、安全管理架构、人员安全管理,还与系统的安全建设及运维有关。信息安全管理的测评是信息安全等级保护过程中的一项重要内容,它通过检查各类文件、制度、规程以及执行记录等文档,访谈安全主管和物理安全、系统建设、系统运维等相关人员,来验证信息系统是否具备相应的安全保护能力。

信息安全等级保护的测评指标由技术部分和安全管理部分组成,其中安全管理部分的测评指标如下表10-1所示。

表10-1 GB/T 22239—2008中的安全管理测评指标

<table>
<tr><th>安全分类</th><th>安全子类</th><th>测评项数</th><th>备注</th></tr>
<tr><td rowspan="3">安全管理制度</td><td>管理制度</td><td>4</td><td rowspan="14"></td></tr>
<tr><td>制定和发布</td><td>5</td></tr>
<tr><td>评审和修订</td><td>2</td></tr>
<tr><td rowspan="5">安全管理机构</td><td>岗位设置</td><td>4</td></tr>
<tr><td>人员配备</td><td>3</td></tr>
<tr><td>授权和审批</td><td>4</td></tr>
<tr><td>沟通和合作</td><td>5</td></tr>
<tr><td>审核和检查</td><td>4</td></tr>
<tr><td rowspan="5">人员安全管理</td><td>人员录用</td><td>4</td></tr>
<tr><td>人员离岗</td><td>3</td></tr>
<tr><td>人员考核</td><td>3</td></tr>
<tr><td>安全意识教育和培训</td><td>4</td></tr>
<tr><td>外部人员访问管理</td><td>2</td></tr>
<tr><td rowspan="11">系统建设管理</td><td>系统定级</td><td>4</td></tr>
<tr><td>安全方案设计</td><td>5</td><td rowspan="10">详见第11章
系统建设管理</td></tr>
<tr><td>产品采购和使用</td><td>4</td></tr>
<tr><td>自行软件开发</td><td>5</td></tr>
<tr><td>外包软件开发</td><td>4</td></tr>
<tr><td>工程实施</td><td>3</td></tr>
<tr><td>测试验收</td><td>5</td></tr>
<tr><td>系统交付</td><td>5</td></tr>
<tr><td>系统备案</td><td>3</td></tr>
<tr><td>等级测评</td><td>4</td></tr>
<tr><td>安全服务商选择</td><td>3</td></tr>
</table>

表 10－1(续)

安全分类	测评项数	备注	
系统运维管理	环境管理	4	详见第 12 章系统运维管理
	资产管理	4	
	介质管理	6	
	设备管理	5	
	监控管理和安全管理中心	3	
	网络安全管理	8	
	系统安全管理	7	
	恶意代码防范管理	4	
	密码管理	1	
	变更管理	4	
	备份和恢复管理	5	
	安全事件处置	6	
	应急预案管理	5	
小计(S3A3G3)		154	

注：安全分类对应 GB/T 22239—2008《信息安全技术 信息系统安全等级保护基本要求》中的物理安全、网络安全、主机安全、应用安全、数据安全与备份恢复、安全管理制度、安全管理机构、人员安全管理、系统建设管理和系统运维管理 10 个安全要求类别。安全子类是对安全分类的进一步细化，在 GB/T 22239—2008《信息安全技术 信息系统安全等级保护基本要求》目录级别中对应安全分类的下一级目录。

10.3 测评方法

根据 GB/T 28449—2012《信息安全技术 信息系统安全等级保护测评过程指南》，安全管理现场测评的方法主要采用访谈和检查，检查可细分为文档审查、实地查看。

访谈是测评人员通过与被测信息系统有关人员(个人/群体)进行交流、讨论等活动，获取相关证据，了解有关信息。访谈对象涉及信息安全主管、信息安全官、安全管理负责人、人事主管等，了解管理制度体系的建设、管理机构的设置以及人员的录用、离岗、考核、培训与教育等安全管理规范。

检查是测评人员对测评对象的观察、查验、分析等活动，获取证据以证明信息系统安全等级保护措施是否有效。文档审查是对安全方针文件、安全管理制度、安全管理的执行过程文档、系统设计方案、网络设备的技术资料、系统和产品的实际配置说明、系统的各种运行记录文档、机房建设相关资料，机房出入记录等过程记录文档的审查。实地查看是测评人员到系统运行现场通过实地的观察人员行为、技术设施和物理环境状况判断人员的安全意识、业务操作、管理程序和系统物理环境等方面的安全情况，测评其是否达到了相应等级的安全要求。

在信息安全等级保护测评的文档审查和实地查看实施时,不仅要核实所有文档之间的一致性,还需判断实地察看的情况与制度和文档中规定的要求是否一致,所有执行过程记录文档应与相应的管理制度要求保持一致。

10.4 信息安全管理测评要素

随着计算机攻击技术水平不断提高,用户经常处于被动状态,单靠一个人或几个人是无法保障信息系统安全的,并且有些攻击或破坏可能来自于内部人员,所以组织除了要建立信息安全管理体系以外,还应建立一个从上到下的完整的安全组织体系,以达到事事有人管、职责分工明确的工作机制。

安全管理制度在信息系统整个生命周期的各个阶段和环节起着规范性的作用。越来越多的组织建立信息安全管理体系,识别风险、控制风险、减少信息安全事件、保障业务的正常运营,从而实现科学有效的安全管理。从技术上、组织上和管理上采取有力的措施,预防、阻止或减少信息安全故障(事件)的发生。

依据 GB/T 22239—2008《信息安全技术 信息系统安全等级保护基本要求》,安全管理包括安全管理制度、安全管理机构、人员安全管理、系统建设管理、系统运维管理等 5 个方面,因此安全管理的测评也从这 5 个方面进行。

其中系统建设管理、系统运维管理的测评详见第 11 章和第 12 章。

10.4.1 安全管理制度

信息安全管理体系(ISMS)通常由总体安全方针和策略、信息安全相关的规章制度、日常行为的操作规程以及记录类文档(运行记录、表单、工单等)构成的四层金字塔体系。信息安全方针和安全策略是组织信息安全工作的纲领性文件,是组织进行有效安全管理的基础和依据。安全策略应覆盖物理安全、网络安全、主机安全、数据安全、应用安全、系统建设和运维等层面。为较好地落实信息安全管理制度,对系统管理员、网络管理员等各类管理人员或操作人员建立日常操作规程,以指导和规范日常运维人员的操作流程。日常操作规程可以是操作手册、流程图、表单等实施方法或步骤。

在安全管理制度大类中包含管理制度、制定及发布、评审及修订三个安全控制点。信息安全等级保护测评中对信息安全管理制度文件的建立、维护、管理过程进行测评,以访谈和文档审查的形式,访谈了解组织安全管理制度的总体情况以及相应落实程度,审查信息安全的总体方针和安全策略、安全制度的制定及发布、安全制度的评审及修订相应的过程记录文档。其测评指标如表 10-2 所示。

表 10-2 GB/T 22239—2008 中的安全管理制度测评指标

安全分类	安全子类	测评项数
安全管理制度	管理制度	4
	制定和发布	5
	评审和修订	2
小计(S3A3G3)		11

1. 管理制度

组织的安全管理制度应依据当前的法律法规、行业规范以及组织的安全目标，制定相适应的总体方针和安全策略。安全管理应贯穿于信息系统的整个生命周期，随着组织业务的不断发展而不断调整和完善组织的总体方针、安全策略。针对管理制度的测评，通过访谈了解组织安全管理制度的总体情况，如安全管理的目标、方针和策略以及安全框架等内容，审查安全管理活动中的各类管理制度、系统维护手册、用户操作规程以及重要操作的操作规程，是否形成全面的安全管理制度体系。

(1)测评指标

测评指标如下：

①应制定信息安全工作的总体方针和安全策略，说明机构安全工作的总体目标、范围、原则和安全框架等；

②应对安全管理活动中的各类管理内容建立安全管理制度；

③应对要求管理人员或操作人员执行的日常管理操作建立操作规程；

④应形成由安全策略、管理制度和操作规程等构成的全面的信息安全管理制度体系。

测评指标分析：

组织应建立一套由安全策略、管理制度和操作规程等构成的全面信息管理制度体系，应覆盖组织机构、岗位职责、人员管理、系统的建设管理、系统运维管理等层面的安全管理。组织应明确总体方针和安全策略，安全策略应贯穿于物理安全、网络安全、主机安全、数据安全、应用安全、系统建设和运维等层面。

(2)测评实施

测试实施内容如下：

①检查信息安全工作的总体方针和安全策略文件，查看是否已明确组织信息安全工作的总体目标、范围、原则和安全框架等。其测评实施要点见表10-3。

访谈对象：信息安全主管/负责人/信息安全官。

文档审查：信息安全管理手册、安全总体方针、信息安全管理办法、集团标准手册、Information Security Standard、IT policy standards 等。

表10-3 管理制度的测评实施要点1

方法	内容	备注
访谈	了解组织的安全制度体系的构成； 了解信息安全工作的总体方针和安全策略	
检查	文件是否已包括信息安全整体目标、范围、组织管理信息安全的方法、原则和安全框架等内容； 勘查组织的安全策略和方针制定、维护的合理性和可行性，明确这些总体方针和政策是否贯彻落实	

②检查安全管理活动中的各类管理制度，查看其内容是否覆盖到制度管理、机构管理、人员安全管理、系统建设管理、系统运维管理等各类重要安全管理活动。其测评实施要点见表10-4。

访谈对象:信息安全主管/负责人/文档管理员。

文档审查:信息安全管理手册、文件控制制度、组织机构管理制度、人员安全管理制度、系统建设管理制度、系统运维管理制度等。

表 10-4 管理制度的测评实施要点2

方法	内容	备注
访谈	了解组织的安全制度体系的构成; 了解信息安全管理工作的各类管理制度的建立情况	
检查	是否建立完善的安全管理制度对各类信息安全活动进行约束; 制度文件是否已包括制度管理、机构管理、人员安全管理、系统建设管理、系统运维管理等	

③检查日常管理操作的操作规程,查看其内容是否能够满足科技管理人员或操作人员执行日常管理操作。其测评实施要点见表10-5。

访谈对象:信息安全主管/负责人/系统管理员/网络管理员。

文档审查:操作手册,流程表单或实施方法等。

表 10-5 管理制度的测评实施要点3

方法	内容	备注
访谈	了解组织的安全制度体系的构成; 了解操作规程的制定和执行情况	
检查	是否建立物理、网络、主机、应用和数据层面的重要操作规程,如操作系统配置规范、系统维护手册和用户操作规程; 查看各类重要活动的操作规程内容是否覆盖了各个层面以及各项操作规程是否完整	

④检查安全政策、管理制度、操作规程等构成的全面的信息安全管理制度体系。其测评实施要点见表10-6。

表 10-6 管理制度的测评实施要点4

方法	内容	备注
访谈	了解组织的安全制度体系的构成; 了解信息安全管理体系的建立情况,有无第三方咨询公司参与制度体系的制定和评估	
检查	检查安全管理制度体系的完整程度,其内容是否覆盖总体方针、安全策略、管理制度、操作规程等层面; 检查管理制度是否覆盖组织机构、岗位职责、人员管理、系统的建设管理、系统运维管理等层面	

访谈对象:信息安全主管/负责人/系统管理员/网络管理员。

文档审查:信息安全管理手册、安全总体方针、信息安全管理办法、集团标准手册、Information Security Standard、IT policy standards 等。

(3)案例分析

在现场测评过程中,检查该企业的安全方针和安全策略情况、安全管理制度建设情况,如表10-7所示,常见以下几种情形:

①公司依据ISO 27000/BS7799等体系建立和发展信息安全管理体系(ISMS),编制了信息安全总体方针和安全策略、安全管理制度、操作规程以及证据类文件构成信息安全管理体系以指导信息安全工作。公司的总体方针和安全策略与公司的发展方向和业务需求相适应,由各业务部门提出并编制日常操作规程,由综合管理部负责安全管理制度的审核、质量跟踪和监督,每年对安全管理制度进行评审和修订。该公司的业务严格按照安全管理制度的规定和各项规程实施。

②某集团有若干个子公司,其中上海子公司负责信息系统的运维、客户接入等,基于集团的信息安全总体方针和安全策略,结合自身的业务范围,制定了一套符合业务需求、安全需求的信息安全管理体系,指导上海子公司工作的开展。由专人负责安全管理体系的日常维护,跟踪业务部门提出的需求,定期修订安全管理制度。

③S公司规模较小,业务领域比较单一,不重视信息安全管理,没有清晰的信息安全管理制度,也没有相应的职能部门或责任人负责安全管理制度建立、跟踪、修订、评审等。对于信息系统的建设和运行维护的操作没有相应的指导实施规程,由系统管理员身兼机房管理员、设备管理员、安全管理员等多个职责,由于系统管理员权限较大,容易出现误操作或越权操作,操作记录不够完善,对人员操作行为无法有效追溯。

表10-7　管理制度的案例测评结果分析

安全子类	标准要求	测评分析
安全管理制度	应制定信息安全工作的总体方针和安全策略,说明安全工作的总体目标、范围、原则和安全框架等,并编制形成信息安全方针制度文件	情形一:符合 情形二:符合 情形三:不符合
	应对安全管理活动中的各类管理内容建立安全管理制度	情形一:符合 情形二:进一步跟踪 情形三:不符合
	应对科技管理人员或操作人员执行的日常管理操作建立操作规程	情形一:符合 情形二:进一步跟踪 情形三:不符合
	应形成由安全政策、管理制度、操作规程等构成的全面的信息安全管理制度体系	情形一:符合 情形二:符合 情形三:不符合

2.制定和发布

信息安全管理制度应由指定或专门的部门或人员负责安全管理制度的制定和发布,应有完善的管理制度发布流程、审批流程。安全管理制度制定时应按照统一的格式或要求，安全管理制度发布时应注明适用和发布范围，发布的制度文件应格式统一、规范，有版本控制。安全管理制度管理有收发文登记，做好相应记录。

(1)测评指标

测评指标如下：

①应指定或授权专门的部门或人员负责安全管理制度的制定；

②安全管理制度应具有统一的格式，并进行版本控制；

③应组织相关人员对制定的安全管理进行论证和审定；

④安全管理制度应通过正式、有效的方式发布；

⑤安全管理制度应注明发布范围，并对收发文进行登记。

测评指标分析：

安全管理制度的制定、审批、发布和修订等应规范化、流程化。组织的安全管理制度的维护和运行应指定或授权专门部门或人员进行，对管理制度应进行论证和审核，需有统一的格式、版本控制要求以及注明发布范围。

(2)测评实施

测试实施内容如下：

①查看部门或人员职责文件，明确安全管理制度制定的责任部门或人员。其测评实施要点见表10－8。

访谈对象：信息安全主管/负责人/信息安全官。

文档审查：部门或人员职责、授权文件等。

表10－8　制定和发布的测评实施要点1

方法	内容	备注
访谈	了解组织的安全制度体系制定的负责部门； 了解组织的安全制度体系的日常运行和维护部门	
检查	查阅部门或人员职责、授权文件	

②安全管理制度应具有统一的格式，并进行版本控制。其测评实施要点见表10－9。

访谈对象：信息安全主管/负责人/信息安全官。

文档审查：安全管理制度发布要求、版本控制等。

表10－9　制定和发布的测评实施要点2

方法	内容	备注
访谈	了解组织的安全管理体系版本控制的负责部门； 了解组织的安全管理体系的日常运行和维护部门	
检查	查阅安全管理制度的格式要求； 查阅安全管理制度的版本控制； 查阅安全管理制度格式修订、版本控制的有关记录	

③查看安全管理的论证和审定记录。其测评实施要点见表10-10。
访谈对象：信息安全主管/负责人/信息安全官。
文档审查：论证和审定记录等。

表10-10　制定和发布的测评实施要点3

方法	内容	备注
访谈	了解组织的安全管理体系评审的负责部门； 了解组织的安全制度体系的日常运行和维护部门	
检查	查阅管理制度的评审记录及相关人员的评审意见	

④安全管理制度应通过正式、有效的方式发布。其测评实施要点见表10-11。
访谈对象：信息安全主管/负责人/信息安全官。
文档审查：制度发布流程、发布记录等。

表10-11　制定和发布的测评实施要点4

方法	内容	备注
访谈	了解组织的安全制度体系发布的负责部门； 了解组织的安全制度体系的日常运行和维护部门	
检查	查阅安全管理制度的制定和发布的管理文档； 查看安全管理制度的制定和发布程序、格式要求、版本要求等； 勘查安全管理制度的发布路径、发布的有效性	

⑤安全管理制度应注明发布范围，并对收发文进行登记。其测评实施要点见表10-12。
访谈对象：信息安全主管/负责人/信息安全官。
文档审查：发布范围、收发文登记记录等。

表10-12　制定和发布的测评实施要点5

方法	内容	备注
访谈	了解组织的安全制度体系的发布流程、负责收发文部门、发布范围等； 了解组织的安全制度体系的日常运行和维护部门	
检查	查看安全管理制度发布的审批手续，及适用和发布范围信息； 查看安全管理制度的收发文登记记录	

（3）案例分析

在现场测评过程中，检查该企业的安全方针和安全策略情况安全管理制度的制定和发布情况见表10-13所示，常见以下几种情形：

①某集团公司业务分布区域广泛，在上海和北京设立分公司，该集团提供信息技术处理设施、信息技术系统的开发、获取、建设，分公司主要对信息系统进行运行维护服务。公

司依据 ISO 27000/BS7799 等体系建立和发展信息安全管理体系(ISMS),指定了安全管理部门负责安全管理制度的制定和发布,制定了完善的管理制度发布流程、审批流程,通过办公 OA 平台对这些制度的发布、修订、审批、废止等进行管理。安全管理制度要求按照统一的格式进行编写,发布时注明适用和发布范围。

②某子公司经上级母公司授权独立开展电器销售业务,结合自身的业务和发展需要,在母公司的安全管理框架和安全总体目标、方针下,制定了适用于子公司自身业务的管理制度、操作规程、作业指导书及记录类文档。总体框架、安全目标、方针、策略由母公司负责修订和发布,子公司仅对自行制定的管理制度、操作规程、作业指导书及记录类文档进行评审、修订、跟踪和发布。母公司的体系评审在内部审核之前进行,子公司的管理制度评审由办公室主任按需进行,保存在个人电脑内。文件发布的格式遵循母公司的统一模板发布,注明发布范围。作废的受控文件由行政管理中心/相关部门统一收回后,管理人员在作废文件的封面上加盖“作废”章。若需销毁,应在“文件发放回收登记单”的备注栏内予以记录。对于超过保管期限的文件,由行政管理中心/各部门填写“文件记录处置申请单”,经审批后统一销毁。在文档中具有历史版本记录对文档进行版本控制。

③某规模较小的物流公司,专注于物流运输、仓储、供应链管理业务,公司与某电商平台建立物流合作业务。该公司的核心业务系统经常发生网络攻击,技术部门已向总裁申请安全设备对核心业务系统进行加固,但作用不大。经技术总监对各个业务部门和操作流程的调查,发现人员操作无章可循,其根本原因是业务部门自行制定各自的管理制度,并没有通知到全员。公司没有授权专门的部门负责制定和维护安全管理制度。

表 10-13　制定和发布的案例测评结果分析

安全子类	标准要求	测评分析
制定和发布	应指定或授权专门的部门或人员负责安全管理制度的制定	情形一:符合 情形二:符合 情形三:不符合
	安全管理制度应具有统一的格式,并进行版本控制	情形一:符合 情形二:符合 情形三:进一步跟踪
	应组织相关人员对制定的安全管理进行论证和审定	情形一:进一步跟踪 情形二:符合 情形三:进一步跟踪
	安全管理制度应通过正式、有效的方式发布	情形一:符合 情形二:进一步跟踪 情形三:不符合
	安全管理制度应注明发布范围,并对收发文进行登记	情形一:符合 情形二:符合 情形三:进一步跟踪

3. 评审和修订

信息安全管理制度体系制定和实施后，需对制度体系中的文档制定的合理性和适用性进行评审，以确保信息安全工作符合标准、法律法规以及组织信息安全方针的要求得到有效实施和保持。尤其当信息系统发生重大变更或组织发生重大安全事故、出现安全技术漏洞、技术结构调整等，审核并修订安全管理制度体系的内容，及时更新各项安全控制措施。

信息安全管理制度体系制定和实施后，日常的监督和检查是发现体系运行过程中问题的有效方法。当信息系统发生重大变更或技术结构调整等，需对制度体系中的文档制定的合理性和适用性进行修订，以确保信息安全工作符合标准、法律法规以及组织信息安全方针的要求得到有效实施和保持。

（1）测评指标

测评指标如下：

①信息安全领导小组应负责定期组织相关部门和相关人员对安全管理制度体系的合理性和适用性进行审定。

②应定期或不定期对安全管理制度进行检查和审定，对存在不足或需要改进的安全管理制度进行修订。

测评指标分析：

组织应成立信息安全领导小组，领导小组职责中应包括对安全管理制度体系的合理性和适用性进行审定，且需定期或不定期对管理制度进行评审。

（2）测评实施

测试实施内容如下：

①检查信息安全领导小组的职责，是否定期组织相关部门和相关人员对安全管理制度体系的合理性和适用性进行审定。其测评实施要点见表10－14。

访谈对象：信息安全主管/负责人/信息安全官。

文档审查：信息安全管理手册、信息安全管理办法、集团标准手册、Information SecurityStandard、IT policy standards、信息安全领导小组职责文件等。

表10－14　评审和修订的测评实施要点1

方法	内容	备注
访谈	了解信息安全组织架构的基本情况，应设立专门的信息安全领导小组对安全管理制度体系的合理性和适用性进行审定，应明确最高领导的职责及该安全领导小组的职责	
检查	查看组织架构职责说明文档，应涵盖信息安全领导小组的职责内容； 制定管理制度对制度体系进行审定，应规定审定的内容、周期及流程； 查看评审记录，评审周期和评审内容应符合要求并记录评审意见	

②检查安全管理制度的评审和修订记录。其测评实施要点见表10－15。

访谈对象：信息安全主管/负责人/文档管理员。

文档审查：信息安全管理手册、文件控制制度、组织机构管理制度、人员安全管理制度、系统建设管理制度、系统运维管理制度等。

表 10 – 15　评审和修订的测评实施要点 2

方法	内容	备注
访谈	了解安全管理制度的评审和修订情况	
检查	查看安全管理制度体系的修订要求,应规定修订的周期及流程; 查看修订记录,修订周期和版本控制应符合要求,修订内容应予以记录	

(3)案例分析

在现场测评过程中,检查该企业的信息安全管理体系评审和修订情况,见表 10 – 16 所示,常见以下几种情形:

①公司依据 ISO 27000/BS7799 等体系建立和发展信息安全管理体系(ISMS),编制了信息安全总体方针和安全策略、安全管理制度、操作规程以及证据类文件构成信息安全管理体系以指导信息安全工作,在文件控制程序中明确了安全管理体系由信息安全领导小组定期评审,且各项安全管理制度中记录了修订情况。对于规模较大、组织架构相对稳定的企业,为了自身业务和安全的需要,通常建立一套相对成熟的信息安全管理体系,包括信息安全总体方针和安全策略、安全管理制度、操作规程以及证据类文件的安全管理文件,以进一步规范企业的内部管理机制和安全管理要求。集团或公司建立独立的团队或部门负责安全管理体系运行和维护,在制度发布前由相关部门及人员对管理制度的有效性、适宜性、规范性等进行评审。

②集团分公司直接引用集团总公司的信息安全管理体系来指导和规范本企业的信息安全工作。或者集团分公司基于集团总公司的信息安全管理体系,结合本企业自身的业务和要求,制定适用于企业自身的信息安全管理体系。每三年集团对分公司的信息安全管理体系的合理性和适用性进行评审,每年由分公司内部组织信息安全领导小组对体系进行评审。

③组织规模较小分公司,缺少安全方面的纲领性文件且部分管理制度、操作规程、记录类文档不够完善,建立信息安全管理制度体系不够全面的,制度的评审和修订并未规范化。

表 10 – 16　评审和修订的案例测评结果分析

安全子类	标准要求	测评分析
评审和修订	信息安全领导小组应负责定期组织相关部门和相关人员对安全管理制度体系的合理性和适用性进行审定	情形一:符合 情形二:符合 情形三:不符合
	应定期或不定期对安全管理制度进行检查和审定,对存在不足或需要改进的安全管理制度进行修订	情形一:符合 情形二:进一步跟踪 情形三:不符合

10.4.2 安全管理机构

在信息安全等级保护中的安全管理机构主要是指组织内与信息系统相关的部门、人员、成立的委员会或安全小组等，是一个统一指挥、协调有序、组织有力的安全管理机构。该安全管理确保信息安全管理得以实施，并通过构建从信息安全决策层、到管理层及执行层或具体业务运营层的组织体系来明确各个岗位的安全职责，为安全管理提供组织上的保证。

在安全管理机构大类中包含岗位设置、人员配备、授权和审批、沟通和合作、审核和检查五个安全控制点。信息安全等级保护中对安全管理机构的设立、人员岗位职责、与外联单位的联系和内部检查汇报进行测评的方式，以访谈和检查文档的方式为主。其测评指标如表 10－17 所示。

表 10－17　GB/T 22239—2008 中的安全管理机构测评指标

安全分类	安全子类	测评项数
安全管理机构	岗位设置	4
	人员配备	4
	授权和审批	4
	沟通和合作	5
	审核和检查	4
小计（S3A3G3）		21

1. 岗位设置

岗位设置的测评主要从管理岗位的设置，各个部门岗位的职责要求以及分工和具体技能要求进行测评，包括信息安全工作委员会或领导小组及信息安全管理工作的职能部门的设立，安全主管、安全管理层各个方面负责人和管理岗位的职责、分工和技能要求。针对岗位设置的测评，通过访谈了解组织职能部门设立的情况、各岗位职责以及其人员分工和技能要求，审查岗位职责的内容以及实施情况。

（1）测评指标

测评指标如下：

①应设立信息安全管理工作的职能部门，设立安全主管、安全管理各个方面的负责人岗位，并定义各负责人的职责；

②应设立系统管理员、网络管理员、安全管理员等岗位，并定义各个工作岗位的职责；

③应成立指导和管理信息安全工作的委员会或领导小组，其最高领导由单位主管领导委任或授权；

④应制定文件明确安全管理机构各个部门和岗位的职责、分工及技能要求。

测评指标分析：

在设立信息安全管理工作的职能部门时，应明确安全负责人职责；人员岗位设置时，应区分系统管理员、网络管理员、安全管理员等岗位，明确岗位职责，避免出现非法授权、误操作等安全隐患；部门、安全负责人及其岗位的职责、分工和技能要求应形成文件。

（2）测评实施

测试实施内容如下：

①检查信息安全管理工作职能部门的岗位职责文件，查看是否设立安全主管和安全管理各个方面的负责人岗位，并明确各负责人的职责。其测评实施要点见表10－18。

访谈对象：信息安全主管/信息安全官/安全管理负责人。

文档审查：信息安全组织机构、信息安全组织架构及工作简介、信息安全组职能等。

表10－18　岗位设置的测评实施要点1

方法	内容	备注
访谈	了解组织是否设立了专职的安全管理机构（即信息安全管理工作的职能部门）； 了解组织的部门设置情况； 了解安全管理职能部门的人员岗位设置情况	
检查	查看信息安全管理工作职能部门的岗位职责文件，应明确定义组织内各个部门的职责分工、安全管理各个岗位人员职责范围； 查看安全管理职能部门执行日常管理工作的记录	

②检查组织信息安全管理工作职能部门岗位职责文件，应划分系统管理员、网络管理员、安全管理员等岗位，明确各个工作岗位的职责。其测评实施要点见表10－19。

访谈对象：信息安全主管/安全管理某方面的负责人/人事部负责人。

文档审查：信息安全组织机构、信息安全组织架构及工作简介、信息安全组职能等。

表10－19　岗位设置的测评实施要点2

方法	内容	备注
访谈	了解组织内信息安全工作的职能部门设立了哪些工作岗位，各个岗位的职责分工是否明确。	
检查	查看系统管理员、网络管理员、安全管理员等岗位的工作职责	

③检查信息安全工作的委员会或领导小组的成立文件和最高领导授权文件，查看信息安全工作的最高领导应由单位主管领导委任或授权。其测评实施要点见表10－20。

表10－20　岗位设置的测评实施要点3

方法	内容	备注
访谈	了解是否设立指导和管理信息安全工作的委员会或领导小组，其最高领导应由单位主管领导委任或授权的人员担任。	
检查	查看信息安全工作委员会或领导小组的成立文件，是否明确最高领导由单位主管领导委任或授权； 查看部门、岗位职责文件是否明确信息安全管理委员会或领导小组的职责	

访谈对象:信息安全主管/信息安全官。

文档审查:信息安全工作委员会或领导小组成立文件、部门和岗位职责文件等。

④检查安全管理机构和各个部门岗位职责、分工和技能要求的文件。其测评实施要点见表10－21。

访谈对象:信息安全主管/负责人。

文档审查:部门、岗位职责文件等。

表10－21　岗位设置的测评实施要点4

方法	内容	备注
访谈	了解安全管理机构各个部门和岗位的设立情况及相应职责	
检查	查看部门、岗位职责文件,应明确委员会的职责和安全管理机构的职责以及机构内各部门的职责和分工; 查看岗位职责文件,应明确设置安全主管、安全管理各个方面的负责人、机房管理员、系统管理员、网络管理员、安全管理员等各个岗位的职责范围,及其岗位人员的技能要求	

(3)案例分析

以下为某企业直线型组织结构的安全管理架构图,如图10－2所示。

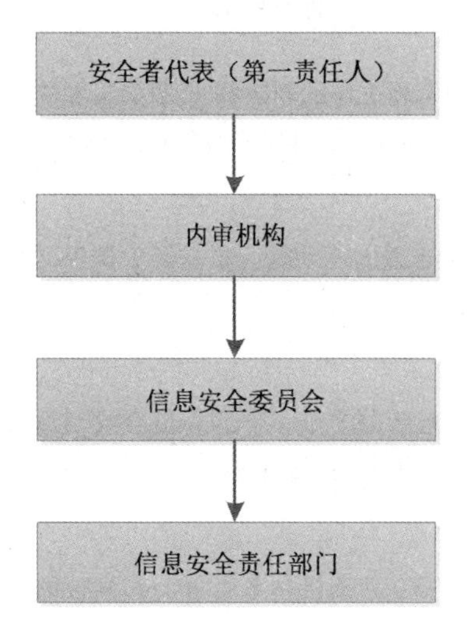

图10－2

在现场测评过程中,检查组织的信息安全工作委员会或领导小组的成立文件和工作内容、安全管理职能部门的岗位设置和职责要求,见表10－22所示,常见以下几种情形:

①某外资企业提供信息系统的规划、定制开发、流程管理等服务,其总部位于香港,在中国的上海、北京等城市设立分支机构,由其分支机构对信息系统进行运行维护。该企业在总部已设立安全领导小组,由副总经理担任安全领导小组最高负责人,已经建立和指定某职能部门负责本企业总部和各分支机构的信息安全管理工作,各分支机构的最高负责人是安全领导小组的成员之一。该分支机构的安全管理由总部指定的职能部门进行监督与

管理。

②某集团业务规模逐渐扩大,为发展核心业务,单独成立一个技术服务公司为集团内其他业务提供技术支持。今年,该技术服务公司开发了一套财务管理系统,测试完成后部署到集团生产环境供集团财务人员使用,该财务管理系统已上报公安机关定级备案,并委托第三方测评机构对该信息系统实施测评。由于该公司内分支机构的组织形式、业务范围、运营方式与集团存在较大差异,故建立了一个独立的、适用于本公司自身的安全工作组织机制,并设立有安全主管、安全管理各个方面的负责人岗位,负责人职责明确。该公司的组织形式仍继承总部,系统监控、设备维护等安全管理工作也向集团汇报。

③某创业团队于2014年开发了一个团购商城应用系统,在一家大型电子商务公司的风险投资下成立了一个创业公司,自该系统上线后业务发展迅速。公司开始只有几个创业合伙人,现发展到20人,设置总经理(1人)、副总经理(1人)、技术部门(10人)、行政部门(包括财务岗、招聘岗、采购岗等共计8人),其中技术部门主要为开发、测试和运维人员。在实际工作中由于组织结构分配不健全、绩效考核无效等管理原因,各职能部门和岗位没有发挥有效的工作职能。当信息系统需要进行变更时,经常会发生系统管理员说:“变更操作不归我管”,应用管理员说:“系统管理员不更新,我的操作没有意义”等情况。系统变更工作一片混乱,无法落实信息安全责任。

表10-22　岗位设置的案例测评结果分析

安全子类	标准要求	测评分析
岗位设置	应设立信息安全管理工作的职能部门,设立安全主管、安全管理各个方面的负责人岗位,并定义各负责人的职责	情形一:符合 情形二:符合 情形三:不符合
	应设立系统管理员、网络管理员、安全管理员等岗位,并定义各个工作岗位的职责	情形一:进一步跟踪 情形二:进一步跟踪 情形三:部分符合
	应成立指导和管理信息安全工作的委员会或领导小组,其最高领导由单位主管领导委任或授权	情形一:符合 情形二:进一步跟踪 情形三:不符合
	应制定文件明确安全管理机构各个部门和岗位的职责、分工和技能要求	情形一:进一步跟踪 情形二:进一步跟踪 情形三:不符合

2. 人员配备

配备信息安全管理岗位人员是保证每项管理工作都能顺利实施的基础。合理配备各岗位人员,既可以减少人员失误或失职现象的发生,也可以节约人力资源成本。针对人员配备的测评,可通过访谈了解各管理岗位人员的配备数量,包括关键事务岗和安全管理员的配备情况;审查岗位与人员对应关系表,检查其各管理岗位和关键事务岗配备的专、兼职人员情况。

(1)测评指标

测评指标如下：

①应配备一定数量的系统管理员、网络管理员、安全管理员等；

②应配备专职安全管理员，不可兼任；

③关键事务岗位应配备多人共同管理。

测评指标分析：

在配备信息安全管理员岗位时，应该区分系统管理员、网络管理员、安全管理员等岗位。安全管理员岗位尤其重要，应设置为专职专岗且不兼任。这些关键岗位的人员不仅需要备岗，而且应配备多人共同管理，关键岗位的数量应与公司和信息系统规模相匹配。

(2)测评实施

测试实施内容如下：

①检查是否配备一定数量的系统管理员、网络管理员、安全管理员等。其测评实施要点见表10－23。

访谈对象：信息安全主管/人事负责人/部门负责人。

文档审查：组织机构管理制度、岗位与人员对应关系表、管理人员名单等。

表10－23　人员配备的测评实施要点1

方法	内容	备注
访谈	了解各个安全管理岗位人员(如机房管理员、系统管理员、网络管理员、安全管理员等重要岗位人员)配备情况	
检查	查看管理人员名单或岗位与人员对应关系表，检查机房管理员、系统管理员、网络管理员、安全管理员等重要岗位人员的配备情况	

②检查安全管理员岗位是否为专职。其测评实施要点见表10－24。

访谈对象：信息安全主管/人事负责人/部门负责人。

文档审查：组织机构管理制度、岗位与人员对应关系表、管理人员名单等。

表10－24　人员配备的测评实施要点2

方法	内容	备注
访谈	了解安全管理员的配备情况，是否是专职	
检查	查看管理人员名单或岗位与人员对应关系表，检查安全管理员是否是专职人员	

③检查关键事务岗位是否配备多人共同管理。其测评实施要点见表10－25。

访谈对象：信息安全主管/人事负责人/部门负责人。

文档审查：组织机构管理制度、岗位与人员对应关系表、管理人员名单等。

表 10 - 25　人员配备的测评实施要点 3

方法	内容	备注
访谈	了解哪些岗位是属于关键事务岗,哪些关键事务岗需要配备 2 人或 2 人以上共同管理	
检查	检查管理人员名单,查看关键岗位是否配备多人	

3. 授权和审批

授权审批体系由组织架构与岗位职责、决策事项的类别和范围及申请、审核与批准的程序三者共同构成。针对授权和审批的测评,通过访谈了解授权与审批制度的设立情况,特别是对重要操作建立审批程序以及定期审查审批事项;审查授权与审批制度文件,查看授权各类审批事项的审批流程,并勘查审批过程性文档和审查审批事项的记录,核实制度执行情况。

(1)测评指标

测评指标如下:

①应根据各个部门和岗位的职责明确授权审批事项、审批部门和批准人;

②应针对系统变更、重要操作、物理访问和系统接入等事项建立审批程序,按照审批程序执行审批过程,对重要活动建立逐级审批制度;

③应定期审查审批事项,及时更新需授权和审批的项目、审批部门和审批人等信息;

④应记录审批过程并保存审批文档。

测评指标分析:

设置了信息安全管理岗位,并为各岗位配备了相应人员,应首先明确授权的审批事项、审批部门和批准人;其次,审批程序设置时,应针对不同的事项建立不同审批程序,重要活动要逐级审批;最后,应定期审查审批事项,发现异常,及时更新需授权和审批的项目、审批部门和审批人等信息。

(2)测评实施

测试实施内容如下:

检查各个部门和岗位的职责文件,查看授权审批事项、审批部门和批准人等信息。其测评实施要点如表 10 - 26。

访谈对象:信息安全主管/安全管理人员。

文档审查:组织机构管理制度、Change Management Policy、审批活动相关的制度(如变更管理、产品采购、机房管理等)等。

表 10 - 26　授权和审批的测评实施要点 1

方法	内容	备注
访谈	了解哪些信息系统活动需要进行审批; 了解组织是否建立办公 OA 平台或审批平台	
检查	查看审批活动相关的制度(如变更管理、产品采购、机房管理等); 确认各项审批事项的审批部门和审批人	

②访谈了解系统变更、重要操作、物理访问和系统接入等重要活动的逐级审批程序，检查重要活动的审批过程及执行记录。其测评实施要点见表10－27。

访谈对象：信息安全主管/安全管理人员。

文档审查：组织机构管理制度、Change Management Policy、审批活动相关的制度（如变更管理、产品采购、机房管理等）、授权审批执行记录等。

表10－27　授权和审批的测评实施要点2

方法	内容	备注
访谈	了解重要活动的审批范围（如系统变更、重要操作、物理访问和系统接入、重要管理制度的制定和发布、人员的配备和培训、产品的采购、外部人员的访问等）； 了解重要活动的审批程序逐级审批流程	
检查	查看文件中是否明确事项的审批程序（如列表说明哪些事项应经过信息安全领导小组审批，哪些事项应经过安全管理机构审批等），是否明确对重要活动进行逐级审批，由哪些部门/人员逐级审批； 查看审批记录，应具有各级批准人的签字或审批部门的盖章	

③检查审批事项的审查要求，查看审批事项的审查记录，其内容包括授权和审批的项目、审批部门和审批人等信息。其测评实施要点见表10－28。

访谈对象：信息安全主管/安全管理人员/内审员。

文档审查：组织机构管理制度、Change Management Policy、审批事项审查记录等。

表10－28　授权和审批的测评实施要点3

方法	内容	备注
访谈	了解审查审批事项的情况	
检查	查看审批事项的审查要求，应对审批事项、审批部门、审批人的变更进行评审； 勘查审查记录与制度文件要求的一致性	

④检查审批过程的执行记录并保存审批文档。其测评实施要点见表10－29。

访谈对象：信息安全主管/安全管理人员/内审员/文档管理员。

文档审查：授权审批执行记录、审批事项的审查记录等。

表10－29　授权和审批的测评实施要点4

方法	内容	备注
访谈	了解审批过程性文档的保存情况，应由专人负责保存	
检查	查看审批程序的记录与文件要求是否一致	

(3)案例分析

在现场测评过程中,检查公司的授权和审批程序,见表 10 – 31 所示,常见以下几种情形:

①C 公司为外资企业,总部设在 N 市。该公司为全球一百多个国家中共约二亿客户提供服务,包括储蓄、信贷、证券、保险和资产管理等金融服务。因该公司业务规模较大、业务分布地区较为广泛,传统的纸质审批单在时间、地理位置上均不能满足日常运维的工作需求。为了避免管理上的漏洞或人员失误,该公司建立了变更审批平台(Virtual change 平台)。员工通过申请变更审批平台账号,经审批同意后,公司为该员工开设了一个平台账号,并分配了员工日常工作所需要的权限。在该平台中实现系统变更等相关活动的逐级审批,对于重要操作、物理访问和系统接入在相关的制度中明确了审批流程。

②Q 教育局为 S 市的区教育局,主要提供面向学生、教师、学校、社会公众的教育及相关信息的发布服务。该教育局使用办公 OA 平台处理审批事项,在该平台中已明确审批部门、批准人、审批程序、审批范围。申请人通过提出需求申请,经逐级审批同意后实施信息系统相关活动。审批过程和审批文档均保存于平台中,以确保授权审批过程的有效性。

③F 公司是一家互联网金融公司,主要业务为第三方支付。该公司自成立以来,逐渐形成一套比较完善的审批制度,制定了各类纸质授权审批单,对重要操作、物理访问和系统变更等活动进行审批,审批记录和审批文档由专人负责保管。审批制度和审批记录由内审部门定期审查,对越权、非法操作等行为进行处罚,并对审批事项的审批人、审批部门进行及时修订。表 10 – 30 是该公司密钥审批记录。

表 10 – 30　密钥审批单

申请部门:________	申请人:________
描　述:	□ 密钥申请　□ 密钥变　□ 密钥销毁 □ 其他: 详细描述:
密钥第一段保管人	
密钥第二段保管人	
密钥生成时间	
生产环境部署时间	
技术部门主管批示	○ 同意　○ 不同意 签字:________
总经理室	○ 同意　○ 不同意 签字:________

表10-31 授权和审批的案例测评结果分析

安全子类	标准要求	测评分析
授权和审批	应根据各个部门和岗位的职责明确授权审批事项、审批部门和批准人等	情形一:符合 情形二:符合 情形三:进一步跟踪
	应针对系统变更、重要操作、物理访问和系统接入等事项建立审批程序,按照审批程序执行审批过程,对重要活动建立逐级审批制度	情形一:符合 情形二:进一步跟踪 情形三:进一步跟踪
	应定期审查审批事项,及时更新需授权和审批的项目、审批部门和审批人等信息	情形一:进一步跟踪 情形二:进一步跟踪 情形三:符合
	应记录审批过程并保存审批文档	情形一:符合 情形二:符合 情形三:符合

4. 沟通和合作

一个组织的信息系统运行可能涉及多个业务部门和外联单位,所以整个信息系统安全工作的顺利完成,需要各业务部门的共同参与和配合,以及外部的支持才能成功。沟通和合作的测评主要包括组织内部各部门之间的相互沟通与协调机制、与外联单位的联系以及聘请安全顾问。针对沟通和合作的测评,通过访谈了解组织内部各部门之间以何种方式进行沟通协调工作、与外联单位的联系情况、是否聘请安全顾问指导和参与信息安全建设规划工作,审查各类会议纪要或记录、外联单位联系列表和安全顾问的聘请文件。

(1)测评指标

测评指标如下:

①应加强各类管理人员之间、组织内部机构之间以及信息安全职能部门内部的合作与沟通,定期或不定期召开协调会议,共同协作处理信息安全问题;

②应加强与兄弟单位、公安机关、电信公司的合作与沟通;

③应加强与供应商、业界专家、专业的安全公司、安全组织的合作与沟通;

④应建立外联单位联系列表,包括外联单位名称、合作内容、联系人和联系方式等信息;

⑤应聘请信息安全专家作为常年的安全顾问,指导信息安全建设,参与安全规划和安全评审等。

测评指标分析:

为处理信息安全问题,应做到“三个加强、一个建立、一个顾问”。三个加强体现在:各类管理人员之间、组织内部机构之间以及信息安全职能部门内部的沟通和会议,兄弟单位、公安机关、电信公司的合作与沟通以及供应商、业界专家、专业的安全公司、安全组织的合作与沟通;建立外联单位联系列表,以便与兄弟单位、公安机关、电信公司、供应商、业界专家、专业的安全公司、安全组织的联系与沟通,此外还需聘请一个常年的安全顾问,并参与安全规划和安全评审等工作。

(2)测评实施

测试实施内容如下:

①了解各类管理人员之间、组织内部机构之间以及信息安全职能部门内部的合作与沟通情况,检查定期或不定期召开的会议纪要。其测评实施要点见表10-32。

访谈对象:信息安全主管/安全管理人员/部门主管。

文档审查:组织机构管理制度、会议纪要或记录(部门内、部门间协调会、领导小组)等。

表10-32　沟通和合作的测评实施要点1

方法	内容	备注
访谈	了解各部门管理人员之间的沟通、合作机制; 了解部门间、安全管理职能部门内部以及信息安全领导小组或者安全管理委员会召开会议的情况	
检查	查看安全工作会议文件或会议记录,应包含会议内容、会议时间、参加人员和会议结果等描述	

②检查外联单位联系列表,查看与兄弟单位、公安机关、电信公司的合作与沟通记录。其测评实施要点见表10-33。

访谈对象:信息安全主管/安全管理人员/部门主管。

文档审查:外联单位联系列表等。

表10-33　沟通和合作的测评实施要点2

方法	内容	备注
访谈	了解与公安机关、电信公司和兄弟单位等的沟通、合作机制	
检查	查看外联单位联系列表,应包含与公安机关、电信公司、兄弟公司等机构的联系人、合作内容和联系方式等内容	

③检查外联单位联系列表,查看与供应商、业界专家、专业的安全公司、安全组织的合作与沟通记录。其测评实施要点见表10-34。

访谈对象:信息安全主管/安全管理人员/部门主管。

文档审查:外联单位联系列表等。

表10-34　沟通和合作的测评实施要点3

方法	内容	备注
访谈	了解与供应商、业界专家、专业的安全公司、安全组织等建立沟通、合作机制	
检查	查看外联单位联系列表,应包含与供应商、业界专家、专业的安全公司和安全组织等机构的联系人、合作内容和联系方式等内容	

④检查外联单位联系列表,内容包括外联单位名称、合作内容、联系人和联系方式等信息。其测评实施要点见表10－35。

文档审查:外联单位联系列表等。

表10－35　沟通和合作的测评实施要点4

方法	内容	备注
检查	查看外联单位联系列表,应包含公安机关、电信公司、兄弟公司、供应商、业界专家、专业的安全公司和安全组织等,是否说明外联单位的名称、联系人、合作内容和联系方式等内容	

⑤检查聘请安全顾问的聘书或证明文件,及参与安全规划和安全评审的记录。其测评实施要点见表10－36。

访谈对象:信息安全主管/安全管理人员/部门主管。

文档审查:聘请信息顾问的聘书或证明文件、安全顾问参与信息安全建设规划和安全评审记录等。

表10－36　沟通和合作的测评实施要点5

方法	内容	备注
访谈	了解是否聘请信息安全专家作为常年的安全顾问	
检查	查看安全顾问名单或者聘请安全顾问的证明文件; 查看安全顾问指导信息安全建设、参与安全规划和安全评审的相关文档或记录	

(3)案例分析

以下是某企业的外联单位联系列表,见表10－37所示:

表10－37　外联单位联系列表

序号	单位名称	合作内容	联系人	联系方式	邮箱	备注
1	公安机关	安全监督	张某	××	××	
2	电信公司	机房服务	李某	××	××	
3	物业	水、电等服务	胡某	××	××	
4	供应商	防火墙设备提供商	陈某	××	××	
5						
……						

通过表10－37可以获悉该企业已经与公安机关、电信公司、供应商等建立了合作与沟通的方式,并形成了外联单位联系清单,清单中包括外联单位名称、合作内容、联系人和联系方式等信息。企业往往会忽略与组织内部机构之间及信息安全职能部门之间召开定期

或不定期的协调会议形式，共同协作处理信息安全问题。企业往往未曾聘请信息安全专家作为常年的安全顾问，指导信息安全建设、安全规划和安全评审等工作。

5. 审核和检查

有效开展日常安全检查和全面检查活动，是能够及时发现系统漏洞、现有安全措施的有效性、安全配置与安全策略的一致性、安全管理制度的落实执行情况，以保证信息系统安全运行状况持续改进，信息安全方针、制度得到贯彻执行的有效措施。针对审核和检查的测评，可通过访谈来了解安全审核和检查制度的建立以及实施情况，并审查安全审核、检查制度和检查报告。

(1)测评指标

测评指标如下：

①安全管理员应负责定期进行安全检查，检查内容包括系统日常运行、系统漏洞和数据备份等情况；

②应由内部人员或上级单位定期进行全面安全检查，检查内容包括现有安全技术措施的有效性、安全配置与安全策略的一致性、安全管理制度的执行情况等；

③应制定安全检查表格实施安全检查，汇总安全检查数据，形成安全检查报告，并对安全检查结果进行通报；

④应制定安全审核和安全检查制度规范安全审核和安全检查工作，定期按照程序进行安全审核和安全检查活动。

测评指标分析：

制定安全审核和安全检查制度，规范安全管理员或内部人员实施安全审核和安全检查工作，并编制安全检查表格，如系统日常运行检查表、系统漏洞检查表、数据备份检查表等。由安全管理员或内部人员落实安全检查工作，或由上级单位对安全技术措施、安全策略、安全管理制度执行全面的安全检查。

(2)测评实施

测试实施内容如下：

①访谈了解安全检查活动的执行情况，核实安全检查内容。其测评实施要点见表10－38。

访谈对象：信息安全主管/安全管理员/内审员。

文档审查：安全审核和检查制度、安全管理员的职责文件等。

表10－38　审核和检查的测评实施要点1

方法	内容	备注
访谈	了解是否组织人员定期对信息系统进行安全检查	
检查	查看安全管理员的职责文件，应包括安全检查活动； 查看检查内容，应包括系统日常运行、系统漏洞和数据备份等	

②访谈了解组织的安全检查活动，检查内容是否覆盖现有安全技术措施的有效性、安全配置与安全策略的一致性、安全管理制度的执行情况等。其测评实施要点见表10－39。

访谈对象：信息安全主管/安全管理员/内审员。

文档审查：安全审核和检查制度等。

表 10 – 39 审核和检查的测评实施要点 2

方法	内容	备注
访谈	了解是否定期进行全面的安全检查	
检查	查看安全检查内容,应包括技术措施有效性和安全管理制度执行情况等方面	

③检查安全检查表及安全检查分析报告,安全检查结果应进行通报。其测评实施要点见表 10 – 40。

文档审查:安全审核和检查制度、安全检查报告、安全检查表等。

表 10 – 40 审核和检查的测评实施要点 3

方法	内容	备注
检查	查看安全检查表格,如信息安全管理情况表、网络安全管理情况表、运行维护管理情况表等; 查看安全检查报告,报告中应具有检查内容、检查时间、检查人员、检查数据汇总表、检查结果等的描述	

④检查是否制定安全审核和安全检查制度来规范安全审核和安全检查工作,检查是否定期按照程序进行安全审核和安全检查活动。其测评实施要点见表 10 – 41。

访谈对象:信息安全主管/安全管理员/内审员。

文档审查:安全审核和安全检查制度等。

表 10 – 41 审核和检查的测评实施要点 4

方法	内容	备注
访谈	了解企业的安全审核和安全检查工作开展情况; 了解企业进行安全审核和安全检查活动的频率	
检查	查看安全审核和安全检查制度,应规定检查内容、检查程序和检查周期等	

(3)案例分析

在现场测评过程中,组织的审核和检查情况,如表 10 – 43 所示,常见以下几种情形:

①D 公司为外资企业,总部设在 B 市,在上海、北京、广州等地建立多个分支机构,业务范围包括商业银行业务、金融产品、经纪业、保险业、股票发行,以及以资产为基础的融资和私人银行业务等。该公司建立了一套相对完整的安全检查制度和安全检查表,包括应用程序的访问权限、安全配置与安全策略的一致性等。公司设有内审部门对信息系统安全进行审计,审计内容涉及网络相连的各个节点/站点的安全设置和用户权限等;并设立本地信息安全官(CISO),负责定期对信息系统进行全面审查,审查内容包括所有应用程序的访问权限、安全配置与安全策略的一致性等。表 10 – 42 是该外资企业的安全检查表样例:

表 10－42　安全检查表样例

部门		责任人		职务	
岗位等级		地点		电话	
终端/服务器/安全设备基本情况					
资产编号		设备/主机名		账号	
硬件情况					
主要检查项目					
信息安全情况	文件状况				
	介质状况				
	联网状况				
	整体安全状况				
检查结论					
检查人签名					
部门意见					
检查日期					
备注	由 D 公司永久保存				

表 10－43　审核和检查的案例测评结果分析

安全子类	标准要求	测评分析
审核和检查	安全管理员应负责定期进行安全检查，检查内容包括系统日常运行、系统漏洞和数据备份等情况	情形一：符合 情形二：符合 情形三：不符合
	应由内部人员或上级单位定期进行全面安全检查，检查内容包括现有安全技术措施的有效性、安全配置与安全策略的一致性、安全管理制度的执行情况等	情形一：符合 情形二：进一步跟踪 情形三：不符合
	应制定安全检查表格实施安全检查，汇总安全检查数据，形成安全检查报告，并对安全检查结果进行通报	情形一：符合 情形二：部分符合 情形三：不符合
	应制定安全审核和安全检查制度规范安全审核和安全检查工作，定期按照程序进行安全审核和安全检查活动	情形一：进一步跟踪 情形二：符合 情形三：不符合

②有些公司成立了信息安全领导小组，由信息安全领导小组最高领导牵头，各个业务部门负责各管辖范围内的安全评估工作实施。公司制定了安全审核和安全检查的工作指

导规范,评估过程涉及安全检查工作,检查内容包括用户账号访问权限、系统日常运行、日志审计、系统漏洞和数据备份等内容,每季度形成汇总安全检查报告,并全员范围内对安全检查结果进行通报。

③一个小规模公司,没有制定安全检查制度,也没有安全检查表,但运维人员会不定期查看系统配置、权限维护等。由于该公司网络可连接外网,系统没有及时升级最新补丁程序,存在安全漏洞,非授权人员利用网络弱点和系统漏洞对系统实施攻击,信息系统中敏感数据被窃取。当发生网络攻击、敏感数据被窃取的安全事故(事件)时,公司无法追溯,无法将损失减少到最小。

10.4.3　人员安全管理

人是保障信息系统安全的关键要素,信息系统生命周期涉及管理人员、开发人员、测试人员、维护人员和业务人员等。如果人员的安全问题与潜在隐患没有得到很好的解决,技术防护措施都将会形同虚设。只有对信息系统相关人员实施科学、完善的管理,才有可能降低人为操作失误所带来的风险,做到"在其位、谋其职、负其责、享其利"。

信息安全等级保护中对人员录用、人员离岗、人员考核、安全意识教育和培训、外部人员访问管理等安全控制环节的测评,主要以访谈和检查文档的方式开展。其测评指标如表10－44所示。

表10－44　GB/T 22239—2008中的人员安全管理测评指标

安全分类	安全子类	测评项数
人员安全管理	人员录用	4
	人员离岗	3
	人员考核	3
	人员意识教育和培训	4
	外部人员访问管理	2
小计(S3A3G3)		16

1.人员录用

员工的安全要求应从聘用阶段就要开始实施,无论是长期聘用、合同员工、临时协议员工等都应在员工聘用合同/协议中,明确说明员工在信息安全方面需要遵守的规定和应承担的安全责任,并在员工的聘用期内实施监督机制。针对人员录用的测评,可通过访谈了解人员录用过程,并查看人员安全管理制度、保密协议、关键岗位人员的安全协议以及背景调查、录用记录、技能考核记录等过程文档。

(1)测评指标

测评指标如下:

①应指定或授权专门的部门或人员负责人员录用;

②应严格规范人员录用过程,对被录用人的身份、背景、专业资格和资质等进行审查,对其所具有的技术技能进行考核;

③应签署保密协议;

④应从内部人员中选拔从事关键岗位的人员，并签署岗位安全协议。

测评指标分析：

由专门的部门或人员负责录用过程，录用前进行筛选、审查和考核。录用后应及时签署保密协议，明确保密范围、保密责任、违约责任、协议有效期；应优先从内部人员中选拔关键岗位人员，如安全主管、系统管理员、网络管理员、安全管理员及由组织自定义的其他关键岗位等岗位，并与其签署岗位安全协议。

(2)测评实施

测试实施内容如下：

①查看部门或人员岗位职责文件，应落实人员录用的责任部门或责任人。其测评实施要点见表10－45。

文档审查：部门或人员岗位职责文件等。

表10－45　人员录用的测评实施要点1

方法	内容	备注
检查	查看组织结构、部门或人员岗位职责文件，应指定或授权专门的部门或人员负责人员录用	

②检查人员录用管理规定，应规范人员录用过程，对被录用人的身份、背景、专业资格和资质进行审查，并对其所具有的技术技能进行考核。其测评实施要点见表10－46。

文档审查：人员安全管理制度、员工手册、背景调查、录用记录、技能考核结果等。

表10－46　人员录用的测评实施要点2

方法	内容	备注
检查	查看人员录用管理规定； 查看被录用人的身份、背景、专业资格和资质文件的审查记录，及人员技能考核结果	

③检查是否签署保密协议。其测评实施要点见表10－47。

文档审查：保密协议等。

表10－47　人员录用的测评实施要点3

方法	内容	备注
检查	查看人员保密协议，应包含保密范围、保密责任、违约责任、协议的有效期限等内容	

④应从内部人员中选拔从事关键岗位的人员，并签署岗位安全协议。其测评实施要点见表10－48。

文档审查：人员安全管理制度、员工手册、关键岗位安全协议等。

表 10－48 人员录用的测评实施要点 4

方法	内容	备注
检查	查看人员安全管理制度，是否明确关键岗位的选拔方式和流程； 查看关键岗位安全协议，应包含岗位安全责任、协议的有效期限等内容	

(3)案例分析

人员录用和人员离岗案例合并分析。

2. 人员离岗

人员离岗包括人员转岗、合同到期、辞职、解雇和退休或其他原因离开岗位，离岗的人员应到组织的人员管理责任部门办理手续，应交还组织的相关证件、门禁卡、钥匙、徽章、办公设备等物品，撤销或禁用访问控制权限。关键岗位需采用保密承诺书等形式承诺保密要求。针对人员离岗的测评，通过访谈了解人员离岗过程，查看人员安全管理制度、撤销或禁用访问控制权限、收回相关物品及设备等的审批和流转记录，以及关键岗位离岗保密承诺书等。

(1)测评指标

测评指标如下：

①应严格规范人员离岗过程，及时终止离岗员工的所有访问权限；

②应取回各种身份证件、钥匙、徽章等以及机构提供的软硬件设备；

③应办理严格的调离手续，关键岗位人员离岗须承诺调离后的保密义务后方可离开。

测评指标分析：

人员在离岗过程中，按照人员离岗程序，组织及时终止该人员的所有访问控制权限，收回相关证件、门禁卡、钥匙、徽章、办公设备等。关键岗位若有保密要求，以满足离岗后的保密承诺。

(2)测评实施

测试实施内容如下：

①检查是否严格规范人员离岗过程，查看离岗人员的所有访问权限。其测评实施要点见表 10－49。

文档审查：人员安全管理制度、员工手册、终止离岗人员访问权限的记录等。

表 10－49 人员离岗的测评实施要点 1

方法	内容	备注
检查	查看人员离岗管理规定； 查看离岗人员的权限撤销或禁用记录	

②查看人员离岗记录，包含相关证件、门禁卡、钥匙、徽章、办公设备等物品的归还记录。其测评实施要点见表 10－50。

文档审查：人员安全管理制度、员工手册、人员离岗清单、人员离岗交接单等。

表 10－50 人员离岗的测评实施要点 2

方法	内容	备注
检查	查看人员离岗记录，包含相关证件、门禁卡、钥匙、徽章、办公设备等物品的审批和归还记录	

③应办理严格的调离手续，关键岗位人员离岗须承诺调离后的保密义务后方可离开。其测评实施要点见表 10－51。

文档审查：人员安全管理制度、员工手册、人员离岗清单、人员离岗交接单、关键岗位离岗保密承诺书等。

表 10－51 人员离岗的测评实施要点 3

方法	内容	备注
检查	查看人员离岗规定； 查看人员调离调岗手续； 查看关键岗位离岗保密承诺书	

（3）案例分析

在现场测评过程中，审查组织的人员录用、人员离岗程序，如表 10－52 和表 10－53 所示，常见以下几种情形：

①某软件企业总部设在上海，公司业务面向长三角经济区，业务范围涉及军用软件开发。该企业制定了健全的人员安全管理制度及控制程序，对录用、离岗、考核、安全意识教育、培训、外部人员访问等人员安全管理的各环节进行规约。制度中明确研发总监、软件架构师、信息安全主管等岗位为关键岗位，并明确关键岗位脱密期为 6 个月。组织设立人力资源部，并配有三名人事专员依据人员安全管理制度及控制程序进行人员录用、人员离岗工作，对人员录用所需的综合能力考核、专业技能笔试、面试等记录进行保存与管理。与所有受聘员工签署保密协议，另与研发总监、软件架构师、信息安全主管等关键岗位员工签署安全岗位协议书。当普通员工正常离岗时，需提前一个月提出申请，并交接工作，到期企业安排综合部派遣专人收回其相关证件、门禁卡、钥匙、徽章、办公设备等物品，撤销其访问控制权限，完成相关程序后方可离岗；当关键岗位员工正常离岗时，提出申请后，企业立即安排信息安全部派遣专人监督其工作交接和人员离岗工作，综合部派遣专人联合监督收回其相关证件、门禁卡、钥匙、徽章、办公设备等物品，完成相关程序，待 6 个月脱密期后，方可离岗；当员工受到开除等惩戒处罚而离岗时，企业立即安排信息安全部、综合部派遣专员当场收回其相关证件、门禁卡、钥匙、徽章、办公设备等物品，并监督其办完相关程序直至其离开公司辖区。

②某民营公司成立 3 年多，主要为航空零部件提供配套服务。为了业务发展需要，启动了 ISO9000、ISO27000 等管理体系的建设，目前处于试运行状态。根据体系的要求建立了人员安全管理制度，指定人事部门负责人员录用、人员离岗工作。设置了生产部长、紧固件的生产主管、飞机零部件精密制造主管等岗位，这些均为重要的生产岗位，但在该公司的制度文件中对关键人员岗位未进行识别，与这些人员未签署保密承诺书、保密安全协议等。人

员录用时对被录用人员进行技术能力考核，人员离岗时撤销所有的人员访问控制权限。

③某私企刚刚成立，员工仅有5人，组织机构不健全，没有建立人员安全管理制度和控制程序。该公司没有部门及岗位划分，除老板外，其余4人均身兼数职且角色重叠。员工录入/离岗工作没有相关控制程序，仅需老板口头确认，即能立即与其办理/解除劳动合同。

表10－52　人员录用的案例测评结果分析

安全子类	标准要求	测评分析
人员录入	应指定或授权专门的部门或人员负责人员录用	情形一：符合 情形二：符合 情形三：不符合
	应严格规范人员录用过程，对被录用人的身份、背景、专业资格和资质等进行审查，对其所具有的技术技能进行考核	情形一：符合 情形二：符合 情形三：不符合
	应签署保密协议	情形一：符合 情形二：不符合 情形三：不符合
	应从内部人员中选拔从事关键岗位的人员，并签署岗位安全协议	情形一：符合 情形二：不符合 情形三：不符合

表10－53　人员离岗的案例测评结果分析

安全子类	标准要求	测评分析
人员离岗	应严格规范人员离岗过程，及时终止离岗员工的所有访问权限	情形一：符合 情形二：符合 情形三：不符合
	应取回各种身份证件、钥匙、徽章等以及机构提供的软硬件设备	情形一：符合 情形二：进一步跟踪 情形三：不符合
	应办理严格的调离手续，关键岗位人员离岗须承诺调离后的保密义务后方可离开	情形一：符合 情形二：部分符合 情形三：不符合

3. 人员考核

各个岗位人员应该掌握本岗位所需具备的基本安全知识和技能，组织应当定期对员工进行考核，关键岗位的人员进行全面的、严格的安全审查。针对人员考核的测评，通过访谈了解人员安全技能及安全认知考核的内容和周期。除此之外，需对关键岗位人员应进行全面的、严格的安全审查。查阅人员安全管理制度、人员考核规定及记录、关键岗位人员安全审查评估记录等。

(1)测评指标

测评指标如下:

①应定期对各个岗位的人员进行安全技能及安全认知的考核;

②应对关键岗位的人员进行全面、严格的安全审查和技能考核;

③应对考核结果进行记录并保存。

测评指标分析:

组织在人员管理相关制度中必须明确规定安全技能及安全考核的内容和要求,根据岗位需求,按年/季/月等周期对岗位人员进行考核。尤其针对关键岗位人员(如安全管理员、系统管理员、网络管理员等),除了一般岗位人员的安全考核内容外,还应考虑与本岗位有关的技能要求,及全面的、严格的安全审查。关键岗位的安全审查包括社会关系、社交活动、操作行为等内容。

(2)测评实施

测试实施内容如下:

①访谈了解人员考核机制,检查是否定期对各个岗位的人员进行技能考核、安全意识和安全认知考核。其测评实施要点见表10-54。

访谈对象:信息安全主管/人事负责人/各部门负责人。

文档审查:人员安全管理制度、员工手册、安全技能考核记录等。

表10-54　人员考核的测评实施要点1

方法	内容	备注
访谈	了解人员考核; 了解人员考核实施情况	
检查	查看人员考核规定; 查看人员安全考核记录,考核内容应包括安全知识、安全技能等	

②访谈了解关键岗位人员的考核要求,关键岗位人员的考核应更加全面、更加严格。其测评实施要点见表10-55。

访谈对象:信息安全主管/人事负责人/各部门负责人。

文档审查:人员安全管理制度、员工手册、安全技能考核记录、关键岗位人员安全审查表等。

表10-55　人员考核的测评实施要点2

方法	内容	备注
访谈	了解关键岗位安全知识、安全技能需求及考核机制; 了解关键岗位的定义及相应职责; 了解关键岗位人员考核实施情况	
检查	查看关键岗位人员的安全审查内容、检查人员安全审查记录; 关键岗位的安全审查包括社会关系、社交活动、操作行为等内容	

③应对考核结果进行记录并保存。其测评实施要点见表 10－56。

访谈对象:信息安全主管/文档管理员。

文档审查:人员考核结果记录等。

表 10－56 人员考核的测评实施要点 3

方法	内容	备注
访谈	了解人员考核记录保存的责任部门; 了解人员考核实施情况	
检查	查看考核人员是否覆盖各个岗位; 查看考核内容和结果记录; 查看关键岗位人员安全审查记录	

(3)案例分析

本章节案例分析与人员意识教育和培训案例合并。

4. 人员意识教育和培训

组织定期开展人员意识教育和培训,普及信息安全基础知识、规范岗位操作、提供安全技能,能够降低误操作带来的系统安全风险,提高人员的技术与管理能力。针对人员意识教育和培训的测评,可通过访谈了解人员安全意识教育和培训内容,以及违反安全策略的惩戒措施,查阅不同岗位的培训计划、培训考核等培训过程记录、员工惩戒记录等来进行。

(1)测评指标

测评指标如下:

①应对各类人员进行安全意识教育、岗位技能培训和相关安全技术培训;

②应对安全责任和惩戒措施进行书面规定并告知相关人员,对违反违背安全策略和规定的人员进行惩戒;

③应对定期安全教育和培训进行书面规定,针对不同岗位制定不同的培训计划,对信息安全基础知识、岗位操作规程等进行培训;

④应对安全教育和培训的情况和结果进行记录并归档保存。

测评指标分析:

组织开展安全意识教育、岗位技能培训、信息安全基础知识、岗位操作规程和相关安全技术等培训,根据岗位需求制定相适应的培训计划,培训记录予以保存。与人员有关的安全责任、违反安全策略和规定的惩戒措施进行宣贯和实施。

(2)测评实施

测试实施内容如下:

①访谈了解人员的安全意识教育、岗位技能培训和相关安全技术培训内容和要求,检查相应培训记录。其测评实施要点见表 10－57。

访谈对象:信息安全主管/人事负责人/各部门负责人/培训主管/文档管理员。

文档审查:人员安全管理制度、员工手册、培训计划、培训记录、培训考核记录等。

表 10-57 人员意识教育和培训的测评实施要点 1

方法	内容	备注
访谈	了解不同岗位的安全教育和培训计划制订、实施情况	
检查	查看不同岗位的培训计划、培训记录、培训考核记录等； 查看各岗位人员的安全技能和意识、岗位技能和相关安全技术的培训记录	

②访谈了解组织的安全责任和惩戒措施的规定和要求，了解安全责任告知方式和惩戒措施，查看相关记录。其测评实施要点见表 10-58。

访谈对象：信息安全主管/人事负责人/文档管理员。

文档审查：人员安全管理制度、员工手册、惩戒告知书、惩戒记录等。

表 10-58 人员意识教育和培训的测评实施要点 2

方法	内容	备注
访谈	了解组织的安全责任和惩戒措施的规定和要求； 了解安全责任告知方式和惩戒措施	
检查	查看安全责任和惩戒措施管理文档； 查看惩戒告知记录和员工惩戒记录	

③查看安全教育和培训的规定、培训计划等。其测评实施要点见表 10-59。

访谈对象：信息安全主管/人事管理专员/文档管理员。

文档审查：人员安全管理制度、员工手册、培训相关过程记录等。

表 10-59 人员意识教育和培训的测评实施要点 3

方法	内容	备注
访谈	了解安全意识教育和培训方面的规范文档	
检查	查看安全教育和培训管理文档； 查看不同岗位的培训计划	

④查看安全教育和培训的情况和结果。其测评实施要点见表 10-60。

表 10-60 人员意识教育和培训的测评实施要点 4

方法	内容	备注
访谈	访谈了解人员培训记录保存的责任部门	
检查	查看培训内容，包含信息安全基础知识、岗位操作规程等； 查看培训记录，包括培训方式、培训对象、培训内容、培训时间和地点等	

访谈对象:信息安全主管/文档管理员。

文档审查:人员安全管理制度、员工手册、培训相关过程记录等。

(3)案例分析

在现场测评过程中,检查公司的人员考核、人员意识教育和培训程序,如表10－61和表10－62所示,常见以下几种情形:

表10－61　人员考核的案例测评结果分析

安全子类	标准要求	测评分析
人员考核	应定期对各个岗位的人员进行安全技能及安全认知的考核	情形一:符合 情形二:不符合 情形三:不符合
	应对关键岗位的人员进行全面、严格的安全审查和技能考核	情形一:进一步跟踪 情形二:进一步跟踪 情形三:不符合
	应对考核结果进行记录并保存	情形一:符合 情形二:部分符合 情形三:不符合

表10－62　人员意识教育和培训的案例测评结果分析

安全子类	标准要求	测评分析
人员意识教育和培训	应对各类人员进行安全意识教育、岗位技能培训和相关安全技术培训	情形一:符合 情形二:部分符合 情形三:不符合
	应对安全责任和惩戒措施进行书面规定并告知相关人员,对违反违背安全策略和规定的人员进行惩戒	情形一:符合 情形二:进一步跟踪 情形三:不符合
	应对定期安全教育和培训进行书面规定,针对不同岗位制定不同的培训计划,对信息安全基础知识、岗位操作规程等进行培训	情形一:符合 情形二:进一步跟踪 情形三:不符合
	应对安全教育和培训的情况和结果进行记录并归档保存	情形一:符合 情形二:部分符合 情形三:不符合

①某企业总部设在上海,公司业务面向长三角经济区,企业设立人力资源部,并且设有人事部门对人员意识教育和培训进行管理。企业信息安全管理体系健全,制定人员安全管理制度对人员考核进行明确规定。人员意识教育和培训按照培训计划按时举办,且严格执行相关规程,所有过程文档均有相关管理人员签名。由各部门主管负责本部门成员的技能培训和KPI考核,每年年底将考核结果提交至人事专员。所有的相关培训计划、培训评价、

培训记录、惩戒记录均备案可查。对于违反安全责任的惩戒措施,并且严格落实。

②某合资企业,因自身发展需要,多次发生股权、所有人、企业发展方向、产品类型等变更情况。该企业没有制定人员考核、人员意识教育和培训的信息安全管理规程,相关人员培训、考核工作未落到实处,仅对安全部门和运维部门开展信息安全意识培训工作,其他各部门在入职培训时宣贯信息安全意识等内容。每年年初制定员工培训计划,但部分培训和考核未按原计划实施,部分培训和考核记录遗失。

③某民营企业,员工共计 10 人,对于人员考核、人员意识教育和培训的管控较为松懈,制度不健全,人员意识教育和培训基本不开展,在外部审核前,才去完善相关记录。

5. 外部人员访问管理

外部人员可以是供应商、安全顾问、外包支持人员、软硬件维护和支持人员、贸易伙伴或合资伙伴,也可以是清洁人员、送餐人员、保安和实习人员。若安全管理不到位,外部人员的访问将给组织带来风险。因此,组织应识别和分析外部人员访问的风险,并采取适当的管理措施。针对外部人员访问管理的测评,可通过访谈了解外部人员访问的管理规范,查阅外部人员访问管理制度以及访问控制记录来进行。

(1)测评指标

测评指标如下:

①应确保在外部人员访问受控区域前先提出书面申请,批准后由专人全程陪同或监督,并登记备案;

②对外部人员允许访问的区域、系统、设备、信息等内容应进行书面的规定,并按照规定执行。

测评指标分析:

组织对外部人员访问进行严格控制,明确外部人员可访问的区域、系统、设备、信息等对象。组织对外部人员进行识别,对访问对象和流程进行控制,对访问过程进行监控,并登记备案。

(2)测评实施

测试实施内容如下:

①检查外部人员访问制度和流程,查看外部访问申请记录和备案记录。其测评实施要点见表 10-63。

访谈对象:信息安全主管/人事负责人/系统管理员/机房管理员/文档管理员。

文档审查:信息安全管理制度、外部人员访问制度、受控区域访问申请单、受控区域访问登记记录等。

表 10-63　外部人员访问管理的测评实施要点 1

方法	内容	备注
访谈	了解外部人员的访问范围和管理措施; 了解外部人员访问的审批流程	
检查	查看外部人员访问管理制度; 查看外部人员访问对象、准入的条件、控制措施等; 查看外部人员访问申请审批记录; 查看外部人员备案登记记录	

②查看外部人员访问管理制度,明确外部人员允许访问的区域、系统、设备、信息等内容。其测评实施要点见表10-64。

文档审查:信息安全管理制度、外部人员访问制度等。

表10-64 外部人员访问管理的测评实施要点2

方法	内容	备注
检查	查看外部人员访问制度; 查看外部人员访问受控区域的申请审批记录; 查看外部人员访问的登记记录	

(3)案例分析

在现场测评过程中,检查组织的外部人员访问管理程序,如表10-65所示,常见以下几种情形:

①某大型国有股份制企业总部设在上海,公司业务暂面向长三角经济区,对外部人员访问进行严格管理。企业建立外部人员访问管理制度,明确技术服务商、外包服务商、实习生等第三方人员安全访问规程,明确要求外部人员访问依据公司的安全访问规定执行。外部人员访问受控区域时先提出书面申请,记录访问人员的身份信息、访问范围、访问事由,经逐级审批,由对应部门或人员全程陪同。

②某企业办公地点设在某园区内,制定人员安全管理制度对外部人员访问进行规定,将技术服务人员和审查人员定义为外部人员,未识别出其他人员(如业务往来人员、监管机构人员、快递员、送餐员等外来人员)。公司对公共区域、办公区域、生产区域、机房等进行了划分,明确外来人员可以访问的区域。技术服务人员和审查人员进入机房等区域前先提出书面申请,总经理批准后由专人全程陪同进入受控区域,并登记备案。

③某民营企业办公地点设在商住两用公寓内,快递人员、送水工可以直接进入办公场所,总经理办公室也可以自由出入。总经理发现有时晚上6点网站服务器宕机,该现象在一个月内多次发生,未找出原因。周一总经理加班,发现保洁阿姨在机房内用吸尘器进行清洁,吸尘器使用了服务器电源。在外来人员访问控制方面,未经允许外来人员可以通过无线接入公司办公网络。

表10-65 外部人员访问管理的案例测评结果分析

安全子类	标准要求	测评分析
外部人员访问管理	应确保在外部人员访问受控区域前先提出书面申请,批准后由专人全程陪同或监督,并登记备案	情形一:符合 情形二:符合 情形三:不符合
	对外部人员允许访问的区域、系统、设备、信息等内容应进行书面的规定,并按照规定执行	情形一:符合 情形二:进一步跟踪 情形三:不符合

第11章　系统建设管理

11.1　概　　述

信息系统的生命周期是指系统从无到有,再到废弃的整个过程,依据系统建设的要求将整个过程分为五个阶段,包括规划、设计、实施、运维和终止。信息系统安全管理和安全措施需贯穿信息系统的整个生命周期,实现信息系统建设与信息安全防护措施"同步规划、同步建设、同步运行"。在信息系统规划阶段需明确系统安全建设的总体目标及安全总体方针,在设计阶段形成安全设计方案,其中包括系统的总体架构设计、网络安全设计及安全功能设计。实施阶段主要包括系统开发、集成、测试、验收、交付等整个过程。系统运维阶段主要侧重于投入运行之后,系统的安全运行和管理。系统终止阶段主要对设备、软件、数据等进行安全处置。

本章主要从系统定级、安全方案设计、产品采购和使用、自行软件开发、外包软件开发、工程实施、测试验收、系统交付、系统备案、等级测评、安全服务商选择各个阶段所涉及的活动进行测评。

11.2　测 评 内 容

在 GB/T 22239—2008《信息安全技术 信息系统安全等级保护基本要求》中对信息安全管理提出了等级保护的要求,信息系统的安全管理不仅包含组织的安全管理制度、安全管理架构、人员安全管理,还与系统的安全建设及运维有关。信息安全管理的测评是信息安全等级保护过程中的一项重要内容,通过检查各类文件、制度、规程以及执行记录等文档,访谈安全主管和物理安全、系统建设、系统运维等相关人员,验证信息系统是否具备相应的安全保护能力。

信息安全等级保护的测评指标由技术部分和安全管理部分组成,系统建设管理部分的测评指标如表 11－1 所示。

表 11－1　GB/T 22239—2008 中的系统建设管理测评指标

安全分类	安全子类	测评项数	备注
系统建设管理	系统定级	4	
	安全方案设计	5	
	产品采购和使用	4	
	自行软件开发	5	
	外包软件开发	4	
	工程实施	3	

表 11－1(续)

安全分类	安全子类	测评项数	备注
系统建设管理	测试验收	5	
	系统交付	5	
	系统备案	3	
	等级测评	4	
	安全服务商选择	3	
小计(S3A3G3)		45	

11.3　测 评 方 法

根据 GB/T 28449—2012《信息安全技术 信息系统安全等级保护测评过程指南》,系统建设管理的现场测评方法参照信息安全管理,采用访谈和检查两种形式,检查可细分为文档审查、实地查看。

在系统建设管理测评过程中,访谈侧重于安全管理人员及软件开发相关人员,了解信息系统软件开发的整个生命周期的安全控制,重点查看重要安全活动过程中的过程类文档、记录类文档,验证和分析文档的完整性、有效性和可行性。在信息安全等级保护测评的文档审查和实地查看实施时,不仅要核实所有文档之间的一致性,还需判断实地查看的情况与制度和文档中规定的要求是否一致,所有执行过程记录文档应与相应的管理制度要求保持一致。

对发现情况一时不能得出判断的,应扩大访谈或检查范围,查找证据材料,并进一步跟踪。

11.4　系统建设管理测评要素

在 GB/T 22239—2008《信息安全技术 信息系统安全等级保护基本要求》中的系统建设管理大类中包括系统定级、安全方案设计、产品采购和使用、自行软件开发、外包软件开发、工程实施、测试验收、系统交付、系统备案、等级测评、安全服务商选择这 11 个安全控制点。它们覆盖了系统建设的设计、规划、开发、验收、交付等整个生命周期,以及系统定级、备案、等级测评等多个等级保护工作的关键阶段。其中,信息系统的定级是等级保护工作的首要环节,是开展备案、建设整改、等级测评等相关工作的重要基础。

11.4.1　系统定级

信息系统定级工作依据《关于开展全国重要信息系统安全等级保护定级工作的通知》(公通字〔2007〕861 号)的要求,按照“自主定级、专家评审、主管部门审批、公安机关审核”的原则实施。系统定级首先应确定定级对象、明确信息系统安全保护等级、组织专家进行评审、经主管部门审批、由公安机关审核后,最终确定该信息系统的安全保护等级。根据定级指南要求,信息系统的安全包括业务信息安全(S)和系统服务安全(A),安全保护的等级由业务信息安全保护等级和系统服务安全保护等级较高者决定。针对系统定级的测评,可通过访谈了解信息系统的整个定级过程以及定级结果论证和审定的情况,并查阅信息系统安全等级保护定级报告、专家评审意见以及主管部门审批记录来进行。

1. 测评指标

测评指标如下:

(1)应明确信息系统的边界和安全保护等级;

(2)应以书面的形式说明确定信息系统为某个安全保护等级的方法和理由;

(3)应组织相关部门和有关安全技术专家对信息系统定级结果的合理性和正确性进行论证和审定;

(4)应确保信息系统的定级结果经过相关部门的批准。

测评指标分析:

根据定级指南要求,安全保护等级由两个定级要素决定:等级保护对象受到破坏时所侵害的客体和对客体造成侵害的程度。定级对象受到破坏时所侵害的客体包括国家安全、社会秩序、公众利益以及公民、法人和其他组织的合法利益。作为定级对象的信息系统的安全保护等级由业务信息安全保护等级和系统服务安全保护等级较高者决定,因此,在定级报告中需明确信息系统的安全保护等级。

信息系统边界用于划分系统与其他系统,确认系统边界即是确定与系统相邻交接部分。在网络拓扑结构图及系统描述中明确信息系统的范围、模块以及相邻系统(第三方接入系统、外联区域及其他系统)的边界划分。定级报告中应对信息系统进行描述,确定信息系统安全保护等级的方法,从与之相关的受侵害客体和对客体的侵害程度可能不同,确定业务信息安全、系统服务安全以及安全保护等级 SxAxGx,说明确定的理由。在确定信息系统安全保护等级后,组织相关部门和有关安全技术专家对定级结果进行论证和审定,保存论证和审定意见。由上级主管部门或公安机关对信息系统的定级结果进行审批,且保存审批记录。

2. 测评实施

测评实施内容如下:

(1)检查信息系统安全等级保护定级报告,查看是否明确信息系统的边界和安全保护等级。其测评实施要点见表 11-2。

访谈对象:信息安全主管/负责人/信息安全官。

文档审查:定级报告、网络拓扑图等。

表 11-2 系统定级的测评实施要点 1

方法	内容	备注
访谈	了解信息系统定级过程、定级范围以及安全保护等级	
检查	查看定级报告中的网络拓扑图、拓扑图描述以及系统模块,查看信息系统的网络及系统边界; 查看定级报告是否依据定级指南,从业务信息安全等级和系统服务安全等级确定安全保护等级	

(2)检查信息系统安全等级保护定级报告,查看系统定级的方法和理由。其测评实施要点见表 11－3。

访谈对象:信息安全主管/负责人/信息安全官。

文档审查:定级报告、网络拓扑图等。

表 11－3 系统定级的测评实施要点 2

方法	内容	备注
访谈	了解信息系统定级过程、定级范围	
检查	查看定级报告中的信息系统描述,确定信息系统的定级理由; 查看定级报告的信息系统安全保护等级的定级方法	

(3)访谈了解信息系统定级结果的论证和审定过程,查看相关部门和专家对定级结果的论证意见。其测评实施要点见表 11－4。

访谈对象:信息安全主管/负责人/信息安全官。

文档审查:定级报告、定级结果的论证意见。

表 11－4 系统定级的测评实施要点 3

方法	内容	备注
访谈	了解信息系统论证和审定过程	
检查	查看定级结果的论证和审定意见	

(4)访谈了解定级结果的审批过程,查看定级结果的审批记录。其测评实施要点见表11－5。

文档审查:定级结果的审批记录。

表 11－5 系统定级的测评实施要点 4

方法	内容	备注
检查	查看定级结果的审批记录	

11.4.2 安全方案设计

根据安全保护需求,结合安全总体设计和安全详细设计,形成安全建设方案,是落实各项安全措施、保障信息系统安全的基础和前提。针对安全方案设计的测评,可通过访谈了解信息系统的安全建设方案设计的整体过程,查看系统的总体设计和详细设计方案及近期和远期的安全建设规划文件,确认业务系统分级策略、数据分类分级策略、区域互连策略和信息流控制策略等安全技术策略,并调阅安全专家的审定意见来进行。

1. 测评指标

测评指标如下:

(1)应根据系统的安全保护等级选择基本安全措施,并依据风险分析的结果补充和调整安全措施;

(2)应指定和授权专门的部门对信息系统的安全建设进行总体规划,制定近期和远期的安全建设工作计划;

(3)应根据信息系统的等级划分情况,统一考虑安全保障体系的总体安全策略、安全技术框架、安全管理策略、总体建设规划和详细设计方案,并形成配套文件;

(4)应组织相关部门和有关安全技术专家对总体安全策略、安全技术框架、安全管理策略、总体建设规划、详细设计方案等相关配套文件的合理性和正确性进行论证和审定,并且经过批准后,才能正式实施;

(5)应根据等级测评、安全评估的结果定期调整和修订总体安全策略、安全技术框架、安全管理策略、总体建设规划、详细设计方案等相关配套文件。

测评指标分析:

安全设计方案的内容主要包括系统的风险及对应的策略、信息系统的总体体系架构及拓扑设计、信息系统的业务流程及逻辑机构设计以及系统在物理、网络、主机、应用、数据以及安全管理层面等方面的不同设计要求、安全要求、性能要求、接口要求等。

对组织的总体安全策略、安全技术框架、安全管理策略、总体建设规划和详细设计方案等配套文件,进行合理性和正确性的论证和审定。根据等级测评、安全评估的结果进行定期调整和修订。

2. 测评实施

测评实施内容如下:

(1)根据系统的安全保护等级选择基本安全措施,依据风险分析的结果补充和调整安全措施。其测评实施要点见表 11-6。

访谈对象:系统建设负责人/安全主管。

文档审查:系统建设方案设计及修订记录等。

表 11-6 安全方案设计的测评实施要点 1

方法	内容	备注
访谈	访谈了解系统的安全保护等级以及系统的基本安全措施; 访谈了解风险评估过程	
检查	查看补充、调整、修订安全措施记录; 查看风险分析结果	

(2)询问是否授权专门的部门对信息系统的安全建设进行总体规划,查看系统的近期和远期的安全建设规划。其测评实施要点见表 11-7。

访谈对象:系统建设负责人/安全主管。

文档审查:部门岗位职责文档、安全建设计划、近期和远期安全建设规划等。

表 11-7 安全方案设计的测评实施要点 2

方法	内容	备注
访谈	了解安全建设总体规划过程,由何部门何人负责实施; 了解系统的近期和远期的安全建设计划制定过程	
检查	查看系统安全建设工作总体规划; 查看近期和远期的安全建设计划; 查看部门岗位职责文档	

(3)询问是否根据信息系统的等级划分情况,统一考虑安全保障体系的总体安全策略、安全技术框架、安全管理策略、总体建设规划和详细设计方案,并查看配套文件之间是否保持一致。其测评实施要点见表11－8。

访谈对象:系统建设负责人/安全主管。

文档审查:总体安全策略、安全技术框架、安全管理策略等相关配套文件。

表11－8　安全方案设计的测评实施要点3

方法	内容	备注
访谈	了解信息系统的等级划分情况,统一考虑安全保障体系的总体安全策略、安全技术框架、安全管理策略、总体建设规划和详细设计方案	
检查	查看系统总体安全策略、安全技术框架、安全管理策略、总体建设规划、详细设计方案等方面内容的文件; 查看多个配套文件,文件内容之间相互保持一致	

(4)查看配套文件的论证评审记录或文档以及机构管理层的审批记录。其测评实施要点见表11－9。

访谈对象:系统建设负责人/安全主管。

文档审查:总体安全策略、安全技术框架、安全管理策略等相关配套文件的审批、论证评审记录。

表11－9　安全方案设计的测评实施要点4

方法	内容	备注
访谈	了解是否组织相关部门和有关安全技术专家对总体安全策略、安全技术框架、安全管理策略等相关配套文件进行论证和审定	
检查	查看配套文件的论证评审记录或文档,和专家意见; 查看各个文件是否有机构管理层的批准	

(5)查看配套文件的修订记录。其测评实施要点见表11－10。

访谈对象:系统建设负责人/安全主管。

文档审查:配套文件的维护记录或修订版本。

表11－10　安全方案设计的测评实施要点5

方法	内容	备注
访谈	了解配套文件的维护周期、维护过程	
检查	查看配套文件的修订记录	

11.4.3　产品采购和使用

在产品采购和使用方面,为确保信息系统所涉及的产品采购符合国家规定、要求和企业自身的安全要求,企业需建立产品采购流程和要求。第三级及以上的信息系统的信息安全产品和密码产品的采购和使用参考信息安全等级保护管理办法(公通字[2007]43号)有关规定。针对产品采购和使用的测评,可通过访谈了解安全产品和密码产品的采购、使用以及符合国家要求的情况,查阅安全产品和密码产品的选型报告、采购过程记录以及符合国家要求的证明文件,并定期审定和更新产品清单来进行。

1. 测评指标

测评指标如下:

(1)应确保安全产品采购和使用符合国家的有关规定;

(2)应确保密码产品采购和使用符合国家密码主管部门的要求;

(3)应指定或授权专门的部门负责产品的采购;

(4)应预先对产品进行选型测试,确定产品的候选范围,并定期审订和更新候选产品名单。

测评指标分析:

信息系统采购和使用的安全产品和密码产品,应选取具有我国自主知识产权的核心技术、关键部件的安全产品,选取经国家密码管理部门批准使用或者准于销售的密码产品。相关要求参考信息安全等级保护管理办法(公通字[2007]43号)。

安全产品包括但不仅限于计算机设备(PC机、笔记本电脑、打印机、电话机、服务器及辅助外设、安全设备及密码产品等),计算机软件,系统软件、应用软件和其他通用软件(包括开发工具、办公自动化等)。组织应指定或授权专门的部门负责采购工作,采购部门或采购人员预先对产品进行选型测试,确定产品的候选范围,并定期审定和更新候选产品名单。

2. 测评实施

测评实施内容如下:

(1)查看安全产品的资质证书,检查安全产品是否符合国家有关规定。其测评实施要点见表11-11。

访谈对象:系统建设负责人/采购主管/采购管理员。

文档审查:安全产品和密码产品的销售许可证、知识产权证等资质证书、采购合同、招投标文件等。

表11-11　产品采购和使用的测评实施要点1

方法	内容	备注
访谈	了解安全产品采购的责任部门、采购流程	
检查	查看安全产品的资质证书,如销售许可证、知识产权证等	

(2)查看密码产品的资质证书,检查密码产品是否符合国家有关规定。其测评实施要点见表11-12。

访谈对象:系统建设负责人/采购主管/采购管理员。

文档审查:安全产品和密码产品的销售许可证、知识产权证等资质证书、采购合同、招投标文件等。

表 11－12　产品采购和使用的测评实施要点 2

方法	内容	备注
访谈	了解密码产品采购的责任部门、采购流程	
检查	查看密码产品的资质证书，如销售许可证、知识产权证等	

（3）查看部门职责文档或授权文件是否明确了产品采购职责部门。其测评实施要点见表 11－13。

文档审查：部门职责文档或授权文件、采购管理制度等。

表 11－13　产品采购和使用的测评实施要点 3

方法	内容	备注
检查	查看采购部门的职责文档； 查看采购部门的授权文件	

（4）通过访谈了解信息系统安全产品和密码产品的采购情况，查看选型测试记录、候选产品范围、定期审定和更新候选产品名单。其测评实施要点见表 11－14。

访谈对象：系统建设负责人/采购主管/采购管理员。

文档审查：候选产品清单、产品选型测试记录、候选产品名单及更新记录等。

表 11－14　产品采购和使用的测评实施要点 4

方法	内容	备注
访谈	了解信息安全产品和密码产品的采购流程、选型过程、测试过程	
检查	查看产品选型测试结果报告； 查看候选产品清单； 查看候选产品的审定记录及更新情况	

3. 案例分析

在现场测评过程中，检查安全产品和密码产品的采购和使用情况，如表 11－15 所示，常见以下几种情形：

（1）某企业规模较大，设立了专门的采购部门，由专人负责安全产品的选型以及测试，产品的使用进行登记备案，定期审定和更新候选清单。今年该公司根据信息安全总体规划，更新了防火墙、入侵检测设备等设备，由采购部门负责。甄选了思科、天融信、H3C、NETGEAR 等安全产品，经过选型测试，选择 H3C SecPath F100 系列部署在信息系统的网络边界处，并配备了 FireWall Manager 防火墙管理系统对 H3C 防火墙进行统一集中管理。组织与供应商签订了采购合同，提供了该安全产品的许可证明。

（2）某企业规模较小，组织指定综合管理部负责本公司的办公产品、计算机设备、辅助设备、易耗品等所有采购工作。对于安全设备的采购，综合管理部缺乏必要的技术能力，将安全设备的采购外包给第三方，综合管理部负责定期审定和更新候选清单。外包服务商提供防火墙、IDS/IPS、监控软件、杀毒软件等产品的采购服务。在合同中明确了外包服务供应商的职责范围、保密条款、交付清单、产品应急响应服务等,并要求外包服务商提供产品的甄选清单、符合国家要求的资质证明、产品测试报告、产品验收报告和技术白皮书等文件。

(3)某企业授权采购部门负责产品的采购,由业务部门提出采购需求,采购部门经总经理批准后确定产品的采购清单,通过内部办公平台进行登记、审批、验收等流转。业务部门负责产品的甄选和识别以及产品性能对比,由采购部门负责价格对比、服务水平对比、售后服务等评审工作,采购策略优先考虑价格因素,其次考虑产品性能。产品交付后一般不进行测试直接投入使用。

表 11-15　产品采购和使用的案例测评结果分析

安全子类	标准要求	测评分析
产品采购和使用	应确保安全产品采购和使用符合国家的有关规定	情形一:符合 情形二:符合 情形三:进一步跟踪
	应确保密码产品采购和使用符合国家密码主管部门的要求	情形一:进一步跟踪 情形二:进一步跟踪 情形三:进一步跟踪
	应指定或授权专门的部门负责产品的采购	情形一:符合 情形二:符合 情形三:符合
	应预先对产品进行选型测试,确定产品的候选范围,并定期审定和更新候选产品名单	情形一:符合 情形二:符合 情形三:部分符合

11.4.4　自行软件开发

自行软件开发是指由组织内专门的开发团队对系统进行独立开发。为保障信息系统的安全性和规范性,需考虑软件开发生命周期中每个阶段的安全性。针对自行软件开发的测评,可通过访谈了解开发环境与实际运行环境的分离情况、软件开发的安全要求、代码编写安全要求以及人员行为准则,查阅软件开发管理制度、软件设计的相关文档、代码编写安全规范以及整个软件开发生命周期的过程文档来进行。

1. 测评指标

测评指标如下:

(1)应确保开发环境与实际运行环境物理分开,开发人员和测试人员分离,测试数据和测试结果受到控制;

(2)应制定软件开发管理制度,明确说明开发过程的控制方法和人员行为准则;

(3)应制定代码编写安全规范,要求开发人员参照规范编写代码;

(4)应确保提供软件设计的相关文档和使用指南,并由专人负责保管;

(5)应确保对程序资源库的修改、更新、发布进行授权和批准。

测评指标分析:

在软件开发过程中,开发环境与实际运行环境物理分开,开发人员和测试人员分离,测试数据和测试结果受控。组织制定详细的软件开发管理制度、编码安全规范指导开发人员实施开发工作,规范开发过程、规范开发人员的安全行为。软件设计文档(如概要设计、详细设计、源代码等)由专人保管、控制使用、测试数据和测试结果应受到控制。组织需对程序资源库的修改、更新、发布进行授权和批准。

2. 测评实施

测评实施内容如下:

(1)访谈了解信息系统的开发环境、测试环境和生产环境的基本情况,查看开发人员和测试人员的职责,以及测试数据和结果的控制记录。其测评实施要点见表11-16。

访谈对象:软件开发人员/测试人员/应用管理员。

文档审查:网络拓扑图、信息科技部门职责文件、测试数据和测试结果的控制记录等。

表11-16 自行软件开发的测评实施要点1

方法	内容	备注
访谈	了解软件开发模式、过程管理及测试运行,是否采用独立的开发、测试、生产坏境; 了解开发团队和测试团队的人员职责情况; 了解测试数据和测试结果的受控情况	
检查	查看网络拓扑图和实际开发环境,确认开发、测试和生产环境是否有效隔离; 查看自主开发软件的编码和测试是否在独立的模拟环境中进行; 查看开发和测试人员的岗位职责; 查看测试数据和测试结果的受控记录	

(2)检查软件开发管理制度是否明确软件需求、设计、实施、测试、验收等开发过程的管理要求以及在各环节中对人员行为的安全要求。其测评实施要点见表11-17。

访谈对象:软件开发人员/测试人员/应用管理员。

文档审查:软件开发管理制度等。

表11-17 自行软件开发的测评实施要点2

方法	内容	备注
检查	查看软件开发管理制度; 查看软件需求、设计、实施、测试、验收等开发过程的具体管理要求; 查看各环节中对人员行为的安全要求	

(3)检查代码编写安全规范,查看人员安全编码规定。其测评实施要点见表11-18。

文档审查:代码安全规范等。

表 11－18　自行软件开发的测评实施要点 3

方法	内容	备注
检查	查看代码安全编写规则； 查看采用的版本控制软件，源代码的修改、更新等维护方式； 查看源代码安全审查记录，核实源代码安全编写的满足情况	

（4）检查软件设计的相关文档（概要设计、详细设计等）和使用指南，查看软件设计文档的受控状态。其测评实施要点见表 11－19。

文档审查：软件设计文档、受控记录等。

表 11－19　自行软件开发的测评实施要点 4

方法	内容	备注
检查	查看软件设计文档（概要设计文档、详细设计文档、源代码说明文档等）、软件使用指南、操作维护手册； 查看软件设计文档的受控标识与记录	

（5）访谈了解程序资源库的管理控制措施，查看程序资源库修改、更新、发布的授权审批记录。其测评实施要点见表 11－20。

访谈对象：软件开发人员/应用管理员。

文档审查：程序变更记录、授权审批记录、发布记录等。

表 11－20　自行软件开发的测评实施要点 5

方法	内容	备注
访谈	了解程序资源库的修改、更新和发布的基本流程	
检查	查看采用的版本控制软件，查看变更记录； 查看开发活动中对程序资源库的修改、更新和发布的授权和审批记录	

3. 案例分析

自行软件开发和外包软件开发可合并分析。

11.4.5　外包软件开发

为降低软件开发成本或者为获得更好的技术经验和资源，一些企业会将软件项目中的全部或部分工作发包给外包服务商完成相应的软件开发活动。针对外包软件开发的测评，通过访谈了解外包开发过程如何保证软件质量和安全，以及软件外包过程的文档控制，查阅软件设计的相关文档、源代码扫描报告以及代码审查记录等。

1. 测评指标

测评指标如下：

(1)应根据开发需求检测软件质量;

(2)应在软件安装之前检测软件包中可能存在的恶意代码;

(3)应要求开发单位提供软件设计的相关文档和使用指南;

(4)应要求开发单位提供软件源代码,并审查软件中可能存在的后门。

测评指标分析:

组织根据软件需求、测试标准、合同要求等行业标准/基线检测开发软件在功能性、可靠性、安全性、效率、易用性、可移植性、可维护性等方面的软件质量。组织要求开发单位提供一套从需求分析、软件设计、项目实施、测试验收至项目交付阶段的开发过程文档和使用指南。对软件包进行恶意代码检测,对源代码进行安全审查,保存检测报告和审查报告。

2. 测评实施

测评实施内容如下:

(1)访谈了解软件产品质量要求,包括软件功能性、可靠性、安全性、可移植性、可维护性、效率等技术指标。其测评实施要点见表11-21;

访谈对象:系统建设负责人/软件开发人员。

文档审查:软件开发需求、系统验收报告、安全测试报告等。

表11-21　外包软件开发的测评实施要点1

方法	内容	备注
访谈	了解软件交付准则; 了解软件产品质量要求	
检查	查看软件开发需求、系统验收报告、安全测试报告等	

(2)查看软件包的恶意代码检测报告。其测评实施要点见表11-22。

访谈对象:系统建设负责人/安全主管/软件开发人员。

文档审查:软件包的恶意代码检测报告等。

表11-22　外包软件开发的测评实施要点2

方法	内容	备注
访谈	了解软件安装之前的安全要求; 了解恶意代码检测工具的使用	
检查	查看软件包的恶意代码检测报告以及发现恶意代码后的处置跟踪情况	

(3)查看软件设计的相关文档和使用指南,包括需求分析说明书、软件设计说明书、软件操作手册等开发过程文档及使用指南、用户手册等。其测评实施要点见表11-23。

文档审查:合同、交付清单、软件操作手册、使用指南等。

表 11-23　外包软件开发的测评实施要点 3

方法	内容	备注
检查	查看与外包商签署的合同,确认服务交付; 查看外包商交付清单; 查看需求分析说明书、软件设计说明书、软件操作手册等开发过程文档及使用指南、用户手册等文档	

(4)审查开发单位提供软件源代码中可能存在的后门。其测评实施要点见表 11-24。

访谈对象:系统建设负责人。

文档审查:软件源代码审查报告、代码走查记录等。

表 11-24　外包软件开发的测评实施要点 4

方法	内容	备注
访谈	了解开发单位是否提供软件源代码; 了解源代码的审查要求	
检查	查看软件源代码审查记录和审查结果	

3. 案例分析

软件开发主要有自行软件开发和外包软件开发两种形式。自行软件开发是指企业自行组织人员进行开发,可以是独立的开发团队;外包软件开发是指企业将软件全部或部分功能发包给外包服务商完成相应的软件开发活动。

在现场测评过程中,检查自行/外包软件开发情况,如表 11-25 所示,常见以下几种情形:

(1)某企业设立独立的开发、测试、运维以及质量管理部门,分别负责信息系统的开发、测试、运维和安全管理工作。组织搭建了开发、测试和生产环境,开发环境和生产环境物理隔离,测试环境与生产环境采用相同配置,构造模拟数据进行测试以避免敏感信息泄露,同时配备了一定数量的测试人员对开发的信息系统进行测试。经验收后,由运维部门负责软件上线和维护。软件开发遵循软件开发管理制度、开发流程规范(SDLC)、代码编写规范、开发人员行为规范,使用 SVN 配置管理工具对过程文档、源代码进行管理和维护,对资源库的修改、更新、发布等活动进行控制,将发现的缺陷记录在缺陷管理工具 Mantis 中。在开发测试过程中,形成需求设计文档、概要设计文档、详细设计文档、接口规范文档、测试验收文档以及用户操作手册等文件,由开发、测试项目组编制并审批后,交付给公司质量管理部门归档备案。系统上线前经过集成测试、系统测试、验收测试、安全测试,并记录结果。

(2)根据业务的发展,某企业需要开发订单管理平台,实现订单下单、查询、支付、修改、提交等业务操作,管理平台分为后台管理和前端应用。前端应用系统委托外包公司开发,并签订一年开发期和半年的维护期。该外包服务商通过软件能力成熟度模型 3 级(CMMI 3)认证,有专门的开发团队和独立的测试团队负责本项目,采用 SVN 配置管理工具控制过程文档和源代码,部署了多个环境,支持开发和测试环境分开。前端应用系统采用 Java 语言进行开发,开发人员依据 Java 编码规范进行代码编写,并有专门人员进行代码走查,外包公司规定了开发人员的行为准则,不允许在开发过程中私自使用移动存储设备、泄露源代码等行为。后台管理系统由公司自行开发,有独立的软件开发人员,配备了多名测试人员,由于项目经费的限制开发环境和生产环境并用。通过接口测试、安全测试等测试,实现前后台数据交互。外包公司提供了该前端系统的源代码、软件设计和开发过程文档、系统测试报告。

表 11-25 自行软件开发和外包软件开发的案例测评结果分析

安全子类	标准要求	测评分析
自行软件开发	应确保开发环境与实际运行环境物理分开,开发人员和测试人员分离,测试数据和测试结果受到控制。	情形一:符合 情形二:部分符合 情形三:不适用 情形四:不适用
	应制定软件开发管理制度,明确说明开发过程的控制方法和人员行为准则	情形一:符合 情形二:进一步跟踪 情形三:不适用 情形四:不适用
	应确保提供软件设计的相关文档和使用指南,并由专人负责保管	情形一:符合 情形二:进一步跟踪 情形三:不适用 情形四:不适用
外包软件开发	应根据开发需求检测软件质量	情形一:不适用 情形二:符合 情形三:符合 情形四:不适用
	应在软件安装之前检测软件包中可能存在的恶意代码	情形一:不适用 情形二:进一步跟踪 情形三:进一步跟踪 情形四:不适用
	应要求开发单位提供软件设计的相关文档和使用指南	情形一:不适用 情形二:符合 情形三:符合 情形四:不适用
	应要求开发单位提供软件源代码,并审查软件中可能存在的后门	情形一:不适用 情形二:符合 情形三:不符合 情形四:不适用

(3)某企业为降低软件开发成本,剥离非核心业务,尽量减少 IT 底层架构的庞大资本开支,将企业的 ERP 系统开发进行外包。该外包服务商采用迭代开发模型,经过 6 个月的开发和测试,通过本公司业务部门的 UAT 测试,该系统上线。根据合同的要求,提供了 ERP 系统的软件设计文档、源代码等交付物,并提供技术培训和 1 年的维护期。系统上线后,该

ERP系统经常发生异常,维护人员找不到原因,重启服务后系统可以正常运行。公司委托第三方测评机构对系统进行安全检查后发现该信息系统被植入木马,源代码中存在多个漏洞,导致业务数据被窃取,给公司造成名誉、资产等损失。

(4)某民营企业针对业务需求,采购了OA管理系统,用于公司的日常办公。根据提供的系统操作手册,由运维部门负责该管理系统的日常维护、数据备份、日志管理。依据企业的采购流程,进行采购,签订采购合同,保存采购合同、供应商审查、交付验收记录。

11.4.6 工程实施

信息系统的工程实施依据系统建设安全规划和安全方案进行部署和配置,通过对基础设施以及系统相关所有的硬件、软件、系统配置等实施部署全过程的安全控制,以达到预期目标。在整个信息系统生命周期中执行安全工程活动包括:概念形成、概念开发和定义、验证与确认、工程实施开发与制造、生产与部署、运行与支持和终止。工程实施可以参考GB/T 20282《信息安全技术 信息系统安全工程管理要求》指导需求方、实施方与第三方工程实施。针对工程实施的测评,通过访谈了解工程实施的过程控制以及人员的安全管理,查阅工程实施管理制度、工程实施方案及工程实施过程中产生的阶段性文档。

1. 测评指标

测评指标如下:

(1)应指定或授权专门的部门或人员负责工程实施过程的管理;

(2)应制定详细的工程实施方案控制实施过程,并要求工程实施单位能正式地执行安全工程过程;

(3)应制定工程实施方面的管理制度,明确说明实施过程的控制方法和人员行为准则。

测评指标分析:

组织指定专门部门或人员负责信息系统规划、建设、部署等实施过程,包括进度控制和质量控制。工程实施单位提供详细的工程实施方案,制定工程实施方面的管理制度,明确工程实施过程的控制方法、实施人员的行为准则等。由有资质、有技术能力的单位保障工程实施质量。

2. 测评实施

测评实施内容如下:

(1)查看部门职责文档或授权文件是否指定了专门人员或部门负责工程实施过程的管理。其测评实施要点见表11-26。

文档审查:部门职责文档或授权文件等。

表11-26 工程实施的测评实施要点1

方法	内容	备注
检查	查看部门职责文档或授权文件,以及工程实施过程的进度和质量控制的方法、措施	

(2)查看工程实施方案,包括工程实施过程的进度及质量控制等内容。其测评实施要点见表11-27。

文档审查：工程实施方案及工程实施过程中的阶段性文档等。

表 11－27　工程实施的测评实施要点 2

方法	内容	备注
检查	查看工程实施方案，规定工程实施时间控制、进度控制、质量控制等内容，实际实施过程是否按照实施方案形成各种文档，如阶段性工程报告； 若聘用监理公司的，查看资质证书和能力证明	

（3）查看工程实施方面的管理制度，包括实施过程及人员行为的控制。其测评实施要点见表 11－28。

文档审查：工程实施管理制度等。

表 11－28　工程实施的测评实施要点 3

方法	内容	备注
检查	查看工程实施管理制度规定工程实施过程的控制方法（如内部阶段性控制或外部监理单位控制）、实施参与人员的各种行为等方面内容	

11.4.7　测试验收

在测试验收工作中，需严格按照验收方案实施系统测试，检验信息系统符合程度。委托公正的第三方测试机构对信息系统进行安全性测试。针对测试验收的测评，通过访谈了解测试验收的流程、验收依据，查阅测试验收方案、测试验收报告等。

1. 测评指标

测评指标如下：

（1）应委托公正的第三方测试单位对系统进行安全性测试，并出具安全性测试报告；

（2）在测试验收前根据设计方案或合同要求等制定测试验收方案，在测试验收过程中应详细记录测试验收结果，并形成测试验收报告；

（3）应对系统测试验收的控制方法和人员行为准则进行书面规定；

（4）应指定或授权专门的部门负责系统测试验收的管理，并按照管理规定的要求完成系统测试验收工作；

（5）应组织相关部门和相关人员对系统测试验收报告进行审定，并签字确认。

测评指标分析：

组织应委托公正的第三方测试单位（如第三方软件测试机构）对系统进行安全性测试，不可由组织内部或开发方进行安全性测试。应该根据最新的、已生效的被测系统设计方案和合同要求制定测试验收方案，在测试验收过程中应该客观、详细地记录测试验收的各个细节、被测情况、测试问题等。在系统验收的过程中，应当指定或授权专门部门负责验收工作的管理，并组织相关部门（如测试验收的执行部门、安全测试机构等）和相关人员（如系统建设负责人、验收测试执行人、参与测试验收的第三方机构人员等）对系统测试验收报告进行审定。

2. 测评实施

测试实施内容如下:

(1)访谈了解系统的安全性测试情况,检查第三方安全性测试报告。其测评实施要点见表11－29。

访谈对象:信息安全负责人/系统建设负责人/系统运维人员/测试人员。

文档审查:测试验收管理制度、安全性测试报告等。

表11－29　测试验收的测评实施要点1

方法	内容	备注
访谈	了解是否委托了公正的第三方测试机构; 了解该第三方测试机构是否对被测系统进行了安全性测试; 了解是否形成安全性测试报告	
检查	查看第三方测试机构相关资质的证明材料,确保该第三方机构的权威性、公正性; 查看安全性测试报告是否以被测系统安全方案为依据,测试项是否包含被测系统的各个安全性指标	

(2)检查测试验收方案、测试验收结果以及测试验收报告。其测评实施要点见表11－30。

访谈对象:信息安全负责人/系统建设负责人/系统运维人员/测试人员。

文档审查:测试验收管理制度、测试验收方案、测试验收报告等。

表11－30　测试验收的测评实施要点2

方法	内容	备注
访谈	了解在测试验收前是否形成测试验收方案; 了解测试验收结果是否文档化	
检查	查看测试验收的计划、内容、具体实施方案等内容; 查看测试验收现场的操作过程和测试验收结果等内容	

(3)检查系统测试验收的控制方法和人员行为准则的书面规定文档。其测评实施要点见表11－31。

访谈对象:信息安全负责人/系统建设负责人/系统运维人员/测试人员。

文档审查:测试验收管理制度、SDLC流程等。

表11－31　测试验收的测评实施要点3

方法	内容	备注
访谈	了解系统测试验收控制制度; 了解参与验收测试人员的各级组织架构及相应权限	
检查	查看系统测试验收制度,说明参与测试的部门、人员、角色、操作权限等内容	

(4)检查负责系统测试验收的管理的部门职责文档或授权文件。其测评实施要点见表11－32。

访谈对象:信息安全负责人/系统建设负责人/系统运维人员/测试人员。

文档审查:测试验收管理制度、SDLC 流程、部门职责文档或授权文件等。

表 11－32　测试验收的测评实施要点 4

方法	内容	备注
访谈	了解测试验收过程中管理制度的参与人员、执行、落实情况	
检查	查看系统验收测试的过程控制、参与人员行为的执行记录	

(5)检查组织相关部门和相关人员对系统测试验收报告进行审定,并签字确认。其测评实施要点见表 11－33。

访谈对象:信息安全负责人/系统建设负责人/系统运维人员/测试人员。

文档审查:设计方案、合同、测试验收管理制度、测试验收报告等。

表 11－33　测试验收的测评实施要点 5

方法	内容	备注
访谈	了解相关部门和人员是否对系统测试验收报告进行审定	
检查	查看测试验收报告的审定文档,是否有相关人员的审定意见	

3. 案例分析

在现场测评过程中,检查信息系统的测试验收情况,如表 11－34 所示,常见以下几种情形:

(1)某企业委托某单位进行软件开发。在信息系统交付之前,开发单位完成了单元测试、集成测试、系统测试,并提交了相应的测试报告。在信息系统正式验收之前,通常会委托第三方进行验收测试、安全性测试。第三方测试机构根据信息系统建设单位的测试需求设计验收测试方案,包括功能、性能测试。安全测试包括配置检查、安全扫描、渗透测试以及源代码扫描等内容。该企业设立专门的项目组负责信息系统测试验收工作的管理,并依据制定的管理规定完成信息系统的验收工作。组织专家以及使用部门对信息系统的验收结果进行审定。

(2)某企业委托某单位进行软件开发,由科技部门负责企业开发项目的进度、质量和验收管理。在信息系统交付之前,已经部署在公司内进行试运行。为降低开发成本,由企业内部人员开展接入测试(UAT),将试运行的结果作为验收的依据,直接投入生成运营。在使用一段时间以后,发现存在重大的功能缺陷及性能瓶颈。

(3)某企业为拓展业务,开发了一个线上交易平台,在上线之前委托有资质的第三方对交易平台的功能点和性能进行了测试,并形成了测试报告。根据开发合同要求、测试结果,企业的业务部门组织评审验收,验收工作中未考虑恶意代码检测、源代码扫描以及渗透测试等安全性测试,该交易平台直接上线投入运营。信息系统在上线后不久,被黑客利用源代码中存在后门和恶意代码,进行 SQL 注入攻击,使数据库中的用户敏感信息(用户账号、

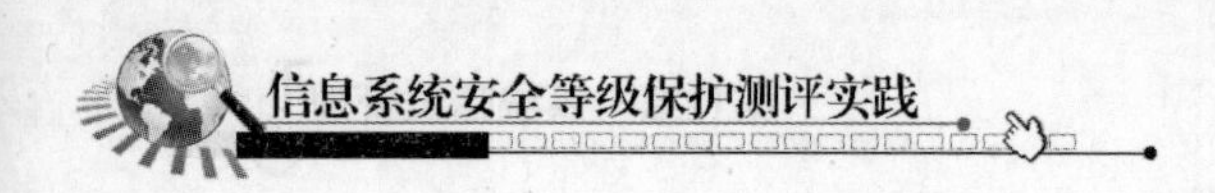

姓名、银行卡号等)泄露,造成了严重的影响和经济损失。

表11-34　测试验收的案例测评结果分析

安全子类	标准要求	测评分析
测试验收	应委托公正的第三方测试单位对系统进行安全性测试,并出具安全性测试报告	情形一:符合 情形二:不符合 情形三:不符合
	在测试验收前根据设计方案或合同要求等制定测试验收方案,在测试验收过程中应详细记录测试验收结果,并形成测试验收报告	情形一:符合 情形二:进一步跟踪 情形三:进一步跟踪
	应对系统测试验收的控制方法和人员行为准则进行书面规定	情形一:符合 情形二:进一步跟踪 情形三:进一步跟踪
	应指定或授权专门的部门负责系统测试验收的管理,并按照管理规定的要求完成系统测试验收工作	情形一:符合 情形二:符合 情形三:符合
	应组织相关部门和相关人员对系统测试验收报告进行审定,并签字确认	情形一:符合 情形二:进一步跟踪 情形三:符合

11.4.8　系统交付

系统交付阶段,是指依据交付清单,对被测系统的硬件、软件及相关文件进行交付。系统交付清单需在系统交付工作之前制定完成,其中应包含系统建设文档、指导用户进行系统运维的文档以及系统培训手册等内容。同时,组织需成立专门部门对系统交付过程进行监控,并制定系统交付阶段的管理制度和协议文件,并按文件要求和交付清单严格执行交付工作,还需对实施人员、运维人员等,开展必要性的技能培训。针对系统交付的测评,可通过访谈了解系统交付过程中交付物、控制方法和人员培训的情况,审查交付清单、运维人员培训记录、系统交付管理制度来进行。

1.测评指标

测评指标如下:

(1)应制定详细的系统交付清单,并根据交付清单对所交接的设备、软件和文档进行清点;

(2)应对负责系统运行维护的技术人员进行相应的技能培训;

(3)应确保提供系统建设过程中的文档和指导用户进行系统运行维护的文档;

(4)应对系统交付的控制方法和人员行为准则进行书面规定;

(5)应指定或授权专门的部门负责系统交付的管理工作,并按照管理规定的要求完成系统交付工作。

测评指标分析：

系统测试验收后，根据制定的系统交付的控制方法和人员行为准则，依据已制定的系统交付清单，来清点应交付的系统的设备、软件和文档，再移交至指定或授权的专门部门进行维护与管理。在进行系统交付时，不仅要提供系统建设文档（如方案设计等）和运维文档（如管理员手册等），还要及时对系统运维人员进行技能培训，达到指导用户进行后期的运行维护的目的。

2. 测评实施

测试实施内容如下：

（1）检查详细的系统交付清单，清点所交接的设备、软件和文档等。其测评实施要点见表11－35。

访谈对象：信息安全负责人/系统建设负责人/系统运维人员。

文档审查：系统交付管理制度、SDLC流程、系统交付清单等。

表11－35 系统交付的测评实施要点1

方法	内容	备注
访谈	了解系统交付清单是否文档化； 了解交付清单中的设备、软件和文档的交接的执行情况	
检查	查看系统交付管理制度，明确系统交付的内容； 查看交付清单中的设备、软件和文档的使用清点情况、交接记录	

（2）检查系统运行维护的技术人员的技能培训记录。其测评实施要点见表11－36。

访谈对象：信息安全负责人/系统建设负责人/系统运维人员。

文档审查：系统交付管理制度、SDLC流程、运维人员培训记录等。

表11－36 系统交付的测评实施要点2

方法	内容	备注
访谈	了解运行运维培训人员的培训情况	
检查	查看运维人员培训记录，是否列出了培训人员、培训日期、培训内容等	

（3）检查系统建设过程中的文档和指导用户进行系统运行维护的文档。其测评实施要点见表11－37。

访谈对象：信息安全负责人/系统建设负责人/系统运维人员。

文档审查：系统交付管理制度、SDLC流程、用户手册或操作手册等。

表11－37 系统交付的测评实施要点3

方法	内容	备注
访谈	了解系统建设情况是否文档化	
检查	查看系统建设文档、指导用户进行系统运维的文档以及系统培训手册	

(4)检查是否有对系统交付的控制方法和人员行为准则的书面规定。其测评实施要点见表 11-38。

访谈对象:信息安全负责人/系统建设负责人/系统运维人员。

文档审查:系统交付管理制度、SDLC 流程等。

表 11-38　系统交付的测评实施要点 4

方法	内容	备注
访谈	了解系统交付控制制度是否文档化; 了解参与系统交付人员的各级组织架构及相应权限	
检查	查看系统交付管理制度,是否明确说明参与交付的部门、人员、角色、操作权限等内容	

(5)检查负责系统交付的管理工作的部门职责文档或授权文件,核实是否按照管理规定的要求完成系统交付工作。其测评实施要点见表 11-39。

访谈对象:信息安全负责人/系统建设负责人/系统运维人员。

文档审查:系统交付管理制度、SDLC 流程、部门职责文档或授权文件等。

表 11-39　系统交付的测评实施要点 5

方法	内容	备注
访谈	了解系统交付过程中管理制度的参与人员、执行、落实情况	
检查	查看是否记录了系统交付的过程控制、参与人员行为的执行情况	

3. 案例分析

在现场测评过程中,检查信息系统交付情况,如表 11-40 所示,常见以下几种情形:

(1)某企业成立了二十余年,公司规模较大,公司组织严密,主要部门包括研发部门、测试部门、运维部门、管理部门等,该公司的信息系统采取自主开发,由研发部门把系统将软件源代码、安全设计方案、用户手册等文档,以及软硬件,移交给运维部门。该公司制定了交付过程的相关管理制度、交付清单及交付记录等文件,并由管理部门专门负责对交付过程进行记录、清点、监督及审批工作,该部门还对相关的技术、运维人员进行了相关的培训工作。

(2)某企业成立了十年左右,公司规模一般,该公司的信息系统采用了外包软件开发形式,与一家软件公司签订了开发合同。该公司根据企业的需求文档,对软件进行了研发,开发完成后提交了用户操作手册、配置信息、后台管理操作手册等,对本企业的系统运行维护人员提供了一次信息系统的培训,公司文档管理员对交付的文档和程序进行了签收。随着业务的发展,系统需要升级,调阅该信息系统的所有文档,发现软件设计开发的过程性文档存在缺失,给升级工作带来了一定困难。

(3)某企业属于大学生自主创业型企业,成立了不足一年,主要业务是游戏运营,设立了研发部门和运维部门。该企业在创业初期,市场竞争激烈,用户需求更新快,要求研发新产品马上投入运营。软件研发部门采用配置管理工具对源代码进行管理,开发完成后经测试和审批后,移交至指定部门上线发布,用户操作手册随即更新,供游戏玩家下载。

表11-40　系统交付的案例测评结果分析

安全子类	标准要求	测评分析
系统交付	应制定详细的系统交付清单,并根据交付清单对所交接的设备、软件和文档等进行清点	情形一:符合 情形二:不符合 情形三:不符合
	应对负责系统运行维护的技术人员进行相应的技能培训	情形一:符合 情形二:符合 情形三:不符合
	应确保提供系统建设过程中的文档和指导用户进行系统运行维护的文档	情形一:符合 情形二:符合 情形三:不符合
	应指定或授权专门的部门负责系统交付的管理工作,并按照管理规定的要求完成系统交付工作	情形一:符合 情形二:符合 情形三:不符合
	应制定详细的系统交付清单,并根据交付清单对所交接的设备、软件和文档等进行清点	情形一:符合 情形二:不符合 情形三:不符合

11.4.9　系统备案

信息安全等级保护管理办法(公通字[2007]43号)要求:已运营(运行)的第二级以上信息系统,应当在安全保护等级确定后30日内,由其运营、使用单位到所在地设区市级以上公安机关办理备案手续;新建第二级以上信息系统,应当在投入运行后30日内,由其运营、使用单位到所在区设区市级以上公安机关办理备案手续。针对系统备案的测评,通过访谈了解信息系统定级和备案的情况,审查信息系统定级报告和备案表。

1.测评指标

测评指标如下:

(1)应指定专门的部门或人员负责管理系统定级的相关材料,并控制这些材料的使用;

(2)应将系统等级及相关材料报系统主管部门备案;

(3)应将系统等级及其他要求的备案材料报相应公安机关备案。

测评指标分析:

对于系统定级的相关材料,不仅要指定专门的部门或人员负责管理,还要控制这些材料的使用,以防止出现系统定级材料丢失或系统信息泄露。组织应将系统等级及相关材料报系统主管部门(如科技部门、监管部门)备案,并将系统等级及其他要求的备案材料报相应公安机关(如公安机关的网络安全保卫部门)备案。

2. 测评实施

测试实施内容如下：

(1)检查部门职责文档或授权文件是否明确指定了专门的部门或人员负责管理系统定级的相关材料，并检查这些材料的使用是否受控。其测评实施要点见表11－41。

访谈对象：信息系统建设负责人/文档管理员。

文档审查：部门职责文档或授权文件、信息系统定级报告、信息系统备案表、使用记录等。

表11－41　系统备案的测评实施要点1

方法	内容	备注
访谈	了解系统定级、系统属性等文档是否有专门的部门或人员负责，对系统定级相关文档采取何种控制措施(如限制使用范围、使用登记记录等)	
检查	查看系统定级的相关材料使用记录，包括借阅人、借阅日期、归还日期等信息	

(2)检查系统等级及相关材料报系统主管部门备案的记录。其测评实施要点见表11－42。

文档审查：信息系统定级报告、信息系统备案表、备案记录等。

表11－42　系统备案的测评实施要点2

方法	内容	备注
访谈	了解系统定级文档和系统属性说明文件等材料是否报主管部门备案	
检查	查看系统定级文档和系统属性说明文件等材料，以及报主管部门备案的记录或备案文档	

(3)检查系统等级及其他要求的备案材料报相应公安机关备案的记录。其测评实施要点见表11－43。

访谈对象：信息安全主管/系统负责人。

文档审查：信息系统定级报告、信息系统备案表、备案记录等。

表11－43　系统备案的测评实施要点3

方法	内容	备注
访谈	了解信息系统定级报告和备案表是否报公安机关备案	
检查	查看信息系统备案表； 查看报公安机关的备案记录	

11.4.10　等级测评

对信息系统进行等级测评是检验系统是否到达相应等级保护要求的主要途径，也有助于发现系统中存在的风险并及时整改。针对等级测评的实施，通过访谈了解系统进行等级测评的情况，包括测评机构的选择情况，审查系统前一次的测评报告及其整改跟踪记录。

1. 测评指标

测评指标如下：

(1)在系统运行过程中，应至少每年对系统进行一次等级测评，发现不符合相应等级保护标准要求的需及时整改；

(2)应在系统发生变更时及时对系统进行等级测评，在发现级别发生变化时及时调整级别并进行安全改造，发现不符合相应等级保护标准要求的则及时进行整改；

(3)应选择具有国家相关技术资质和安全资质的测评单位进行等级测评；

(4)应指定或授权专门的部门或人员负责等级测评的管理。

测评指标分析：

组织应选择具有国家相关技术资质和安全资质的测评单位，且至少每年对系统进行一次等级测评。当系统发生变更或级别变化时，必须重新进行等级测评，并及时对不符合相应等级保护标准要求的测评项进行整改。组织应指定或授权专门的部门或人员对整个等级测评过程进行管理。

2. 测评实施

测试实施内容如下：

(1)检查是否至少每年对系统进行一次等级测评，检查发现不符合相应等级保护标准要求时是否及时进行了整改。其测评实施要点见表11－44。

访谈对象：信息安全主管/系统负责人。

文档审查：等级测评报告等。

表11－44 等级测评的测评实施要点1

方法	内容	备注
访谈	了解系统进行等级测评的情况； 了解系统不符合相应等级保护标准要求时的整改机制	
检查	查看系统进行等级测评的记录或备案文档； 查看系统前一次的等级测评报告，据此判断是否有及时进行整改	

(2)检查在系统发生变更时及时对系统进行等级测评时，发现级别发生变化时是否及时调整了级别并进行安全改造，检查发现不符合相应等级保护标准要求时是否及时整改。其测评实施要点见表11－45。

表11－45 等级测评的测评实施要点2

方法	内容	备注
访谈	了解系统进行变更时是否及时对系统进行等级测评	
检查	查看系统变更记录； 检查发现不符合相应等级保护标准要求时是否会及时进行整改	

访谈对象:信息安全主管/系统负责人。

文档审查:等级测评报告、系统变更记录、整改记录等。

(3)检查的等级测评单位是否具有国家相关技术资质和安全资质。其测评实施要点见表11-46。

访谈对象:信息安全主管/系统负责人。

文档审查:技术资质证书、安全资质证书等。

表11-46 等级测评的测评实施要点3

方法	内容	备注
访谈	了解测评机构的选择情况	
检查	查看选择的测评机构的相关技术资质和安全资质	

(4)检查部门职责文档或授权文件是否指定或授权专门的部门或人员负责等级测评的管理。其测评实施要点见表11-47。

访谈对象:信息安全主管/系统负责人。

文档审查:信息安全管理手册、安全总体方针、信息安全管理办法、部门职责文档或授权文件等。

表11-47 等级测评的测评实施要点4

方法	内容	备注
访谈	了解指定或授权专门的负责等级测评的部门或人员	
检查	查看指定或授权专门的部门或人员,对等级测评的管理职责	

11.4.11 安全服务商选择

信息系统建设过程涉及安全咨询、等级测评、风险评估、安全审计、运维管理等方面的安全服务,这些安全服务商所提供服务的质量将直接影响到信息系统的安全。针对安全服务商选择的测评,可通过访谈了解信息系统的安全服务商情况,审查与安全服务商签订的安全责任合同书或保密协议、服务合同以及所提供服务的评审记录来进行。

1. 测评指标

测评指标如下:

(1)应确保安全服务商的选择符合国家的有关规定;

(2)应与选定的安全服务商签订与安全相关的协议,明确约定相关责任;

(3)应确保选定的安全服务商提供技术培训和服务承诺,必要时应与其签订服务合同。

测评指标分析:

组织应选择有相关资质的安全服务商,与其签订安全相关协议和服务合同,明确安全相关责任,规约技术培训要求和服务承诺。安全相关的协议应当包括保密范围、违约责任、协议的有效期等条款,服务合同应包括双方职责、服务内容、服务时间等条款。

2. 测评实施

测试实施内容如下：

(1)检查安全服务商的选择的规定。其测评实施要点见表11－48。

访谈对象:信息安全主管/安全管理员/采购主管。

文档审查:供应商管理办法、采购管理制度。

表11－48　安全服务商选择的测评实施要点1

方法	内容	备注
访谈	了解组织信息系统选择的安全服务商名单	
检查	查看供应商选择的制度文件,确认安全服务商的选择符合国家规定	

(2)检查与选定的安全服务商签订与安全相关的协议,明确约定安全服务商的责任。其测评实施要点见表11－49。

访谈对象:信息安全主管/安全管理员/采购主管。

文档审查:安全责任合同书、保密协议。

表11－49　安全服务商选择的测评实施要点2

方法	内容	备注
访谈	了解是否与选定的安全服务商签订安全相关的协议。	
检查	查看安全服务商签订的协议或合同,合同约定安全职责、保密范围、协议有效期等内容。	

(3)了解安全服务商提供技术培训和服务承诺的情况,检查与其签订的服务合同。其测评实施要点见表11－50。

文档审查:安全服务合同。

表11－50　安全服务商选择的测评实施要点3

方法	内容	备注
检查	查看签订的服务合同,明确服务范围、服务期限; 查看合同的有效性,是否经双方签字或盖章	

第12章　系统运维管理

12.1　概　　述

在信息系统建设完成投入运行之后，就需要考虑如何合理、高效地进行维护和管理信息系统。对系统实施有效、完善的维护管理是保证系统运行阶段安全的基础。系统运维管理涉及多方面，主要包括环境和相关资源的管理、系统运行过程中各组件的维护和监控管理、网络和系统的安全管理、密码管理、系统变更的管理、恶意代码防护管理、安全事件处置以及应急响应管理等。系统运维各个方面都直接关系到相关安全控制技术的正确、安全配置和合理使用。对信息系统运维各个方面提出具体的安全要求，可以为工作人员进行正确管理和运行提供工作准则，从而直接影响到整个信息系统的安全。

本章主要从环境管理、资产管理、介质管理、设备管理、监控管理和安全管理中心、网络安全管理、系统安全管理、恶意代码防范管理、密码管理、变更管理、备份和恢复管理、安全事件处置以及应急预案管理的各个环节所涉及的运维活动来对系统运维管理进行测评。

12.2　测 评 内 容

在GB/T 22239—2008《信息安全技术 信息系统安全等级保护基本要求》中对信息安全管理提出了等级保护的要求，信息系统的安全管理不仅包含组织的安全管理制度、安全管理架构、人员安全管理，还和系统的安全建设及运维有关。信息安全管理的测评是信息安全等级保护过程中的一项重要内容，通过检查各类文件、制度、规程以及执行记录等文档，访谈安全主管和物理安全、系统建设、系统运维等相关人员，验证信息系统是否具备相应的安全保护能力。

信息安全等级保护的测评指标由技术部分和安全管理部分组成，其中系统运维部分的测评指标如下表12-1所示。

表12-1　GB/T 22239—2008中的系统运维管理测评指标

安全分类	安全子类	测评项数	备注
系统运维管理	环境管理	4	
	资产管理	4	
	介质管理	6	
	设备管理	5	
	监控管理和安全管理中心	3	
	网络安全管理	8	

表 12-1(续)

安全分类	安全子类	测评项数	备注
系统运维管理	系统安全管理	7	
	恶意代码防范管理	4	
	密码管理	1	
	变更管理	4	
	备份和恢复管理	5	
	安全事件处置	6	
	应急预案管理	5	
小计(S3A3G3)		62	

12.3 测评方法

根据 GB/T 28449—2012《信息安全技术 信息系统安全等级保护测评过程指南》,系统运维管理的现场测评方法参照信息安全管理,采用访谈和检查两种形式,检查可细分为文档审查、实地查看。

在系统运维管理测评过程中,访谈侧重于系统运维负责人及运维安全管理人员,了解信息系统建设后对系统运维过程中所采取的安全控制措施,重点查看重要运维操作过程中的过程类文档、记录类文档,验证和分析文档的完整性、有效性和可行性。在信息安全等级保护测评的文档审查和实地查看实施时,不仅要核实所有文档之间的一致性,还需判断实地察看的情况与制度和文档中规定的要求是否一致,所有执行过程记录文档应与相应的管理制度要求保持一致。

对发现情况一时不能得出判断的,应扩大访谈或检查范围,查找证据材料,并进一步跟踪。

12.4 运维管理测评要素

在 GB/T 22239—2008《信息安全技术 信息系统安全等级保护基本要求》中的系统运维管理大类中包含环境管理、资产管理、介质管理、设备管理、监控管理和安全管理中心、网络安全管理、系统安全管理、恶意代码防范管理、密码管理、变更管理、备份和恢复管理、安全事件处置、应急预案管理 13 个安全控制点。对信息系统运维管理的建立、维护、管理等过程的测评,测评内容包括环境、资产、监控、网络和系统安全、密码、变更等,主要以访谈和检查的方式开展。

12.4.1 环境管理

信息系统的环境管理包括对机房(主机房、灾备机房)、办公、业务管理、公共访问和交接等区域的管理。为避免组织中安全区域受到非授权访问,信息系统的主机、网络设备、存储设备等重要设备和关键数据受到破坏或窃取,应加强受控区域的安全防范管理和控制,确保受控环境的安全。针对环境管理的测评，可通过访谈了解机房的运维情况和办公环境的管理情况，审查机房安全管理制度、机房的运行维护记录及办公环境保密性管理规范来进行。

1. 测评指标

测评指标如下：

(1)应指定专门的部门或人员定期对机房供配电、空调、温湿度控制等设施进行维护管理；

(2)应指定部门负责机房安全，并配备机房安全管理人员，对机房的出入、服务器的开机或关机等工作进行管理；

(3)应建立机房安全管理制度，对有关机房物理访问，如物品带进、带出机房和机房环境安全等方面的管理作出规定；

(4)应加强对办公环境的保密性管理，规范办公环境人员行为，包括工作人员调离办公室应立即交还该办公室钥匙、不在办公区接待来访人员、工作人员离开座位应确保终端计算机退出登录状态且桌面上没有包含敏感信息的纸档文件等。

测评指标分析：

组织应采取措施保障机房环境及办公环境的安全性和有效性，对关键区域的活动进行监视。机房管理应加强机房物理访问控制，保持机房良好的运行环境；办公环境管理应加强信息保密，防止人员无意或有意导致敏感信息遭到非法访问。

组织应建立机房安全管理制度，机房物理访问控制包括机房人员、物品、重要设备等进出的管理，进出机房需经过审批、登记。机房的供配电、空调、温湿度控制等设施的运行需进行维护管理，并保存记录。

2. 测评实施

测试实施内容如下：

(1)查看机房基础设施维护记录，其内容应包括供配电、空调、温湿度控制等设施。其测评实施要点见表12－2。

访谈对象：系统运维负责人/机房管理员。

文档审查：机房安全管理制度、机房基础设施维护记录等。

表12－2　环境管理的测评实施要点1

方法	内容	备注
访谈	了解机房管理规范； 了解机房维护的责任部门或责任人； 了解机房的基本设施（如空调、供配电设备等）的具体维护周期、维护内容等	
检查	查看机房管理制度； 查看机房基础设施的维护记录，记录包括维护日期、维护人、维护设备、故障原因、维护结果等内容	

(2)查看部门或人员岗位职责文件,其岗位职责应明确机房进出、服务器开关机等的管理,并查阅机房访问控制记录。其测评实施要点见表12-3。

访谈对象:系统运维负责人/机房管理员/运维部门/信息科技部门。

文档审查:组织的岗位职责文件、机房安全管理制度、机房访问控制记录等。

表12-3 环境管理的测评实施要点2

方法	内容	备注
访谈	了解是否指定部门或人员负责机房安全管理工作; 了解人员、基础设施等的物理访问控制措施	
检查	查看机房管理责任部门的人员岗位职责文档; 查看机房出入申请表,其内容应包括申请时间、申请进入时间、申请人、申请事宜、申请原因、审批人员等内容; 查看机房的人员出入登记表,其内容应覆盖出入时间、登记人、进出原因、陪同人员、审批人备注等内容; 查看机房设备进出登记表,其内容应包括设备进出时间、设备进或出选项、原因、操作人等内容; 查看机房出入管理办法,验证机房人员和设备出入是否依据管理办法有效执行	

(3)查看机房安全管理制度,其内容应覆盖机房物理访问,物品带进、带出机房和机房环境安全等要求。其测评实施要点见表12-4。

文档审查:机房安全管理制度等。

表12-4 环境管理的测评实施要点3

方法	内容	备注
检查	查看机房安全管理制度,其内容应覆盖人员和物品进出机房的安全控制,以及机房防火、防潮、温湿度控制等环境要求	

(4)查看办公环境的管理制度,应加强办公环境的保密管理。对办公人员的行为进行规范,若人员调离原办公环境应立即更新其出入访问权限,如收回钥匙、门禁卡等。不在办公区接待来访人员,人员离开座位时应确保终端计算机处于锁定状态,办公桌面上没有包含敏感信息的纸档文件等。其测评实施要点见表12-5。

访谈对象:行政管理人员/人事负责人。

文档审查:员工手册、办公环境的保密性规范等。

表 12－5　环境管理的测评实施要点 4

方法	内容	备注
访谈	了解办公环境的管理要求、保密性要求； 了解办公人员的行为规范、来访人员管理、人员离开座位的安全要求	
检查	查看办公环境管理文档，其内容应包括不在办公区接待来访人员、工作人员离开座位时应确保终端计算机退出登录、处于锁定状态，且桌面上没有包含敏感信息的纸档文件等； 查看人员管理规范，应在人员调整办公环境时更新人员访问权限、收回钥匙、门禁卡等物品； 查看人员权限的更新记录，钥匙、门禁卡等物品的登记记录、以及有关的审批手续	

3. 案例分析

在现场测评过程中，了解信息系统运行环境的管理措施，检查信息系统的运行环境，主要对机房重要设施、设备的定期维护情况进行检查，可能会发生以下几种情形：

（1）某企业将承载信息系统的网络设备、服务器设备、存储设备等托管于专用机房，这些设备为企业自身拥有。由托管机房负责机房基础设施的定期维护，如精密空调、温湿度、UPS 等设施的日常巡检，及主要设备的定期维护保养。依据托管机房的管理制度的要求，以邮件方式向指定托管机房提出申请，提供访问人员的公司、姓名、联系方式等身份证明信息，经审批同意后，并由专人陪同进入指定区域进行相应操作，做好机房出入管理。该企业的机房托管实行“服务外包，责任自负”。

（2）C 公司采取成本控制，向服务供应商购买 ECS、RDS、SLB 等服务，利用虚拟化网格、分布式计算等技术获取虚拟化资源，用于信息系统的正常运行等，由服务供应商对机房设施进行维护。服务供应商的机房已获得国家认证服务资质，满足国家 A 类机房标准。

（3）G 公司进行了区域划分，包括公共接待区域、办公区域、机房等。建立了办公环境管理规范，对外部人员访问进行规定，不允许在办公区接待来访人员。建立人员安全管理制度对人员调离、离岗、人员行为等进行规范，在员工的安全意识教育培训中强调当人员离开座位时，电脑处于锁屏状态，桌面上不能摆放客户信息、公司机密等纸质文档。编制了机房安全管理制度，设立了技术保障部对机房进行维护与管理，进出机房需在内部办公平台提出申请，经审批同意后方可实施相关操作。机房维护人员发现精密空调故障，及时排查并立即上报，维护记录由专人保管。表 12－6 为该公司机房日常巡检记录表样例。

（4）组织不断加强员工的安全意识和安全教育，对重要区域的关键设备、敏感文档、敏感数据、物品、介质、基础设施等进行严格管理。出入机房等重要区域需采用门禁和指纹等双重管理。组织的机房、办公环境管理已经制度化，明确了机房、办公区域的安全管理要求。机房的基础设施（供电、柴油发电机等）委托物业进行维护和管理，每季度将检查结果提供至委托方。某天该企业所在大楼发生紧急断电，UPS 设备仅提供半小时的应急供应，市政供电未在半小时内恢复。柴油发电机异常无法供电，导致系统停运 6 h，给该企业造成近 580 万元损失。

对四种情况的分析如表 12－7 所示。

表 12 - 6 机房日常巡检记录表

巡检记录			
序号	条目	内容(正常方框内打钩)	备注
1	机房环境	1. 卫生面貌 □ 2. 异响 □ 3. 异味 □ 4. 异常痕迹 □ 5. 照明可靠 □ 6. 窗户密闭 □	
2	空调运行情况	1. 空调可正常运行 □ 2. 机房温湿度正常 □	
3	配电系统情况	1. 电压范围正常 □ 2. 配电柜状态正常 □ 3. 防雷、接地设施完好可靠 □	
4	消防系统情况	1. 消防设备齐全完好 □ 2. 应急照明设施完好 □	
5	网络运行情况	1. 光纤、防火墙、交换机连接正常 □ 2. 网络通讯正常 □ 3. 数据指示灯正常 □ 4. 交换机端口及网线连接状况正常 □ 5. 设备标示、标签是否清晰牢固 □	
存在问题			
解决情况			

表 12 - 7 环境管理案例测评结果分析

安全子类	标准要求	测评分析
环境管理	应指定专门的部门或人员定期对机房供配电、空调、温湿度控制等设施进行维护管理	情形一:符合 情形二:符合 情形三:符合 情形四:不符合
	应指定部门负责机房安全,并配备机房安全管理人员,对机房的出入、服务器的开机或关机等工作进行管理	情形一:符合 情形二:符合 情形三:进一步跟踪 情形四:进一步跟踪

表 12-7(续)

安全子类	标准要求	测评分析
环境管理	应建立机房安全管理制度,对有关机房物理访问,物品带进、带出机房和机房环境安全等方面的管理作出规定	情形一:符合 情形二:符合 情形三:符合 情形四:进一步跟踪
	应加强对办公环境的保密性管理,规范办公环境人员行为,包括工作人员调离办公室应立即交还该办公室钥匙、不在办公区接待来访人员、工作人员离开座位应确保终端计算机退出登录状态和桌面上没有包含敏感信息的纸档文件等	情形一:进一步跟踪 情形二:进一步跟踪 情形三:符合 情形四:进一步跟踪

12.4.2 资产管理

资产指任何对企业有价值的资产。组织应根据资产的保密性、完整性和可用性的三个方面确定资产的价值,按照资产的重要程度进行分类和标识管理,对其采取不同的防护措施。信息系统的资产主要包括数据信息、计算机终端、客户端、服务端、数据库、网络设备、存储媒介、辅助工具等软硬件及数据。组织应对资产进行登记,并指定资产安全责任部门或责任人,该责任部门或责任人需负责贯彻及监督相关安全策略、安全管理规范、安全技术规范的实施。根据资产的自身价值划分不同的优先级,并选择适合的管理方式。

针对资产管理的测评,通过访谈了解资产的责任部门或责任人、资产的标识管理以及资产分类的管理办法,查阅资产安全管理制度、资产清单、重要资产,勘查资产的标识、重要程度、所处位置等。资产管理应覆盖资产的登记、使用、传输、销毁、维护等环节。

1. 测评指标

测评指标如下:

(1)应编制并保存与信息系统相关的资产清单,包括资产责任部门、重要程度和所处位置等内容;

(2)应建立资产安全管理制度,规定信息系统资产管理的责任人员或责任部门,并规范资产管理和使用的行为;

(3)应根据资产的重要程度对资产进行标识管理,根据资产的价值选择相应的管理措施;

(4)应对信息分类与标识方法作出规定,并对信息的使用、传输和存储等进行规范化管理。

测评指标分析:

组织应建立资产的清单,明确资产的责任人、所属级别、所处位置和所属部门等信息。根据资产的重要程度区分资产,对不同重要程度的资产(如非常重要、重要、一般重要等)应进行标识,采取与其重要程度相适应的管理措施。应规范资产的登记、使用、传输、销毁、维护等过程。

2. 测评实施

测试实施内容如下:

(1)访谈了解信息系统相关的资产,查看资产清单,其内容是否覆盖资产的责任部门、重要程度和所处位置等。其测评实施要点见表12－8。

访谈对象:系统运维负责人/资产管理员/设备管理员。

文档审查:资产安全管理制度、信息系统资产清单等。

表12－8 资产管理的测评实施要点1

方法	内容	备注
访谈	了解资产的管理和控制措施; 了解资产清单的内容、覆盖程度	
检查	查看资产安全管理制度; 查看资产清单,覆盖资产责任部门、重要程度和所处位置等信息	

(2)检查资产安全管理制度,明确资产管理的责任部门或责任人,以及资产管理和使用的行为。其测评实施要点见表12－9。

文档审查:资产安全管理制度等。

表12－9 资产管理的测评实施要点2

方法	内容	备注
检查	查看资产安全管理制度内容是否覆盖资产的登记、使用、传输、销毁、维护等内容	

(3)查看资产标识管理规范,按照资产的重要程度进行分类和标识管理,根据资产的保密性、完整性和可用性的三个方面确定资产的价值,并对其采取不同的防护措施。其测评实施要点见表12－10。

访谈对象:系统运维负责人/资产管理员/设备管理员。

文档审查:资产安全管理制度、资产标识管理规范等。

表12－10 资产管理的测评实施要点3

方法	内容	备注
访谈	了解资产重要程度的标识规则; 了解不同价值资产的管理措施	
检查	查看资产标识管理文档; 查看资产管理策略文档,针对不同类别的资产采用不同的管理措施; 查看资产的实际标识与规定是否一致	

(4)查看信息分类与标识方法的规定,对信息的使用、传输和存储等进行规范化管理。其测评实施要点见表12－11。

访谈对象:系统运维负责人/资产管理员/设备管理员。

文档审查:信息分类与标识管理等。

表 12 - 11　资产管理的测评实施要点 4

方法	内容	备注
访谈	了解信息分类与标识方法； 了解信息的使用、传输、存储、处置的管理要求	
检查	查看信息分类与标识管理文档，根据信息的重要程度、敏感程度、价值和用途等进行分类和标识； 查看信息资产管理制度，内容包括信息的使用、传输、存储、处置等规范； 查看信息的实际标识与规定是否一致	

3. 案例分析

在现场测评过程中，检查信息系统的资产管理情况，常见以下几种情形：

(1) 某生产制造企业资产众多，与信息系统相关资产包括个人计算机、软件、硬件、客户端、服务器、各类信息产品、工具和备品、租借品、数据信息等。该企业制定资产安全管理制度，指定了信息系统资产安全管理工作的职能部门，规定由运维部负责信息资产管理，建立和维护资产清单，包括资产责任部门、重要程度和所处位置等内容。运维部门按机密性(C)、完整性(I)和可用性(A)三个方面所表现出的不同的重要程度，从高到低分别为绝密、机密、秘密、内部使用和公开五类，对资产进行分类和标识，并对处理和安全保护、使用管理、保密期限等进行了要求。该部门通过 2 个月的时间依据要求对各类资产的重要程度进行了标识，根据重要程度实现对资产的分类管理，根据重要性选择相应的标识和管理措施，以及资产的管理和使用行为。

(2) 某学校成立一家成果转化公司，开发出了一套教务管理系统，其涉及软件、服务器、敏感数据等信息系统资产。公司的核心业务是研究科研项目，把信息系统的资产管理工作委托财务部门进行处置，财务人员编制了一份资产清单，如表 12 - 12 所示，区分办公资产、软件资产、硬件资产等，并通过颜色对各类资产进行标记。信息系统中涉及的信息包括学生的身份信息、成绩和课程等，由开发人员维护数据库，没有识别信息类资产。

表 12 - 12　资产清单

序号	申领资产名称	负责部门	申领数量	移交数量	接收数量	移交人签字	接收人签字	管理员签字	领导签字	交接日期	备注
1	服务器	信息部	2	2	2	张三	李四	王五	赵六	2015. 3. 4	
2	交换机	网络部	3	3	3	陈七	崔八	王五	钱七	2015. 4. 5	
3	路由器	网络部	1	1	1	陈七	刘九	王五	钱七	2015. 5. 9	
…	…	…	…	…	…	…	…	…	…	…	

(3) 某地区鼓励科技人员自主创业，某公司由一家科研机构里的几个人联合创办。该公司的人力、财力、物力十分有限，所拥有的资产数量也寥寥无几，公司的设备也只是简单的几台个人计算机，服务器则租赁。对于信息系统的资产管理工作，没有相应的资产清单及安全管理制度。

测评结果分析如表12－13所示。

表12－13　资产管理案例测评结果分析

安全子类	标准要求	测评分析
资产管理	应编制并保存与信息系统相关的资产清单,包括资产责任部门、重要程度和所处位置等内容	情形一:符合 情形二:部分符合 情形三:不符合
	应建立资产安全管理制度,规定信息系统资产管理的责任人员或责任部门,并规范资产管理和使用的行为	情形一:符合 情形二:进一步跟踪 情形三:不符合
	应根据资产的重要程度对资产进行标识管理,根据资产的价值选择相应的管理措施	情形一:符合 情形二:部分符合 情形三:不符合
	应对信息分类与标识方法作出规定,并对信息的使用、传输和存储等进行规范化管理	情形一:进一步跟踪 情形二:不符合 情形三:不符合

12.4.3　介质管理

数据存储介质主要包括光盘、硬盘、磁带、存储卡、纸介质等存储数据的载体,组织需制定介质安全管理制度,包括介质的保管、使用、流转、维修、盘点、检查、销毁等方面内容。应按照介质存储信息的重要程度,对各个介质载体划分不同的优先级,按级别进行标识和分类。对存储敏感信息、重要内容的存储介质,要采取特殊的处置方式:如数据加密、专人管理、安全销毁等方法。针对介质管理的测评,可通过访谈了解介质的存放环境、使用过程、送出维修和销毁等过程的管理以及介质中敏感信息的加密、分类标识方法,审查介质安全管理制度,并勘查介质的保管、领用、介质销毁等记录来进行。

1. 测评指标

测评指标如下:

(1)应建立介质安全管理制度,对介质的存放环境、使用、维护和销毁等方面作出规定;

(2)应确保介质存放在安全的环境中,对各类介质进行控制和保护,并实行存储环境专人管理;

(3)应对介质在物理传输过程中的人员选择、打包、交付等情况进行控制,对介质归档和查询等进行登记记录,并根据存档介质的目录清单定期盘点;

(4)应对存储介质的使用过程、送出维修以及销毁等进行严格的管理,对带出工作环境的存储介质进行内容加密和监控管理,对送出维修或销毁的介质应首先清除介质中的敏感数据,对保密性较高的存储介质未经批准不得自行销毁;

(5)应根据数据备份的需要对某些介质实行异地存储,存储地的环境要求和管理方法应与本地相同;

(6)应对重要介质中的数据和软件采取加密存储,并根据所承载数据和软件的重要程度对介质进行分类和标识管理。

测评指标分析:

组织的介质一般会存放相关业务或工作信息,其中甚至包括组织的重要敏感信息,所以应采取措施保护介质的安全。介质的管理主要包括介质的安全存放、介质的使用借出、传输、销毁等。组织需建立介质安全管理制度,对介质的存放环境、使用、维护和销毁等方面进行规范化管理。在对介质的管理过程中,确保介质的存放环境的保护措施,防止其被盗、被毁、被未授权修改以及信息的非法泄漏,并由专人管理;详细记录介质在物理传输过程中的行为,对介质在物理传输过程中的人员进行控制,并对存档介质的目录清单进行定期盘点;对介质的物理传输过程是否要求选择可靠传输人员、对介质进行严格地打包(如采用防拆包装置)、选择安全的物理传输途径、双方在场交付等环节进行控制;对保密性较高的介质销毁前应有领导批准,对数据进行净化处理;对重要介质实行异地存储,异地存储环境应与本地环境相同;对重要介质进行保密性处理,并对其进行了分类和标记不同的标识。

2. 测评实施

测试实施内容如下:

(1)检查介质安全管理制度,内容包括存放环境、使用、维护和销毁等方面。其测评实施要点见表12-14。

访谈对象:系统运维负责人/资产管理员/设备管理员。

文档审查:介质安全管理制度等。

表12-14　介质管理的测评实施要点1

方法	内容	备注
访谈	了解是否对介质管理制度实现文档化	
检查	查看介质安全管理制度,覆盖存放环境、使用、维护和销毁等方面的内容	

(2)现场查看介质存放环境,检查是否对各类介质进行了控制和保护,重要介质是否实行存储环境专人管理。其测评实施要点见表12-15。

访谈对象:系统运维负责人/资产管理员/设备管理员。

文档审查:介质安全管理制度等。

表12-15　介质管理的测评实施要点2

方法	内容	备注
访谈	了解介质的存放环境的保护措施,防止其被盗、被毁、被未授权修改以及信息的非法泄漏,并由专人负责管理	
检查	查看介质安全管理制度对各类介质进行控制和保护的措施	

(3)访谈了解介质在物理传输过程中的人员选择、打包、交付等过程的情况,检查介质归档和查询等登记记录,以及定期盘点记录。其测评实施要点见表12-16。

访谈对象:系统运维负责人/资产管理员/设备管理员。

文档审查:介质安全管理制度、介质归档记录、介质借用记录、介质盘点记录等。

表 12－16　介质管理的测评实施要点 3

方法	内容	备注
访谈	了解对介质的传输处置方式相关内容; 了解介质归档、查询等操作的登记、记录是否文档化; 了解是否按照介质目录清单进行定期盘点	
检查	查看介质安全管理制度,包含介质在物理传输过程中的行为控制; 查看介质归档和查询等登记记录; 查看介质定期盘点记录	

(4)访谈了解对存储介质的使用过程、送出维修以及销毁等过程的管理,对带出工作环境的存储介质内容是否进行加密和监控管理,检查对送出维修或销毁的规定。其测评实施要点见表 12－17。

访谈对象:系统运维负责人/资产管理员/设备管理员。

文档审查:介质安全管理制度等。

表 12－17　介质管理的测评实施要点 4

方法	内容	备注
访谈	了解存储介质使用管理严格化程度; 了解对外带介质的控制和监控方式; 了解介质外送维护的清空处置情况; 了解对保密介质的销毁审批	
检查	查看介质安全管理制度,包含对存储介质的使用过程、送出维修以及销毁的相关处理方式; 查看介质安全管理制度,包含对带出工作环境的存储介质进行内容加密和监控管理的处理方式; 查看介质安全管理制度,包含送出维修或销毁的介质清除介质中的敏感数据的相关规定; 查看介质销毁规定,对保密性较高的存储介质未经批准不得自行销毁	

(5)了解数据备份的介质是否实行异地存储,检查存储地的环境要求和管理方法是否与本地相同。其测评实施要点见表 12－18。

访谈对象:系统运维负责人/资产管理员/设备管理员。

文档审查:介质安全管理制度等。

表 12－18 介质管理的测评实施要点 5

方法	内容	备注
访谈	了解介质异地备份措施的实施情况； 了解介质异地备份环境与管理制度，同本地环境的一致性	
检查	查看数据备份介质实行异地存储的相关规定； 查看异地存储地的环境要求和管理方法，以及相关环境记录	

(6)了解重要介质中的数据和软件加密存储措施，检查介质的分类和标识管理。其测评实施要点见表 12－19。

访谈对象：系统运维负责人/资产管理员/设备管理员。

文档审查：介质安全管理制度等。

表 12－19 介质管理的测评实施要点 6

方法	内容	备注
访谈	了解重要介质加密措施的实施情况； 了解根据数据重要程度的分类和标识情况	
检查	查看重要介质中的数据和软件采取加密存储的记录； 查看介质的标识，核实是否根据所承载数据和软件的重要程度对介质进行分类和标识	

3. 案例分析

在现场测评过程中，检查信息系统的介质管理情况，如表 12－20 所示，常见以下几种情形：

(1)G 公司主要业务为房屋租赁。随着业务蓬勃发展，G 公司开发了租房网。公司在介质安全管理方面，指定专门部门和人员负责公司的介质管理工作，制定相应的介质管理制度，规定介质存放于防磁介质柜中。由介质管理员负责对介质的使用、传输、维护等流程进行严格的控制和记录，每月对介质进行一次盘点。公司员工严格按照介质管理制度的要求执行，编制了存储介质登记表，记录介质归档、使用和销毁等情况。每周对业务数据实行全备份，保存在磁带中，并运送至环境相同的异地保存一份，在物理传输过程中从人员选择、打包、交付等方面来进行严格控制。

(2)B 公司规模一般，对于信息系统的介质管理工作，公司委托运维部门进行处置，运维部门的工作范围较大，主要负责公司设备的采购、运维、管理及技术支持方面的业务，在介质管理方面。公司制定相应的介质清单，并把公司所有介质存放于机房中，由机房管理员负责维护，没有介质管理制度作为依据。

(3)小规模的公司，对介质管理工作方面没有意识，常常会把含有敏感信息的纸质介质放在打印机处，忘记带走，存在敏感信息泄露的风险。公司员工使用 U 盘传输信息，没有对信息进行加密处理，缺乏介质安全管理制度对介质的管理工作进行规范。

表 12－20　介质管理案例测评结果分析

安全子类	标准要求	测评分析
介质管理	应建立介质安全管理制度，对介质的存放环境、使用、维护和销毁等方面作出规定	情形一：符合 情形二：不符合 情形三：不符合
	应确保介质存放在安全的环境中，对各类介质进行控制和保护，并实行存储环境专人管理	情形一：符合 情形二：符合 情形三：不符合
	应对介质在物理传输过程中的人员选择、打包、交付等情况进行控制，对介质归档和查询等进行登记记录，并根据存档介质的目录清单定期盘点	情形一：符合 情形二：进一步跟踪 情形三：不符合
	应对存储介质的使用过程、送出维修以及销毁等进行严格的管理，对带出工作环境的存储介质进行内容加密和监控管理，对送出维修或销毁的介质应首先清除介质中的敏感数据，对保密性较高的存储介质未经批准不得自行销毁	情形一：进一步跟踪 情形二：进一步跟踪 情形三：不符合
	应根据数据备份的需要对某些介质实行异地存储，存储地的环境要求和管理方法应与本地相同	情形一：符合 情形二：不符合 情形三：进一步跟踪
	应对重要介质中的数据和软件采取加密存储，并根据所承载数据和软件的重要程度对介质进行分类和标识管理	情形一：进一步跟踪 情形二：进一步跟踪 情形三：不符合

12.4.4　设备管理

信息系统中的设备，是指计算机终端、各类客户端、服务器、工作站、便携设备、外设、网络设备、存储媒介、安全设备等。在信息系统的设备管理阶段，应指定专门部门和人员负责设备管理工作，应制定设备安全管理制度，对各类设备的选取、采购、申领、发放和运维等流程进行管控；同时，需制定设备操作规程，对这些设备资产的使用和维护行为进行严格管理，定期做好操作、运维等行为的日常记录。对于重要设备，还应根据重要程度制定相应的操作、使用规程。针对设备管理的测评，可通过访谈了解设备的选型、采购、发放和领用以及维修等过程的管理措施，审查设备管理制度、设备操作规程，并勘查设备外出维修记录、设备带出机房或办公地点的审批单来进行。

1. 测评指标

测评指标如下：

（1）应对信息系统相关的各种设备（包括备份和冗余设备）、线路等指定专门的部门或人员定期进行维护管理；

（2）应建立基于申报、审批和专人负责的设备安全管理制度，对信息系统的各种软硬件设备的选型、采购、发放和领用等过程进行规范化管理；

(3)应建立配套设施、软硬件维护方面的管理制度,对其维护进行有效的管理,包括明确维护人员的责任、涉外维修和服务的审批、维修过程的监督控制等;

(4)应对终端计算机、工作站、便携机、系统和网络等设备的操作和使用进行规范化管理,按操作规程实现主要设备(包括备份和冗余设备)的启动/停止、加电/断电等操作;

(5)应确保信息处理设备必须经过审批才能带离机房或办公地点。

测评指标分析:

组织应制定设备的安全管理制度,对设备的采购、配置、使用、维护等进行管理,并指定专门部门或人员对信息系统相关的各种设备(包括备份和冗余设备)、线路等进行定期维护管理。组织对设备的选型、采购、发放和领用等过程的管理,都应进行申报、审批,对带离设备进行控制,必须经相关部门审批,同意后方可带离机房或办公地点。同时,需加强对各类设备的规范化管理,对配套设施、设备维护进行制度化管理,实现主要设备(包括备份和冗余设备)的启动/停止、加电/断电等操作规范化管理。

2. 测评实施

测试实施内容如下:

(1)访谈了解信息系统相关的各种设备(包括备份和冗余设备)、线路等是否由专门的部门或人员定期进行维护管理,检查设备、线路等维护记录。其测评实施要点见表12-21。

访谈对象:系统运维负责人/设备管理员。

文档审查:部门职责文档或授权文件、设备管理制度等。

表12-21 设备管理的测评实施要点1

方法	内容	备注
访谈	了解组织是否设立专职的设备管理部门; 了解设备管理部门对信息系统设备的管理范围	
检查	查看部门职责文档或授权文件,明确定义设备管理部门的职责分工、设备管理各个岗位人员职责范围; 查看信息系统相关的各种设备(包括备份和冗余设备)、线路日常操作、运维操作的记录	

(2)检查设备安全管理制度,查看是否由专人负责申报、审批,制度内容是否覆盖对信息系统的各种软硬件设备的选型、采购、发放和领用等过程。其测评实施要点见表12-22。

访谈对象:系统运维负责人/设备管理员。

文档审查:设备管理制度、采购管理制度等。

表12-22 设备管理的测评实施要点2

方法	内容	备注
访谈	了解设备安全管理制度是否包含申报、审批和专人负责等基本要求	
检查	查看设备日常操作的申报材料、审批报告和责任人员信息等; 查看信息系统的各种设备选型、采购和发放等环节的申报和审批的相关记录	

(3)检查配套设施、软硬件维护方面的管理制度,查看制度的内容是否覆盖明确维护人员的责任、涉外维修和服务的审批、维修过程的监督控制等。其测评实施要点见表12-23。

访谈对象:系统运维负责人/设备管理员。

文档审查:设备管理制度等。

表12-23 设备管理的测评实施要点3

方法	内容	备注
访谈	了解设备管理制度是否建立配套设施、软硬件维护等内容; 了解设备管理制度是否包含软硬件的维护制度	
检查	查看对配套设施、软硬件维护等内容的规定; 查看软硬件的维护制度,对维护人员的责任、涉外维修和服务的审批、维修过程作出规定	

(4)检查终端计算机、工作站、便携机、系统和网络等设备的操作和使用管理规范,检查是否按操作规程实现主要设备(包括备份和冗余设备)的启动/停止、加电/断电等操作。其测评实施要点见表12-24。

访谈对象:系统运维负责人/设备管理员。

文档审查:设备管理制度、设备操作规程等。

表12-24 设备管理的测评实施要点4

方法	内容	备注
访谈	了解对终端计算机、工作站、便携机、系统和网络等设备的操作和使用的管理; 了解设备操作规程包含的操作内容	
检查	查看终端计算机、工作站、便携机、系统和网络等设备的操作和使用的规定; 查看设备操作规程,包含主要设备(包括备份和冗余设备),启动、停止、加电、断电等操作的相关内容	

(5)检查信息处理设备带离机房或办公地点的审批记录。其测评实施要点见表12-25。

访谈对象:系统运维负责人/设备管理员/机房管理员。

文档审查:设备管理制度、审批记录等。

表12-25 设备管理的测评实施要点5

方法	内容	备注
访谈	了解信息处理设备带离的监督控制措施	
检查	查看信息处理设备带离机房或办公地点的审批规定; 查看设备带离机房或办公地点的审批、带离记录	

3. 案例分析

在现场测评过程中，检查信息系统的设备管理情况，如表 12 - 26 所示，常见以下几种情形：

（1）某企业的信息系统相关设备众多，包括个人计算机、各类客户端、服务器、工作站、便携设备、外设、网络设备、存储媒介、安全设备、辅助工具等。为对设备进行有效管理，该企业制定设备管理制度，对设备的申报、审批和专人负责进行了规定，规定了专门人员需定期对所负责的设备进行定期维护，并明确了各级设备的相关维护人员及各类设备的选取、采购、申领、发放和运维等审批流程，以规范信息系统设备的安全管理和使用的行为。企业建立设备操作规程对设备操作员的行为进行了规范，并对设备的操作步骤进行了详细描述。所有信息处理设备经过审批同意后才能带离机房或办公地点，并记录出门单。

（2）某公司购买设备的资金不充裕，拥有的信息系统设备数量有限，为满足自身业务和资产安全管理的需要，公司采取了电信公司托管方式来管理设备，即公司自身购买服务器设备，这些设备交由电信公司放置在电信机房，由电信专业运维人员进行托管服务器的日常运维工作。对于信息系统的设备管理工作，公司制定了相关的设备检查方案，定期派专门人员去电信机房对托管设备进行运维情况的检查，并和电信签订了敏感信息保密协议。设备带离机房需向电信申请，审批同意后方可带离，笔记本、便携式等设备带离办公区域没有实行控制。

（3）某公司在建设 P2P 网上平台，由于缺乏资金往往无力购买和运维服务器集群，该公司购买阿里 IaaS 云服务产品，直接租赁了云的基础设施服务，通过一个账号就能登录到租赁的服务器上，无需关心设备的采购、运维、控制等日常管理工作。公司内部每个员工都拥有自己的个人计算机，对于信息系统的设备管理工作，未规定由专人负责进行检查及运维，该公司也没有相应的设备安全管理制度。

表 12 - 26　设备管理案例测评结果分析

安全子类	标准要求	测评分析
设备管理	应对信息系统相关的各种设备（包括备份和冗余设备）、线路等指定专门的部门或人员定期进行维护管理	情形一：符合 情形二：符合 情形三：不符合
	应建立基于申报、审批和专人负责的设备安全管理制度，对信息系统的各种软硬件设备的选型、采购、发放和领用等过程进行规范化管理	情形一：符合 情形二：进一步跟踪 情形三：不符合
	应建立配套设施、软硬件维护方面的管理制度，对其维护进行有效的管理，包括明确维护人员的责任、涉外维修和服务的审批、维修过程的监督控制等	情形一：符合 情形二：符合 情形三：进一步跟踪
	应对终端计算机、工作站、便携机、系统和网络等设备的操作和使用进行规范化管理，按操作规程实现主要设备（包括备份和冗余设备）的启动/停止、加电/断电等操作	情形一：符合 情形二：进一步跟踪 情形三：符合
	应确保信息处理设备必须经过审批才能带离机房或办公地点	情形一：符合 情形二：部分符合 情形三：进一步跟踪

12.4.5 监控管理和安全管理中心

为及时发现各类异常事件和突发事件，企业部署监控管理系统、建立安全管理中心对网络、主机及应用系统等进行集中监控变得越来越广泛。企业常设立专门的安全管理中心或采用监控系统采集各类硬件及软件系统的监控数据、运行信息，进行统计分析，发现异常以邮件或短信形式通知系统管理员，已达到规避风险的目的。针对监控管理和安全管理中心的测评，可访谈了解监控系统的监控机制以及发现异常情况的处理方式，查阅监控报警记录以及分析记录来进行。

1. 测评指标

测评指标如下：

(1) 应对通信线路、主机、网络设备和应用软件的运行状况、网络流量、用户行为进行监测和报警，形成记录并妥善保存；

(2) 应组织相关人员定期对监测和报警记录进行分析、评审，发现可疑行为，形成分析报告，并采取必要的应对措施；

(3) 应建立安全管理中心，对设备状态、恶意代码、补丁升级、安全审计等安全相关事项进行集中管理。

测评指标分析：

企业内部运行着许多信息系统、企业部署网络管理软件及系统监控软件，对通信线路、主机、网络设备和应用软件的运行状况、网络流量、用户行为进行监控，由系统管理员负责运行状态监控和管理。信息系统运行维护主要对服务器软硬件、网络环境等IT资源的监控和维护，包括但不限于以下内容：服务器操作系统、网络设备、安全设备及应用系统的运行状况(CPU、内存)、安全审计、系统补丁情况、网络流量、信息系统软硬件故障情况以及用户行为等。

2. 测评实施

测试实施内容如下：

(1) 访谈了解网络监控系统的基本情况以及监控范围，查看系统监控报警记录。其测评实施要点见表12－27。

访谈对象：信息安全主管/网络管理员。

文档审查：监控运维记录、监控报告等。

表12－27 监控管理和安全管理中心的测评实施要点1

方法	内容	备注
访谈	了解组织运维部门的组织架构； 了解网络监控系统的部署情况及监控范围	
检查	查看监控系统的监控范围，包括通信线路、主机、网络和应用软件的运行状况、网络流量、用户行为等方面内容； 查看日常运维的监控日志、监控报告、报警邮件等	

（2）访谈了解异常事件的处理措施、分析过程，查看异常情况的分析报告及处理措施。其测评实施要点见表12－28。

访谈对象：信息安全主管/网络管理员。

文档审查：监控报警记录以及事件分析报告等。

表12－28　监控管理和安全管理中心的测评实施要点2

方法	内容	备注
访谈	了解监控系统的预警方式； 了解发现异常情况的应对措施	
检查	查看监控和报警的分析记录以及分析报告； 查看异常事件的应对措施	

（3）访谈了解信息系统的集中监控机制，查看监控系统的监控范围。其测评实施要点见表12－29。

访谈对象：信息安全主管/信息安全官/安全管理负责人。

文档审查：监控报警记录以及事件分析报告等。

表12－29　监控管理和安全管理中心的测评实施要点3

方法	内容	备注
访谈	了解系统的集中监控机制及监控范围	
检查	查看安全集中管理中心平台，是否对设备状态、恶意代码、补丁升级、安全审计等进行集中管理	

3.案例分析

随着计算机网络和信息系统的不断建设和发展，企业内部运行着许多信息系统，各企业对于信息系统、网络系统等的管理也不同，如表12－30所示，常见以下两种情形：

（1）企业部署多套监控系统对设备的运行状况进行监控，包括对系统中所涉及的设备运行状况的监控、服务器配置变更及软件更新、网络流量等进行监控，通过邮件和短信的形式进行报警，监控记录保存于服务器和本地各一份。企业建立了专门的恶意代码管理平台，所有客户端的病毒库由该平台统一发布和更新。

（2）企业内部运行着许多信息系统，设置了系统管理员负责这些系统的运行状态监控和管理。由于网络和设备环境情况复杂，管理员无法了解企业信息系统的整体运行状况，系统出现故障后无法及时快速的定位事件原因，影响业务的运行。系统管理员疏于日常监控和管理，仅在发生应急事件时才忙于应急维护，处理后未进行总结分析以避免事件再次发生。

表 12 - 30　监控管理和安全管理中心案例测评结果分析

安全子类	标准要求	测评分析
监控管理和安全管理中心	应对通信线路、主机、网络设备和应用软件的运行状况、网络流量、用户行为等进行监测和报警，形成记录并妥善保存	情形一：符合 情形二：部分符合
	应组织相关人员定期对监测和报警记录进行分析、评审，发现可疑行为，形成分析报告，并采取必要的应对措施	情形一：符合 情形二：不符合
	应建立安全管理中心，对设备状态、恶意代码、补丁升级、安全审计等安全相关事项进行集中管理	情形一：进一步跟踪 情形二：不符合

12.4.6　网络安全管理

人们常常依赖于通过技术手段来保障网络系统的硬件、软件及其系统中的数据安全以及系统连续可靠正常的运行，从而忽视了网络安全管理的重要性，网络安全管理实际上是对网络技术层面的补充，从社会工程学角度避免不因偶然的或者恶意的原因而使系统遭受到破坏、更改、泄露。网络安全管理的测评主要关注网络设备的配置、日志、安全策略、系统漏洞补丁以及网络监控记录等方面内容。针对网络安全管理的测评，可通过访谈了解网络系统的准入准则、与外部系统的连接的管理和要求，如何对违规外联和非法接入进行控制。审查网络设备配置是否依据且符合网络安全配置基线的要求，查阅网络漏洞扫描报告、备份记录、网络接入单等记录类文档来进行。

1. 测评指标

测评指标如下：

(1) 应指定专人对网络进行管理，负责运行日志、网络监控记录的日常维护和报警信息分析和处理工作；

(2) 应建立网络安全管理制度，对网络安全配置、日志保存时间、安全策略、升级与打补丁、口令更新周期等方面作出规定；

(3) 应根据厂家提供的软件升级版本对网络设备进行更新，并在更新前对现有的重要文件进行备份；

(4) 应定期对网络系统进行漏洞扫描，对发现的网络系统安全漏洞进行及时的修补；

(5) 应实现设备的最小服务配置，并对配置文件进行定期离线备份；

(6) 应保证所有与外部系统的连接均得到授权和批准；

(7) 应依据安全策略允许或者拒绝便携式和移动式设备的网络接入；

(8) 应定期检查违反规定拨号上网或其他违反网络安全策略的行为。

测评指标分析：

组织应配备专门的网络管理员，负责网络相关的日常运维工作。组织应制定网络安全管理制度、网络安全配置基线及设备操作手册等文档，规范网络接入和外联、网络设备的配置、日志、安全策略、系统漏洞补丁以及网络监控记录等方面内容。应制定网络接入规范，对所有与外部系统连接的情况进行授权审批，依据安全策略对网络接入及外联进行管理。组织制定网络安全策略应包括网络设备的安全配置、与外部系统的连接、便携式和移动式设备的网络接入、漏洞扫描等内容，定期检查违反网络安全策略的行为。由网络管理员定期对网络系统进行漏洞扫描,对发现的网络系统安全漏洞进行及时的修补,形成漏洞扫描报告。

2. 测评实施

测试实施内容如下:

(1)查看部门或人员岗位职责文件,明确专人负责网络安全的运维工作,查看网络监控记录、日常维护记录及报警处理记录。其测评实施要点见表12-31。

访谈对象:网络管理员。

文档审查:岗位职责文档、日常维护记录、网络监控记录、分析处理记录等。

表12-31 网络安全管理的测评实施要点1

方法	内容	备注
访谈	了解网络的运维情况,检查是否部署网络监控系统对网络设备的运行情况进行监控和组织如何管理网络设备的运行日志以及监控记录	
检查	查看网络监控的日常维护记录、网络系统异常的报警记录以及处理记录	

(2)检查网络安全管理制度,查看其内容是否包括网络设备的安全配置、日志保存时间、升级与补丁、口令复杂度要求等内容。其测评实施要点见表12-32。

文档审查:网络安全管理制度等。

表12-32 网络安全管理的测评实施要点2

方法	内容	备注
检查	查看网络安全管理制度,其内容是否覆盖网络安全配置(网络设备的安全策略、授权访问、最小服务、升级与打补丁)、网络用户权限情况、审计日志备份、审计日志保存时间、升级与打补丁、网络接入的日常符合性检查以及漏洞检查等方面内容	

(3)访谈了解网络设备的软件升级过程,查看网络设备的软件版本、升级记录、备份记录。其测评实施要点见表12-33。

访谈对象:网络管理员。

文档审查:升级、备份记录等。

表12-33 网络安全管理的测评实施要点3

方法	内容	备注
访谈	了解网络设备软件版本升级过程,更新前是否对重要文件(账户数据和配置信息)进行了备份; 了解网络设备的最小服务配置如何实现	
检查	查看网络设备版本以及升级备份记录; 查看网络设备的配置文件备份记录	

(4)访谈了解网络系统漏洞扫描情况,是否定期对网络系统进行漏洞扫描,查看网络系统漏洞扫描报告。其测评实施要点见表12-34。

访谈对象:网络管理员。

文档审查:漏洞扫描报告、漏洞分析处理报告。

表12-34　网络安全管理的测评实施要点4

方法	内容	备注
访谈	了解网络设备和基础架构的漏洞扫描周期	
检查	查看网络漏洞扫描报告,是否包括存在的漏洞、严重级别、原因分析、处理意见等内容	

(5)访谈了解网络设备的最小服务配置如何实现的,查看离线备份记录。其测评实施要点见表12-35。

访谈对象:网络管理员。

文档审查:网络设备的配置离线备份记录。

表12-35　网络安全管理的测评实施要点5

方法	内容	备注
访谈	了解网络设备的服务配置情况	
检查	查看网络设备的配置文件的离线备份记录	

(6)访谈了解所有与外联系统连接的审批机制,查看授权审批记录。其测评实施要点见表12-36。

访谈对象:网络管理员。

文档审查:内部用户外联的审批单等。

表12-36　网络安全管理的测评实施要点6

方法	内容	备注
访谈	了解所有与外联系统连接的审批机制	
检查	查看与外联区连接的授权审批记录	

(7)访谈了解便携式和移动式设备的网络接入准则,查看便携式和移动式设备的接入申请、审批记录。其测评实施要点见表12-37。

访谈对象:网络管理员。

文档审查:网络接入安全策略、便携式和移动式设备的接入申请、审批记录等。

表 12－37 网络安全管理的测评实施要点 7

方法	内容	备注
访谈	了解移动式设备的接入准则； 了解本企业员工、非公司员工（外包人员、第三方人员等）的便携式和移动式设备接入公司内部网络的流程	
检查	查看网络接入的安全策略； 查看便携式和移动式设备的网络接入的审批单及过程文档	

（8）查看检查表，是否对违反规定拨号上网、其他违反网络安全策略的行为进行检查。其测评实施要点见表 12－38。

访谈对象：网络管理员。

文档审查：安全检查表。

表 12－38 网络安全管理的测评实施要点 8

方法	内容	备注
检查	查看安全检查表，是否包括违规外联、非法接入、拨号上网等违反安全策略的行为等内容	

12.4.7 系统安全管理

为确保信息系统的主机操作系统、数据库管理系统、存储环境等的安全、稳定运行，以此保证企业业务连续性，应规范系统的安全配置和日常操作等工作。系统安全管理在系统安全中非常重要，应加强操作系统本身的安全管理机制和系统安全配置等，主要包括系统安全策略管理、账户管理、系统升级、系统审计日志管理、漏洞扫描管理等内容。针对系统安全管理的测评，访谈了解信息系统的安全漏洞的扫描情况、系统的安全配置策略及补丁更新升级过程。查看信息系统的安全策略、访问控制策略、系统漏洞扫描报告、操作规程及补丁更新记录等内容。

1. 测评指标

测评指标如下：

（1）应根据业务需求和系统安全分析确定系统的访问控制策略；

（2）应定期进行漏洞扫描，对发现的系统安全漏洞及时进行修补；

（3）应安装系统的最新补丁程序，在安装系统补丁前，首先在测试环境中测试通过，并对重要文件进行备份后，方可实施系统补丁程序的安装；

（4）应建立系统安全管理制度，对系统安全策略、安全配置、日志管理和日常操作流程等方面作出具体规定；

（5）应指定专人对系统进行管理，划分系统管理员角色，明确各个角色的权限、责任和风险，权限设定应当遵循最小授权原则；

（6）应依据操作手册对系统进行维护，详细记录操作日志，包括重要的日常操作、运行维护记录、参数的设置和修改等内容，严禁进行未经授权的操作；

(7)应定期对运行日志和审计数据进行分析,以便及时发现异常行为。

测评指标分析:

根据系统的业务需求情况和安全要求制定系统的访问控制策略,明确授权访问人员的权限,使计算机系统在合法的范围使用内。对用户进行授权时,应授予其业务范围内所需的最小访问权限,未授权人员禁止访问系统。组织应配置专门的管理员定期对操作系统和数据库进行漏洞扫描,发现操作系统、数据库系统的漏洞情况,及时进行修补。组织应及时更新操作系统补丁,在安装补丁前,分析可能对系统造成的影响,对系统中的重要文件和数据进行备份,再测试环境中进行测试通过,方可安装系统补丁程序。企业在对补丁进行分析、测试、安装后,需保留相关的过程性文档。

2. 测评实施

(1)访谈了解系统的访问控制策略,查看访问控制列表。其测评实施要点见表12－39。

访谈对象:信息安全主管/信息安全官/安全管理负责人。

文档审查:权限清单或访问控制列表等。

表12－39　系统安全管理的测评实施要点1

方法	内容	备注
访谈	了解系统的访问控制策略及权限设置情况	
检查	查看权限清单或访问控制策略,查看各管理员对信息系统、文件及服务的访问权限	

(2)访谈了解系统漏洞扫描周期,检查系统漏洞扫描报告,查看其内容是否包含系统存在的漏洞、严重级别和结果处理等方面,查看扫描时间间隔与扫描周期是否一致。其测评实施要点见表12－40。

访谈对象:系统管理员/安全管理员。

文档审查:系统漏洞扫描报告。

表12－40　系统安全管理的测评实施要点2

方法	内容	备注
访谈	了解应用系统、操作系统以及数据库管理系统的漏洞扫描情况,扫描周期,以及扫描发现的问题如何处理	
检查	检查漏洞扫描报告,包括系统发现的漏洞、漏洞的严重级别和结果处理; 查看内容漏洞扫描周期是否与制度规定一致并符合要求	

(3)访谈了解系统的补丁更新情况,查看补丁更新记录。其测评实施要点见表12－41。

访谈对象:系统管理员/安全管理员。

文档审查:系统补丁更新记录、重要文件备份记录等。

表 12－41　系统安全管理的测评实施要点 3

方法	内容	备注
访谈	了解操作系统补丁升级情况以及补丁测试安装过程； 了解补丁安装前的重要数据备份策略； 了解补丁更新前是否在测试环境中测试	
检查	查看操作系统的补丁日期； 查看补丁的测试记录； 查看补丁的更新记录； 查看补丁升级前的文件备份记录	

(4)检查系统安全管理制度，查看其内容是否覆盖系统安全策略、安全配置、日志管理、日常操作流程等具体内容。其测评实施要点见表 12－42。

文档审查：系统安全管理制度。

表 12－42　系统安全管理的测评实施要点 4

方法	内容	备注
检查	查看系统安全管理制度，是否对系统安全策略、安全配置、日志管理、漏洞扫描、升级与打补丁、口令更新周期等作出规定	

(5)查看部门或人员岗位职责文件，是否明确各个角色的权限、责任和风险。查看人员权限划分表，权限设定是否遵循最小授权原则。其测评实施要点见表 12－43。

文档审查：系统访问权限列表等。

表 12－43　系统安全管理的测评实施要点 5

方法	内容	备注
访谈	了解系统管理员角色划分及各个角色的权限设定情况	
检查	查看系统访问权限列表，核实各管理员权限是否和安全策略一致	

(6)查看详细操作日志(包括重要的日常操作、运行维护记录、参数的设置和修改等内容)。其测评实施要点见表 12－44。

文档审查：系统操作手册或配置基线、配置变更的审批记录等。

表 12－44　系统安全管理的测评实施要点 6

方法	内容	备注
访谈	了解日常维护的基本情况； 了解系统的配置变更的审批流程	
检查	查看系统操作手册或配置基线； 查看配置变更的审批记录	

(7)检查运行日志和审计结果的分析报告。其测评实施要点见表12－45。

文档审查:系统运行日志和日志分析报告等。

表12－45　系统安全管理的测评实施要点7

方法	内容	备注
检查	查看系统运行日志和审计记录; 查看日志分析记录	

3.案例分析

在现场测评过程中,检查系统安全管理的情况,常见以下几种情形:

(1)某企业制定了计算机系统访问控制策略以及安全配置基线,明确所有设备的安全配置策略、信息系统的访问控制准则和用户访问权限。所有的设备上线均采用统一的配置基线,所有的不必要特权和服务均受到控制。配备专门的系统管理员、数据库管理员,依据系统安全管理制度、操作手册和安全配置基线对操作系统和数据库系统系统安全配置、用户权限、审计日志、补丁程序、漏洞扫描等进行管理。通过权限管理平台对用户权限进行管理。所有人员权限申请、权限变更均需在平台中审批,经由管理员审批后开通,并记录在平台中。系统的所有补丁安装均需经过安全风险评估,由专门的风险部门评估确认后方可安装。部署了独立的日志服务器,系统运行日志实时发送至日志服务器进行备份。系统发生异常,以短信或邮件的形式通知系统管理员,且管理员定期对系统日志进行分析汇总,并形成报告。

(2)某企业规模较小,人员组织架构较为简单,信息科技部门的系统管理员兼任网络管理员的工作。企业人员申请账号权限填写《系统权限申请表》,具体参见表12－46,经部门领导审批后由系统管理员根据业务需求开通最小授权权限。系统管理员在进行配置变更过程中,仅凭工作经验对系统配置进行更改,未制定明确的配置基线和操作手册。截至目前,未安装最新的系统补丁程序,未开展系统漏洞扫描工作。

测评结果分析如表12－47所示。

表12－46　《用户权限申请(变更、注销)表》

<table>
<tr><td>申请人姓名</td><td></td><td>申请部门</td><td></td><td>申请日期</td><td></td></tr>
<tr><td>操作类型</td><td colspan="5">□申请用户　□用户权限变更　□注销用户</td></tr>
<tr><td>系统名称</td><td colspan="3"></td><td>分机</td><td></td></tr>
<tr><td>权限说明</td><td colspan="5"></td></tr>
<tr><td>部门负责人审批意见</td><td colspan="2">签字:</td><td colspan="3">日期:</td></tr>
<tr><td>分配(变更、注销)的用户ID</td><td colspan="5"></td></tr>
<tr><td>系统管理员审核意见</td><td colspan="2">签字:</td><td colspan="3">日期:</td></tr>
<tr><td>实施人</td><td colspan="2">签字:</td><td colspan="3">日期:</td></tr>
</table>

表 12-47 系统安全管理案例测评结果分析

安全子类	标准要求	测评分析
系统安全管理	应根据业务需求和系统安全分析确定系统的访问控制策略	情形一:符合 情形二:符合
	应定期进行漏洞扫描,对发现的系统安全漏洞及时进行修补	情形一:进一步跟踪 情形二:不符合
	应安装系统的最新补丁程序,在安装系统补丁前,首先在测试环境中测试通过,并对重要文件进行备份后,方可实施系统补丁程序的安装	情形一:符合 情形二:不符合
	应建立系统安全管理制度,对系统安全策略、安全配置、日志管理和日常操作流程等方面作出具体规定	情形一:符合 情形二:进一步跟踪
	应指定专人对系统进行管理,划分系统管理员角色,明确各个角色的权限、责任和风险,权限设定应当遵循最小授权原则	情形一:符合 情形二:符合
	应依据操作手册对系统进行维护,详细记录操作日志,包括重要的日常操作、运行维护记录、参数的设置和修改等内容,严禁进行未经授权的操作	情形一:符合 情形二:不符合
	应定期对运行日志和审计数据进行分析,以便及时发现异常行为	情形一:符合 情形二:进一步跟踪

12.4.8 恶意代码防范管理

恶意代码通常是指故意编制或设置的、对网络或系统会产生威胁或潜在威胁的计算机代码。恶意代码主要以二级制码、文件、脚本语言或宏语言等多样化形式存在,按运行平台分类,常见的有 DOS 病毒、Windows 病毒、Linux 病毒等;按传播方式分类,常见的有网络传播型病毒、文件传播型病毒等按工作机制分类,常见的有病毒、蠕虫、后门、木马等。

随着互联网的快速发展,新型恶意代码不断出现,传播越来越快,危害越来越大,因此对恶意代码的防范也变得越来越重要。为有效防范恶意代码的侵害并最大程度地防止和减少恶意代码对系统和用户信息造成破坏,应将技术、管理以及用户的安全意识三者相结合。恶意代码的防御应秉承“早发现、早报告、早隔离、早防杀”的原则,并不断增强用户的安全防范意识。采用管理为主、技术为辅、群策群力、防杀结合的方式,控制和防范恶意代码入侵。

针对恶意代码防范的测评,访谈了解恶意代码防范管理制度、恶意代码的防范措施、恶意代码软件的使用情况等。查阅恶意代码管理制度,重点查看恶意代码的授权使用、升级、定期汇报等控制和审批流程,以及相应的处理记录、分析报告。了解对员工的恶意代码意识宣传情况,查看相关记录。

1. 测评指标

测评指标如下：

（1）应提高所有用户的防病毒意识，及时告知防病毒软件版本，在读取移动存储设备上的数据以及网络上接收文件或邮件之前，先进行病毒检查，对外来计算机或存储设备接入网络系统之前也应进行病毒检查；

（2）应指定专人对网络和主机进行恶意代码检测并保存检测记录；

（3）应对防恶意代码软件的授权使用、恶意代码库升级、定期汇报等作出明确规定；

（4）应定期检查信息系统内各种产品的恶意代码库的升级情况并进行记录，对主机防病毒产品、防病毒网关和邮件防病毒网关上截获的危险病毒或恶意代码进行及时分析处理，并形成书面的报表和总结汇报。

测评指标分析：

组织应制定恶意代码安全防范管理策略，明确恶意代码软件的授权使用、恶意代码库升级、定期汇报等内容。组织应对员工进行安全意识教育，在使用移动存储设备（如U盘、移动硬盘）、网络上接收文件、外来计算机或存储设备接入网络系统之前应进行病毒排查。要组织专业人员对网络和主机进行恶意代码检测并保存检测记录，及时更新升级与信息系统有关的各类产品的恶意代码库。对截获的危险病毒或恶意代码进行及时分析处理、总结、汇报。

2. 测评实施

测试实施内容如下：

（1）查看恶意代码防范的策略文档、员工的恶意代码防范培训相关文档。其测评实施要点见表12－48。

访谈对象：安全主管。

文档审查：恶意代码防范安全管理制度、恶意代码防范的策略文档、恶意代码防范教育的过程文档。

表12－48　恶意代码防范管理的测评实施要点1

方法	内容	备注
访谈	了解移动存储设备、网络上接收文件、外来计算机或存储设备接入网络系统的安全防范； 了解组织的安全意识培训情况及周期	
检查	查看恶意代码防范的安全管理制度； 查看安全意识教育和培训内容、培训记录	

（2）检查部门或人员岗位职责，是否指定专人负责恶意代码检测，并查看网络和主机的恶意代码检测记录。其测评实施要点见表12－49。

文档审查：岗位职责、网络恶意代码检测记录、主机恶意代码检测记录。

表 12－49　恶意代码防范管理的测评实施要点 2

方法	内容	备注
检查	查看部门或人员岗位职责文件,应配备专人负责恶意代码检测; 查看网络恶意代码检测的记录,记录应包括检测时间、检测发现的问题描述等内容; 查看主机恶意代码检测记录	

(3)查看恶意代码防范管理文档,应包括防恶意代码软件的授权使用、恶意代码库升级、定期汇报等内容。其测评实施要点见表 12－50。

文档审查:病毒及恶意代码管理办法、病毒防治管理办法。

表 12－50　恶意代码防范管理的测评实施要点 3

方法	内容	备注
检查	查看恶意代码防范方面的管理制度; 查看恶意代码库的授权使用、升级策略、定期汇报要求	

(4)查看信息系统内各种产品的恶意代码库的升级记录,应定期检查;查看对截获的危险病毒或恶意代码分析处理、总结、汇报记录。其测评实施要点见表 12－51。

访谈对象:安全主管/安全管理员。

文档审查:恶意代码检测记录和分析报告、恶意代码库升级记录、恶意代码库升级的检查记录。

表 12－51　恶意代码防范管理的测评实施要点 4

方法	内容	备注
访谈	了解使用了哪些防恶意代码产品; 了解恶意代码分析、上报机制及恶意代码库的升级情况; 了解是否发生大规模的病毒安全事件; 了解大规模的病毒安全事件的处理方法及上报机制	
检查	查看防恶意代码产品的销售许可,应符合国家和组织相关规定; 查看恶意代码的日常监控、预警、检测和处理记录,以及分析汇总报告; 查看恶意代码升级的检查记录; 查看恶意代码防范软件的版本,应升级至最新版本; 查看主机防病毒产品、防病毒网关和邮件防病毒网关上截获的危险病毒或恶意代码的分析处理、总结报告	

3. 案例分析

恶意代码主要以二级制码、文件、脚本语言或宏语言等多样化形式存在,按运行平台分类,常见的有 Dos 病毒、Windows 病毒、Linux 病毒等,按传播方式分类,常见的有网络传播型病毒、文件传播型病毒等。按工作机制分类,常见的有病毒、蠕虫、后门、木马等。下表 12－52 列出了常见的恶意代码及恶意代码的破坏机制。

表 12－52　常见恶意代码的破坏机制

恶意代码名称	破坏机制
计算机病毒	需要宿主,可自动复制
蠕虫	独立程序,可自动复制,人为干预少
恶意移动代码	由轻量级程序组成,独立程序
后门	独立程序片段,提供入侵通道
特洛伊木马	一般需要宿主,隐蔽性较强
Rootkit	一般需要宿主,替换或者修改系统状态
组合恶意代码	由以上几种技术组合以增强破坏能力

在现场测评过程中,检查企业恶意代码防范管理的情况,如表 12－53 所示,常见以下几种情形:

(1)企业很重视员工的安全意识教育,采用培训、发放安全手册以及邮件提醒等多种方式定期或不定期对员工进行安全意识教育宣贯。安全意识培训的内容包含 U 盘安全使用、设备安全接入、员工桌面安全等内容。企业制定了恶意代码防范管理办法,对防恶意代码软件的安装、使用进行明确规定,并对恶意代码的检测、上报等管理过程进行规范。配备了专人负责恶意代码的授权使用、升级、分析处理等,并保存恶意代码的分析处理记录。规定计算机设备安装指定的恶意代码防范软件,恶意代码防范软件符合国家相关要求,由组织的科技部门安装部署和统一管理。企业制定了网络准入策略,对网络接入端口进行限制,关闭了计算机的 USB 接口,限制外来计算机或存储设备接入网络。部署了第三方软件对接收的邮件进行病毒检测,发现病毒立即以短信或邮件的形式通知指定人员。

(2)企业对恶意代码防范疏于管理和教育,仅在员工入职时对员工进行恶意代码等安全意识的培训,甚至不开展安全意识的培训和宣传。企业在恶意代码防范管理制度中规定接收文件或打开电子邮件文件附件前进行安全扫描。企业在客户端中均安装了免费版本的恶意代码防范软件,恶意代码防范软件的下载和使用未进行控制,同时未及时更新各种产品的恶意代码库版本。企业未限制移动存储设备的使用,一旦移动存储设备或接收邮件时,自动扫描其内容。信息系统内各种产品的恶意代码库的升级情况均记录在软件中,配备的主机和网络管理员未对其进行分析和总结。

表 12-53 恶意代码防范管理的案例测评结果分析

安全子类	标准要求	测评分析
恶意代码防范管理	应提高所有用户的防病毒意识,及时告知防病毒软件版本,在读取移动存储设备上的数据以及网络上接收文件或邮件之前,先进行病毒检查,对外来计算机或存储设备接入网络系统之前也应进行病毒检查	情形一:符合 情形二:部分符合
	应指定专人对网络和主机进行恶意代码检测并保存检测记录	情形一:符合 情形二:符合
	应对防恶意代码软件的授权使用、恶意代码库升级、定期汇报等作出明确规定	情形一:符合 情形二:进一步跟踪
	应定期检查信息系统内各种产品的恶意代码库的升级情况并进行记录,对主机防病毒产品、防病毒网关和邮件防病毒网关上截获的危险病毒或恶意代码进行及时分析处理,并形成书面的报表和总结汇报	情形一:符合 情形二:不符合

12.4.9 密码管理

信息安全的核心是通过计算机、网络、密码技术和安全技术,保护系统传输、交换和存储过程的信息的机密性、完整性、可用性、抗抵赖性等。其中,密码技术是保障信息保密性、完整性的重要技术。因此,需对该技术涉及的密码和密钥使用的整个过程进行严格的监督和管理。为规范信息安全等级保护商用密码管理,提高信息化密码保障能力,国家密码管理局于 2007 年发布 11 号文《信息安全等级保护商用密码管理办法》,对信息安全等级保护的密码实行分类分级管理。针对密码管理测评的测评,访谈了解该系统采用的密码算法和密钥产品的使用是否符合国家密码管理规定,查看密码和密钥管理制度。

1. 测评指标

测评指标如下:

应建立密码使用管理制度,使用符合国家密码管理规定的密码技术和产品。

测评指标分析:

在密码管理中,人们常常会有误解,往往将密码解析成口令。但实际密码产品不是仅指口令产品,还指提供加/解密服务、密钥管理、身份鉴别等密码学技术的产品。为保障通信和存储过程的数据安全,建立口令安全管理制度,规范设备、系统等的口令复杂度、更换周期等内容,建立密码安全管理,规范密钥使用的整个生命周期。密码产品的使用需符合国家密码管理规定,国家对商用密码产品销售实行许可制度,销售商用密码产品应当取得《商用密码产品销售许可证》,未经许可,任何单位和个人不得销售商用密码产品。

2. 测评实施

测试实施内容如下:

(1)访谈了解密码技术和产品的使用是否遵照国家密码管理规定,检查密码使用的管理制度。其测评实施要点见表 12-54。

访谈对象:安全管理员

文档审查:加密及密钥管理办法、密钥管理办法、Encryption system and key management。

表 12－54　密码管理的测评实施要点

方法	内容	备注
访谈	了解组织是否具有密码技术和产品； 了解密码产品的使用情况； 了解密码算法和密钥的使用是否遵照国家密码管理规定	
检查	查看密码技术和产品的相关资质和证明材料； 查看密码使用的安全管理制度	

3. 案例分析

以商用密码产品的采购为例，商用秘密产品是指采用密码技术对不涉及国家秘密内容的信息进行加密保护或者安全认证的产品。在现场测评过程中，检查企业密码产品的采购和使用的管理情况，常见以下几种情形：

（1）由总部统一采购密码等安全产品，未经批准各分支机构不得采用国外引进或者擅自研制的密码产品，未经批准不得采用含有加密功能的进口信息技术产品，企业使用加密算法和密钥，获得由国家密码管理机构发密码技术和产品的商用密码产品销售许可证等的相关资质和证明材料；在加密及密钥管理办法中，对口令复杂度、加密算法、密钥管理等进行规范，密钥管理需覆盖密钥的整个生命周期，包括密钥的产生、存储、备份/恢复、装入、分配、保护、更换、泄露、撤销、销毁等过程。

（2）企业依据国家要求采购密码产品及企业自行制定的加密及密钥管理办法。对于密钥，要求供应商提供密码产品销售许可证，符合国家要求。

测评结果如表 12－55 所示。

表 12－55　密码管理案例测评结果分析

方法	内容	备注
密码管理	应建立密码使用管理制度，使用符合国家密码管理规定的密码技术和产品	情形一：符合 情形二：符合

12.4.10　变更管理

系统建设和运行的各个阶段均伴随着系统变更，包括系统规划的需求变更、开发阶段的程序资源库修改、系统配置修改、网络设备替换、系统升级、新模块上线等。为降低变更过程的风险，应规范变更管理的过程。针对变更管理的实施，可通过访谈了解变更过程实施过程，查看变更管理制度以及变更过程文档来进行。

1. 测评指标

测评指标如下：

（1）应确认系统中将发生的变更，并制定变更方案；

（2）应建立变更管理制度，重要系统变更前，应向主管领导申请，变更和变更方案经过评审、审批后方可实施变更，并在实施后将变更情况向相关人员通告；

（3）应建立变更控制的申报和审批文件化程序，对变更影响进行分析并文档化，记录变更实施过程，并妥善保存所有文档和记录；

(4)应建立中止变更并保留失败变更中恢复的文件化程序，明确过程控制方法和人员职责，必要时应对恢复过程进行演练。

测评指标分析：

组织应制定变更管理制度，明确变更类型、变更流程等内容。组织的设备更换、系统升级等重要变更前，应提出变更申请，编制变更方案，经评审审批后实施变更，变更结果应向相关人员通告。应制定变更方案和变更中止回退方案，应明确变更过程和回退过程的控制、人员职责以及变更失败后的回退步骤，必要时对恢复过程进行演练。

2. 测评实施

测试实施内容如下：

(1)访谈了解系统变更事宜及变更流程，查看变更方案。其测评实施要点见表12－56。

访谈对象：系统运维负责人/系统管理员/网络管理员。

文档审查：变更管理制度、变更方案等。

表12－56 变更管理的测评实施要点1

方法	内容	备注
访谈	了解系统发生变更前是否制定变更方案以指导系统执行变更	
检查	查看系统变更方案，查看其是否对变更类型、变更原因、变更过程、变更前评估等方面进行规定	

(2)查看变更管理制度，并查看变更方案评审记录、变更过程记录文档、变更后通报等方面内容。其测评实施要点见表12－57。

访谈对象：系统运维负责人/系统管理员/网络管理员。

文档审查：变更管理制度、变更方案评审记录、变更申请书等。

表12－57 变更管理的测评实施要点2

方法	内容	备注
访谈	了解重要系统变更前，是否向主管领导申请； 了解变更方案是否经过评审； 了解变更实施后，变更情况的通告事项	
检查	检查变更管理制度，查看其是否覆盖变更前审批、变更过程记录、变更后通报等方面内容； 检查是否具有变更方案评审记录和变更过程记录文档； 检查重要系统的变更申请书，查看其是否具有主管领导的批准	

(3)查看变更控制的申报和审批文件化程序，并查看变更实施过程记录。其测评实施要点见表12－58。

访谈对象：系统运维负责人/系统管理员/网络管理员。

文档审查：变更管理制度、变更申请书、变更实施过程记录等。

表 12－58　变更管理的测评实施要点 3

方法	内容	备注
访谈	了解变更过程是否进行记录	
检查	查看变更控制的申报、审批程序，查看其是否规定需要申报的变更类型、申报流程、审批部门、批准人等方面内容	

(4)检查失败变更恢复的文件化程序，是否明确过程控制方法和人员职责，重要信息系统变更时是否对恢复过程进行演练。其测评实施要点见表 12－59。

访谈对象：系统运维负责人/系统管理员/网络管理员。

文档审查：变更管理制度、变更回退操作规程、恢复演练记录等。

表 12－59　变更管理的测评实施要点 4

方法	内容	备注
访谈	了解变更失败后的恢复程序、工作方法和职责是否文档化，恢复过程是否经过演练	
检查	查看变更失败恢复程序，查看其是否规定变更失败后的恢复流程	

12.4.11　备份和恢复管理

为防止系统出现操作失误或系统故障导致数据丢失，应根据信息系统的重要性及对业务影响的程度，识别需要备份的数据、备份策略和备份方式，并根据备份策略，建立数据备份和恢复过程的文件化规程。针对备份和恢复管理的测评，可通过访谈了解备份和恢复策略，查看备份和恢复管理制度、备份清单及备份恢复记录来进行。

1. 测评指标

测评指标如下：

(1)应识别需要定期备份的重要业务信息、系统数据及软件系统；

(2)应建立备份与恢复管理相关的安全管理制度，对备份信息的备份方式、备份频度、存储介质和保存期等进行规范；

(3)应根据数据的重要性和数据对系统运行的影响，制定数据的备份策略和恢复策略，备份策略须指明备份数据的放置场所、文件命名规则、介质替换频率和将数据离站运输的方法；

(4)应建立控制数据备份和恢复过程的程序，对备份过程进行记录，所有文件和记录应妥善保存；

(5)应定期执行恢复程序，检查和测试备份介质的有效性，确保可以在恢复程序规定的时间内完成备份的恢复。

测评指标分析：

组织应在备份和恢复策略中对数据备份和恢复过程等进行规范。备份策略应指明备份的范围(如重要业务信息、系统数据及软件系统等)、备份方式、备份频度、存储介质和保存期、备份数据的放置场所、文件命名规则、介质替换频率和将数据离站运输的方法等；恢复策略应规定恢复程序执行的周期、备份介质的有效性的检查和测试，恢复程序完成的时间等内容,且应保存备份和恢复过程的所有文件和记录。

2. 测评实施

测试实施内容如下:

(1)检查备份清单是否包括需要定期备份的重要业务信息、系统数据及软件系统等内容。其测评实施要点见表 12-60。

访谈对象:信息安全主管/系统管理员/数据库管理员/网络管理员。

文档审查:信息安全管理制度、备份清单、备份记录等。

表 12-60　备份和恢复管理的测评实施要点 1

方法	内容	备注
访谈	了解备份和恢复的范围	
检查	查看备份清单,是否包括备份的重要业务信息、系统数据、软件系统等内容; 查看重要业务信息、系统数据、软件系统的备份恢复记录	

(2)查看备份与恢复管理相关的安全管理制度,其内容是否包括备份信息的备份方式、备份频度、存储介质和保存期等。其测评实施要点见表 12-61。

访谈对象:信息安全主管/系统管理员/数据库管理员/网络管理员。

文档审查:备份与恢复管理制度等。

表 12-61　备份和恢复管理的测评实施要点 2

方法	内容	备注
访谈	了解备份信息范围,备份数据的备份方式、频度、介质、保存期等	
检查	查看数据备份与恢复管理制度,其内容应包括备份方式、备份频度、存储介质和保存期等内容	

(3)查看数据备份和恢复策略,备份策略内容应包括备份数据的放置场所、文件命名规则、介质替换频率和数据离站运输的方法等。其测评实施要点见表 12-62。

访谈对象:信息安全主管/系统管理员/数据库管理员/网络管理员/设备管理员。

文档审查:数据备份和恢复策略等。

表 12-62　备份和恢复管理的测评实施要点 3

方法	内容	备注
访谈	了解备份数据的存放场所、文件命名规则、介质替换频率、数据离站传输方法等内容	
检查	查看数据备份与恢复策略,策略内容是否包括备份数据的存放场所、命名规则、介质替换频率和数据离站运输的方法等内容; 查看实际数据备份内容和备份策略是否一致	

(4)查看数据备份和恢复程序和备份过程记录。其测评实施要点见表12-63。

访谈对象:信息安全主管/系统管理员/数据库管理员/网络管理员/设备管理员。

文档审查:数据备份和恢复程序。

表12-63 备份和恢复管理的测评实施要点4

方法	内容	备注
访谈	了解备份和恢复的流程;	
检查	查看数据备份与恢复程序文档; 查看备份过程记录文档,查看其内容是否覆盖备份时间、备份内容、备份操作、备份介质存放等内容	

(5)访谈了解恢复执行过程,备份介质的有效性的检查和测试情况,查看备份介质的有效性的检查和测试记录。其测评实施要点见表12-64。

访谈对象:信息安全主管/系统管理员/数据库管理员/网络管理员。

文档审查:数据备份和恢复程序、恢复程序以及恢复测试记录。

表12-64 备份和恢复管理的测评实施要点5

方法	内容	备注
访谈	了解恢复程序的执行过程; 了解备份介质的有效性的检查和测试过程	
检查	查看恢复程序执行要求; 查看备份介质的检查和测试记录; 查看数据恢复时间是否在恢复程序中规定的时间内	

3. 案例分析

在现场测评过程中,检查组织的备份和恢复管理程序,如表12-65所示,常见以下几种情形:

(1)某医疗机构总部设在上海浦东,设立信息中心和质量管理处,并且设有专门团队对备份和恢复进行管理。依据电子病历系统分级评审要求及行业标准等相关规定,识别需备份的数据,制定备份清单列表和备份策略,明确数据备份范围、备份方式、频度、存储介质、存储环境和保存期限等。依据备份和恢复过程策略文档,由运维人员定期检查和测试备份介质的有效性,保存备份和恢复过程记录文档。

(2)G公司年销售额350万元,总部设在S市。该公司为150家客户提供在线法律软件服务,包括律师事务所的数据存储和管理活动。公司自三年前建成以来发展迅速,并为适应这一发展扩大了数据处理部门。G公司最近将总部搬到市郊一间改造的仓库。仓库改造时,保留了原有构造,包括木结构外墙以及内部的木梁。分布处理式小型机置于最大的一间房子,且开有天窗,员工能方便进入。机房使用前,通过了消防部门的检查,包括灭火装置和安全出口等。为进一步保护存有客户信息的数据库,公司设置了磁带备份程序,每周日晚自动进行数据库备份,以避免日常操作和程序中断。然后将备份磁带标号,存于专设的架子上。使用手册明确规定了如何使用这些磁带恢复数据库。为了应对紧急情况的发生,公司备有数据处理部门员工的家庭电话。但对于相关备份文件异地备份的重要性等因素考虑欠妥,近期一场大火导致设备损毁,使客户数据信息全部丢失。

(3)某微型民营企业,对于备份与恢复管控较为松懈,对于数据文件管理、系统分布没有明确的规定,对于信息共享和统一数据管理没有做出明确规定,无定时备份、恢复记录,数据备份也是在突发安全意识后偶尔进行备份。

表 12-65 备份和恢复管理的案例测评结果分析

安全子类	标准要求	测评分析
备份和恢复管理	应识别需要定期备份的重要业务信息、系统数据及软件系统等	情形一:符合 情形二:符合 情形三:不符合
	应建立备份与恢复管理相关的安全管理制度,对备份信息的备份方式、备份频度、存储介质和保存期等进行规范	情形一:符合 情形二:符合 情形三:不符合
	应根据数据的重要性和数据对系统运行的影响,制定数据的备份策略和恢复策略,备份策略须指明备份数据的放置场所、文件命名规则、介质替换频率和将数据离站运输的方法	情形一:进一步跟踪 情形二:进一步跟踪 情形三:不符合
	应建立控制数据备份和恢复过程的程序,对备份过程进行记录,所有文件和记录应妥善保存	情形一:符合 情形二:不符合 情形三:不符合
	应定期执行恢复程序,检查和测试备份介质的有效性,确保可以在恢复程序规定的时间内完成备份的恢复	情形一:符合 情形二:不符合 情形三:不符合

12.4.12 安全事件处置

安全事件的处置是保障信息系统正常运行的重要环节,也是重要的工作内容。组织可参考 GB/Z 20986-2007《信息安全技术 信息安全事件分类分级指南》的有关规定对信息安全事件进行分类分级,以便快速有效处置信息安全事件。组织应能够发现、报告和评估发现的安全弱点和可疑事件,对安全事件应做出响应,包括启动适当的事件防护措施来预防和降低事件影响,以及从事件影响中恢复,如支持和业务连续性规划等等,并从信息安全事件中吸取经验教训,制定预防措施。针对安全事件处置的测评,通过访谈了解安全事件的等级划分、安全事件报告和响应处理程序,查阅安全事件报告、响应处理制度和流程,以及安全事件报告和响应处理过程文件和记录。

1. 测评指标

测评指标如下:

(1)应报告所发现的安全弱点和可疑事件,但任何情况下用户均不应尝试验证弱点;

(2)应制定安全事件报告和处置管理制度,明确安全事件的类型,规定安全事件的现场处理、事件报告和后期恢复的管理职责;

(3)应根据国家相关管理部门对计算机安全事件等级划分方法和安全事件对本系统产生的影响,对本系统计算机安全事件进行等级划分;

(4)应制定安全事件报告和响应处理程序,确定事件的报告流程,响应和处置的范围、程度,以及处理方法等;

(5)应在安全事件报告和响应处理过程中分析和鉴定事件产生的原因,搜集证据,记录处理过程,总结经验教训,制定防止再次发生的补救措施,过程中形成的所有文件和记录均应妥善保存;

(6)对造成系统中断和造成信息泄密的安全事件应采用不同的处理程序和报告程序。

测评指标分析:

组织能发现、报告和评估发现的安全弱点和可疑事件。组织应制定安全事件报告和处置管理制度、制定安全事件报告和响应处理程序,对系统计算机安全事件进行等级划分,根据事件的不同等级对信息安全事件做出不同响应、处置。还应从信息安全事件中吸取经验教训,制定预防措施。特别对造成系统中断和造成信息泄密的安全事件应采用不同的处理程序和报告程序。

2. 测评实施

(1)检查信息系统所发现的安全弱点和可疑事件报告或相关文档,查看相应安全事件的报告流程及内容的翔实程度要求,并要求任何情况下用户都不应去尝试验证弱点。其测评实施要点见表12－66。

访谈对象:信息安全官/系统运维负责人。

文档审查:信息安全管理办法、系统运维操作手册、安全事件管理办法等。

表12－66　安全事件处理的测评实施要点1

方法	内容	备注
访谈	了解组织的安全事件处置流程; 了解安全弱点和可疑事件的报告流程以及翔实程度; 了解安全弱点和可疑事件的验证要求	
检查	查看安全事件的报告或相关文档,勘察流程的符合性; 查看安全事件的翔实程度,以及相应的处理流程; 检查所发现的安全弱点和可疑事件的验证结果	

(2)查看安全事件报告和处置管理制度,安全事件的级别,以及安全事件的现场处理、事件报告和后期恢复的管理职责。其测评实施要点见表12－67。

访谈对象:信息安全官/系统运维负责人。

文档审查:信息安全管理办法、系统运维操作手册、安全事件管理办法等。

表 12-67　安全事件处理的测评实施要点 2

方法	内容	备注
访谈	了解组织的安全事件报告和处置的管理流程； 了解安全事件的分类； 了解安全事件的现场处理、事件报告和后期恢复的具体要求	
检查	查看组织的安全事件报告和处置的管理流程，勘察流程的符合性； 查看各级别安全事件的报告和处置要求，是否细化； 查看安全事件的现场处理、事件报告和后期恢复的具体要求	

(3)访谈了解根据国家相关管理部门对计算机安全事件等级划分方法和安全事件对本系统产生的影响，查看本系统计算机安全事件的等级划分情况。其测评实施要点见表 12-68。

访谈对象：信息安全官/系统运维负责人。

文档审查：信息安全管理办法、安全事件管理办法等。

表 12-68　安全事件处理的测评实施要点 3

方法	内容	备注
访谈	了解组织系统的安全事件的等级划分，以及应遵循的要求	
检查	查看根据国家相关管理部门关于安全事件对系统产生的影响而进行等级划分的具体级别、内容	

(4)查看安全事件报告和响应处理程序，确定事件的报告流程，响应和处置的范围、程度，以及处理方法等。其测评实施要点见表 12-69。

访谈对象：信息安全官/系统运维负责人。

文档审查：信息安全管理办法、系统运维操作手册、安全事件管理办法等。

表 12-69　安全事件处理的测评实施要点 4

方法	内容	备注
访谈	了解组织的安全事件报告和响应处理程序； 了解安全事件的报告流程，响应和处置的范围、程度，以及处理方法等	
检查	查看组织的安全事件报告和响应处理程序，勘察流程的符合性； 查看安全事件的报告流程，响应和处置的范围、程度，以及处理方法的翔实程度，以及相应的处理流程	

(5)查看在安全事件报告和响应处理过程中，对事件产生的原因进行分析和鉴定，搜集证据，记录处理过程，并且总结经验教训。查看防止安全事件再次发生的补救措施，过程形成的所有文件和记录，均予以妥善保存。其测评实施要点见表 12-70。

访谈对象：信息安全官/系统运维负责人。

文档审查:信息安全管理办法、系统运维操作手册、安全事件管理办法等。

表 12-70　安全事件处理的测评实施要点 5

方法	内容	备注
访谈	了解组织的安全事件报告和响应处置流程; 了解组织的安全事件的原因分析、搜集证据,以及总结经验教训的具体要求	
检查	查看安全事件的报告和响应的处理过程; 查看对事件产生的原因进行分析和鉴定,搜集证据,记录处理过程,以及总结经验教训的记录; 查看防止安全事件再次发生的补救措施记录,以及补救措施的有效性	

(6)检查对造成系统中断和造成信息泄密的安全事件所采用不同的处理程序和报告程序。其测评实施要点见表 12-71。

访谈对象:信息安全官/系统运维负责人。

文档审查:信息安全管理办法、系统运维操作手册、安全事件管理办法等。

表 12-71　安全事件处理的测评实施要点 6

方法	内容	备注
访谈	了解组织的安全事件处置流程; 了解造成系统中断和信息泄密的安全事件的处理和报告程序	
检查	查看造成系统中断和信息泄密的安全事件的处理程序和报告程序; 查看系统中断事件报告和信息泄密事件报告	

12.4.13　应急预案管理

应急预案是指面对突发事件如自然灾害、重特大事故、环境公害及人为破坏的应急管理、指挥、救援计划等。针对应急预案管理的测评,可通过访谈了解是否建立了应急预案管理体系,是否通过构建应急预案框架、资源保障、培训、演练、审查、更新几个方面来确保体系落到实处,查阅应急预案管理制度、定期培训计划与记录、突发事件的演练记录、应急预案的定期审查与更新记录来进行。

1. 测评指标

测评指标如下:

(1)应在统一的应急预案框架下制定不同事件的应急预案,应急预案框架应包括启动预案的条件、应急处理流程、系统恢复流程、事后教育和培训等内容;

(2)应从人力、设备、技术和财务等方面确保应急预案的执行有足够的资源保障;

(3)应对系统相关的人员进行应急预案培训,对应急预案的培训应至少每年举办一次;

(4)应定期对应急预案进行演练,根据不同的应急恢复内容来确定演练的周期;

(5)应规定应急预案需要定期审查和根据实际情况更新的内容,并按照其执行。

测评指标分析:

组织应构建统一的应急预案框架(框架内容包括启动预案的条件、应急处理流程、系统恢复流程、事后教育和培训等),制定面向不同事件的应急预案,并确保应急预案的执行有人力、设备、技术和财务等资源保障。组织应至少每年对系统相关人员进行一次应急预案培训,并定期进行演练。组织应对应急预案进行定期审查和更新。

2. 测评实施

测试实施内容如下:

(1)检查统一的应急预案框架,查看不同事件的应急预案,包括启动预案的条件、应急处理流程、系统恢复流程、事后教育和培训等内容。其测评实施要点见表 12-72。

访谈对象:信息安全主管/应急响应小组负责人。

文档审查:应急预案框架、应急预案计划、应急演练报告等。

表 12-72　应急预案管理的测评实施要点 1

方法	内容	备注
访谈	访谈了解应急预案管理的规定,是否构建完善的应急预案框架; 应急预案框架是否包括启动预案的条件、应急处理流程、系统恢复流程、事后教育和培训等内容	
检查	查看应急预案框架以及系统专项应急预案; 查看应急预案计划和应急演练报告	

(2)查看应急预案的资源保障,包括人力、设备、技术和财务等方面的保障。其测评实施要点见表 12-73。

访谈对象:信息安全主管/设备管理员/财务主管/人事主管/技术总监/应急响应小组负责人。

文档审查:应急预案框架、应急预案计划、应急演练报告等。

表 12-73　应急预案管理的测评实施要点 2

方法	内容	备注
访谈	访谈了解执行应急预案的资源保障	
检查	查看应急预案计划,确保应急预案的执行有充足的资源保障,包括从人力、设备、技术和财务等方面	

(3)访谈了解应急预案的培训频率,查看对系统相关的人员进行的应急预案培训记录。其测评实施要点见表 12-74。

访谈对象:信息安全主管/培训主管/人事主管/应急响应小组负责人。

文档审查:应急预案培训计划与记录等。

表 12－74　应急预案管理的测评实施要点 3

方法	内容	备注
访谈	访谈了解应急预案的培训频率	
检查	查看应急预案培训计划，至少每年举办一次有关于应急预案的培训； 查看应急预案培训记录，包括培训时间、参与人员、培训内容等信息	

（4）访谈了解应急预案演练的频率，查看应急演练报告。其测评实施要点见表 12－75。

访谈对象：信息安全主管/应急响应小组负责人。

文档审查：应急预案框架、应急预案计划、应急演练报告等。

表 12－75　应急预案管理的测评实施要点 4

方法	内容	备注
访谈	访谈了解是否定期举行应急预案演练，且根据不同应急恢复内容确定演练周期	
检查	查看应急预案框架是否要求应急预案演练频率； 查看定期的演练计划与报告	

（5）检查应急预案定期审查规定，查看应急预案更新记录。其测评实施要点见表 12－76。

访谈对象：信息安全主管/应急响应小组负责人/文档管理员。

文档审查：应急预案框架、应急预案定期审查与更新记录等。

表 12－76　应急预案管理的测评实施要点 5

方法	内容	备注
访谈	访谈了解是否定期对应急预案进行审查	
检查	查看制度文件是否定期对应急预案进行审查与更新进行规定； 查看应急预案定期审查与更新记录	

附录A　信息安全等级保护测评报告模版(2015)

报告编号:XXXXXXXXXXX－XXXXX－XX－XXXX－XX

信息系统安全等级测评报告模版(2015年版)

系统名称:

委托单位:

测评单位:

报告时间:　　年　　月　　日

说　　明

一、每个备案信息系统单独出具测评报告。

二、测评报告编号为四组数据。各组含义和编码规则如下:

第一组为信息系统备案表编号,由2段16位数字组成,可以从公安机关颁发的信息系统备案证明(或备案回执)上获得。第1段即备案证明编号的前11位(前6位为受理备案公安机关代码,后5位为受理备案的公安机关给出的备案单位的顺序编号);第2段即备案证明编号的后5位(系统编号)。

第二组为年份,由2位数字组成。例如09代表2009年。

第三组为测评机构代码,由四位数字组成。前两位为省级行政区划数字代码的前两位或行业主管部门编号:00为公安部,11为北京,12为天津,13为河北,14为山西,15为内蒙古,21为辽宁,22为吉林,23为黑龙江,31为上海,32为江苏,33为浙江,34为安徽,35为福建,36为江西,37为山东,41为河南,42为湖北,43为湖南,44为广东,45为广西,46为海南,50为重庆,51为四川,52为贵州,53为云南,54为西藏,61为陕西,62为甘肃,63为青海,64为宁夏,65为新疆,66为新疆兵团。90为国防科工局,91为电监会,92为教育部。后两位为公安机关或行业主管部门推荐的测评机构顺序号。

第四组为本年度信息系统测评次数,由两位构成。例如02表示该信息系统本年度测评2次。

信息系统等级测评基本信息表

<table>
<tr><td colspan="5">信息系统</td></tr>
<tr><td colspan="2">系统名称</td><td></td><td>安全保护等级</td><td></td></tr>
<tr><td colspan="2">备案证明编号</td><td></td><td>测评结论</td><td></td></tr>
<tr><td colspan="5">被测单位</td></tr>
<tr><td>单位名称</td><td colspan="4"></td></tr>
<tr><td>单位地址</td><td colspan="2"></td><td>邮政编码</td><td></td></tr>
<tr><td rowspan="3">联系人</td><td>姓名</td><td></td><td>职务/职称</td><td></td></tr>
<tr><td>所属部门</td><td></td><td>办公电话</td><td></td></tr>
<tr><td>移动电话</td><td></td><td>电子邮件</td><td></td></tr>
<tr><td colspan="5">测评单位</td></tr>
<tr><td>单位名称</td><td colspan="2"></td><td>单位代码</td><td></td></tr>
<tr><td>通信地址</td><td colspan="2"></td><td>邮政编码</td><td></td></tr>
<tr><td rowspan="3">联系人</td><td>姓名</td><td></td><td>职务/职称</td><td></td></tr>
<tr><td>所属部门</td><td></td><td>办公电话</td><td></td></tr>
<tr><td>移动电话</td><td></td><td>电子邮件</td><td></td></tr>
<tr><td rowspan="3">审核批准</td><td>编制人</td><td>（签名）</td><td>编制日期</td><td></td></tr>
<tr><td>审核人</td><td>（签名）</td><td>审核日期</td><td></td></tr>
<tr><td>批准人</td><td>（签名）</td><td>批准日期</td><td></td></tr>
</table>

注：单位代码由受理测评机构备案的公安机关给出。

声　　明

（声明是测评机构对测评报告的有效性前提、测评结论的适用范围以及使用方式等有关事项的陈述。针对特殊情况下的测评工作，测评机构可在以下建议内容的基础上增加特殊声明。）

本报告是 xxx 信息系统的等级测评报告。

本报告测评结论的有效性建立在被测评单位提供相关证据的真实性基础之上。

本报告中给出的测评结论仅对被测信息系统当时的安全状态有效。当测评工作完成后，由于信息系统发生变更而涉及的系统构成组件（或子系统）都应重新进行等级测评，本报告不再适用。

本报告中给出的测评结论不能作为对信息系统内部署的相关系统构成组件（或产品）的测评结论。

在任何情况下，若需引用本报告中的测评结果或结论都应保持其原有的意义，不得对相关内容擅自进行增加、修改和伪造或掩盖事实。

单位名称（加盖单位公章）

年　　月

等级测评结论

<table>
<tr><td colspan="4">测评结论与综合得分</td></tr>
<tr><td>系统名称</td><td></td><td>保护等级</td><td></td></tr>
<tr><td>系统简介</td><td colspan="3">（简要描述被测信息系统承载的业务功能等基本情况。建议不超过400 字）</td></tr>
<tr><td>测评过程简介</td><td colspan="3">（简要描述测评范围和主要内容。建议不超过 200 字。）</td></tr>
<tr><td>测评结论</td><td></td><td>综合得分</td><td></td></tr>
</table>

总 体 评 价

根据被测系统测评结果和测评过程中了解的相关信息,从用户角度对被测信息系统的安全保护状况进行评价。例如可以从安全责任制、管理制度体系、基础设施与网络环境、安全控制措施、数据保护、系统规划与建设、系统运维管理、应急保障等方面分别评价描述信息系统安全保护状况。

综合上述评价结果,对信息系统的安全保护状况给出总括性结论。例如:信息系统总体安全保护状况较好。

主要安全问题

描述被测信息系统存在的主要安全问题及其可能导致的后果。

问题处置建议

针对系统存在的主要安全问题提出处置建议。

目　录

1 测评项目概述

1.1 测评目的

1.2 测评依据

列出开展测评活动所依据的文件、标准和合同等。

如果有行业标准的,行业标准的指标作为基本指标。报告中的特殊指标属于用户自愿增加的要求项。

1.3 测评过程

描述等级测评工作流程,包括测评工作流程图、各阶段完成的关键任务和工作的时间节点等内容。

1.4 报告分发范围

说明等级测评报告正本的份数与分发范围。

2 被测信息系统情况

参照备案信息简要描述信息系统。

2.1 承载的业务情况

描述信息系统承载的业务、应用等情况。

2.2 网络结构

给出被测信息系统的拓扑结构示意图,并基于示意图说明被测信息系统的网络结构基本情况,包括功能/安全区域划分、隔离与防护情况、关键网络和主机设备的部署情况和功能简介、与其他信息系统的互联情况和边界设备以及本地备份和灾备中心的情况。

2.3 系统资产

系统资产包括被测信息系统相关的所有软硬件、人员、数据及文档等。

2.3.1 机房

以列表形式给出被测信息系统的部署机房。

序号	机房名称	物理位置

2.3.2 网络设备

以列表形式给出被测信息系统中的网络设备。

序号	设备名称	操作系统	品牌	型号	用途	数量（台/套）	重要程度
…	…	…	…	…	…	…	…

2.3.3 安全设备

以列表形式给出被测信息系统中的安全设备。

序号	设备名称	操作系统	品牌	型号	用途	数量（台/套）	重要程度
…	…	…	…	…	…	…	…

2.3.4 服务器/存储设备

以列表形式给出被测信息系统中的服务器和存储设备，描述服务器和存储设备的项目包括设备名称、操作系统、数据库管理系统以及承载的业务应用软件系统。

序号	设备名称①	操作系统/数据库管理系统	版本	业务应用软件	数量（台/套）	重要程度
…	…	…	…	…	…	…

① 设备名称在本报告中应唯一，如 xx 业务主数据库服务器或 xx－svr－db－1。

2.3.5 终端

以列表形式给出被测信息系统中的终端,包括业务管理终端、业务终端和运维终端等。

序号	设备名称	操作系统	用途	数量(台/套)	重要程度
…	…	…	…	…	…

2.3.6 业务应用软件

以列表的形式给出被测信息系统中的业务应用软件(包括含中间件等应用平台软件),描述项目包括软件名称、主要功能简介。

序号	软件名称	主要功能	开发厂商	重要程度
…	…	…	…	…

2.3.7 关键数据类别

以列表形式描述具有相近业务属性和安全需求的数据集合。

序号	数据类别①	所属业务应用	安全防护需求②	重要程度
…	…	…	…	…

2.3.8 安全相关人员

以列表形式给出与被测信息系统安全相关的人员情况。相关人员包括(但不限于)安全主管、系统建设负责人、系统运维负责人、网络(安全)管理员、主机(安全)管理员、数据库(安全)管理员、应用(安全)管理员、机房管理人员、资产管理员、业务操作员、安全审计人员等。

序号	姓名	岗位/角色	联系方式
…	…	…	…

① 如鉴别数据、管理信息和业务数据等,而业务数据可从安全防护需求(保密、完整等)的角度进一步细分。

② 保密性,完整性等。

2.3.9 安全管理文档

以列表形式给出与信息系统安全相关的文档，包括管理类文档、记录类文档和其他文档。

序号	文档名称	主要内容
…	…	…

2.4 安全服务

序号	安全服务名称①	安全服务商
…	…	…

2.5 安全环境威胁评估

描述被测信息系统的运行环境中与安全相关的部分，并以列表形式给出被测信息系统的威胁列表。

序号	威胁分(子)类	描述
…	…	…

2.6 前次测评情况

简要描述前次等级测评发现的主要问题和测评结论。

3 等级测评范围与方法

3.1 测评指标

测评指标包括基本指标和特殊指标两部分。

① 安全服务包括系统集成、安全集成、安全运维、安全测评、应急响应、安全监测等所有相关安全服务。

3.1.1 基本指标

依据信息系统确定的业务信息安全保护等级和系统服务安全保护等级，选择《基本要求》中对应级别的安全要求作为等级测评的基本指标，以表格形式在表 3－1 中列出。

表 3－1 基本指标

安全层面①	安全控制点②	测评项数
…	…	…

3.1.2 不适用指标

鉴于信息系统的复杂性和特殊性，《基本要求》的某些要求项可能不适用于整个信息系统，对于这些不适用项应在表后给出不适用原因。

表 3－2 不适用指标

安全层面	安全控制点	不适用项	原因说明
…	…	…	

3.1.2 不适用指标

结合被测评单位要求、被测信息系统的实际安全需求以及安全最佳实践经验，以列表形式给出《基本要求》（或行业标准）未覆盖或者高于《基本要求》（或行业标准）的安全要求。

安全层面	安全控制点	特殊要求描述	测评项数
…	…		…

① 安全层面对应基本要求中的物理安全、网络安全、主机安全、应用安全、数据安全与备份恢复、安全管理制度、安全管理机构、人员安全管理、系统建设管理和系统运维管理等 10 个安全要求类别。

② 安全控制点是对安全层面的进一步细化，在《基本要求》目录级别中对应安全层面的下一级目录。

3.2 测评对象

3.2.1 测评对象选择方法

依据 GB/T 28449—2012 信息系统安全等级保护测评过程指南的测评对象确定原则和方法,结合资产重要程度赋值结果,描述本报告中测评对象的选择规则和方法。

3.2.2 测评对象选择结果

1. 机房

序号	机房名称	物理位置	重要程度

2. 网络设备

序号	设备名称	操作系统	用途	重要程度
…	…	…	…	

3. 安全设备

序号	设备名称	操作系统	用途	重要程度
…	…	…	…	

4. 服务器/存储设备

序号	设备名称[①]	操作系统 /数据库管理系统	业务应用软件	重要程度
…	…		…	

5. 终端

序号	设备名称	操作系统	用途	重要程度
…	…			

① 设备名称在本报告中应唯一,如 xx 业务主数据库服务器或 xx - svr - db - 1。

6. 数据库管理系统

序号	数据库系统名称	数据库管理系统类型	所在设备名称	重要程度
…	…	…	…	…

7. 业务应用软件

序号	软件名称	主要功能	开发厂商	重要程度
…	…	…		

8. 访谈人员

序号	姓名	岗位/职责
…	…	…

9. 安全管理文档

序号	文档名称	主要内容
…	…	…

3.3 测评方法

描述等级测评工作中采用的访谈、检查、测试和风险分析等方法。

4 单元测评

单元测评内容包括“3.1.1 基本指标”以及“3.1.3 特殊指标”中涉及的安全层面,内容由问题分析和结果汇总等两个部分构成,详细结果记录及符合程度参见报告附录 A。

4.1 物理安全

4.1.1 结果汇总

针对不同安全控制点对单个测评对象在物理安全层面的单项测评结果进行汇总和统计。

表4-1　物理安全-单元测评结果汇总表

序号	测评对象	符合情况	安全控制点									
			物理位置的选择	物理访问控制	防盗窃和防破坏	防雷击	防火	防水和防潮	防静电	温湿度控制	电力供应	电磁屏蔽
1	对象1	符合										
		部分符合										
		不符合										
		不适用										
…	…	…	…	…	…	…	…	…	…			

4.1.2　结果分析

针对物理安全测评结果中存在的符合项加以分析说明,形成被测系统具备的安全保护措施描述。

针对物理安全测评结果中存在的部分符合项或不符合项加以汇总和分析,形成安全问题描述。

4.2　网络安全

4.2.1　结果汇总

针对不同安全控制点对单个测评对象在网络安全层面的单项测评结果进行汇总和统计。

4.2.2　结果分析

4.3　主机安全

4.3.1　结果汇总

针对不同安全控制点对单个测评对象在主机安全层面的单项测评结果进行汇总和统计。

4.3.2 结果分析

4.4 应用安全

4.4.1 结果汇总

4.4.2 结果分析

4.5 数据安全及备份恢复

4.5.1 结果汇总

4.5.2 结果分析

4.6 安全管理制度

4.6.1 结果汇总

4.6.2 结果分析

4.7 安全管理机构

4.7.1 结果汇总

4.7.2 结果分析

4.8 人员安全管理

4.8.1 结果汇总

4.8.2 结果分析

4.9 系统建设管理

4.9.1 结果汇总

4.9.2 结果分析

4.10 系统运维管理

4.10.1 结果汇总

4.10.2 结果分析

4.11 ××××(特殊指标)

4.11.1 结果汇总

4.11.2 结果分析

4.12 单元测评小结数据安全及备份恢复

4.12.1 控制点符合情况汇总

根据附录A中测评项的符合程度得分,以算术平均法合并多个测评对象在同一测评项的得分,得到各测评项的多对象平均分。

根据测评项权重(参见附件《测评项权重赋值表》,其他情况的权重赋值另行发布),以加权平均合并同一安全控制点下的所有测评项的符合程度得分,并按照控制点得分计算公式得到各安全控制点的5分制得分。

$$\text{控制点得分} = \frac{\sum_{k=1}^{n} \text{测评项的多对象平均分} \times \text{测评项权重}}{\sum_{k=1}^{n} \text{测评项权重}}$$

其中,n为同一控制点下的测评项数,不含不适用的控制点和测评项。

以表格形式汇总测评结果,表格以不同颜色对测评结果进行区分,部分符合(安全控制点得分在0分和5分之间,不等于0分或5分)的安全控制点采用黄色标识,不符合(安全控制点得分为0分)的安全控制点采用红色标识。

表 4-2 单元测评结果分类统计表

序号	安全层面	安全控制点	安全控制点得分	符合情况			
				符合	部分符合	不符合	不适用
1	物理安全	物理位置的选择					
2		物理访问控制					
3		防盗窃和防破坏					
4		防雷击					
5		防火					
6		防水和防潮					
7		防静电					
8		温湿度控制					
9		电力供应					
10		电磁防护					
…	…	…		…	…	…	
统计							

4.12.2 安全问题汇总

针对单元测评结果中存在的部分符合项或不符合项加以汇总,形成安全问题列表并计算其严重程度值。依其严重程度取值为 1~5,最严重的取值为 5。安全问题严重程度值是基于对应的测评项权重并结合附录 A 中对应测评项的符合程度进行的。具体计算公式如下:

安全问题严重程度值=(5-测评项符合程度得分)×测评项权重

表 4-3 安全问题汇总表

问题编号	安全问题	测评对象	安全层面	安全控制点	测评项	测评项权重	问题严重程度值
…		…		…			

5 整体测评

从安全控制间、层面间、区域间和验证测试等方面对单元测评的结果进行验证、分析和整体评价。

具体内容参见《GB/T 28448 信息安全技术信息系统安全等级保护测评要求》。

5.1 安全控制间安全测评

5.2 层面间安全测评

5.3 区域间安全测评

5.4 验证测试

验证测试包括漏洞扫描,渗透测试等,验证测试发现的安全问题对应到相应的测评项的结果记录中。详细验证测试报告见报告附录A。

若由于用户原因无法开展验证测试,应将用户签章的"自愿放弃验证测试声明"作为报告附件。

5.5 整体测评结果汇总

根据整体测评结果,修改安全问题汇总表中的问题严重程度值及对应的修正后测评项符合程度得分,并形成修改后的安全问题汇总表(仅包括有所修正的安全问题)。可根据整体测评安全控制措施对安全问题的弥补程度将修正因子设为0.5~0.9。具体计算公式如下:

修正后问题严重程度值① = 修正前的问题严重程度值 × 修正因子

修正后测评项符合程度 = 5 - 修正后问题严重程度值/测评项权重

表5-1 修正后的安全问题汇总表②

序号	问题编号③	安全问题描述	测评项权重	整体测评描述	修正因子	修正后问题严重程度值	修正后测评项符合程度
	…						

6 总体安全状况分析

6.1 系统安全保障评估

以表格形式汇总被测信息系统已采取的安全保护措施情况,并综合附录A中的测评项

① 问题严重程度值最高为5。

② 该处仅列出问题严重程度有所修正的安全问题。

③ 该处编号与4.12.2安全问题汇总表中的问题编号一一对应。

符合程度得分以及5.5章节中的修正后测评项符合程度得分(有修正的测评项以5.5章节中的修正后测评项符合程度得分带入计算),以算术平均法合并多个测评对象在同一测评项的得分,得到各测评项的多对象平均分。

根据测评项权重(见附件《测评项权重赋值表》,其他情况的权重赋值另行发布),以加权平均合并同一安全控制点下的所有测评项的符合程度得分,并按照控制点得分计算公式得到各安全控制点的5分制得分。计算公式为:

$$\text{控制点得分} = \frac{\sum_{k=1}^{n} \text{测评项的多对象平均分} \times \text{测评项权重}}{\sum_{k=1}^{n} \text{测评项权重}}$$

其中,n 为同一控制点下的测评项数,不含不适用的控制点和测评项。

以算术平均合并同一安全层面下的所有安全控制点得分,并转换为安全层面的百分制得分。根据表格内容描述被测信息系统已采取的有效保护措施和存在的主要安全问题情况。

表6-1　系统安全保障情况得分表

序号	安全层面	安全控制点	安全控制点得分	安全层面得分
1	物理安全	物理位置的选择		
2		物理访问控制		
3		防盗窃和防破坏		
4		防雷击		
5		防火		
6		防水和防潮		
7		防静电		
8		温湿度控制		
9		电力供应		
10		电磁防护		
11	网络安全	结构安全		
12		访问控制		
13		安全审计		
14		边界完整性检查		
15		入侵防范		
16		恶意代码防范		
17		网络设备防护		

表6－1(续)

序号	安全层面	安全控制点	安全控制点得分	安全层面得分
18	主机安全	身份鉴别		
19		安全标记		
20		访问控制		
21		可信路径		
22		安全审计		
23		剩余信息保护		
24		入侵防范		
25		恶意代码防范		
26		资源控制		
27	应用安全	身份鉴别		
28		安全标记		
29		访问控制		
30		可信路径		
31		安全审计		
32		剩余信息保护		
33		通信完整性		
34		通信保密性		
35		抗抵赖		
36		软件容错		
37		资源控制		
38	数据安全及备份恢复	数据完整性		
39		数据保密性		
40		备份和恢复		
41	安全管理制度	管理制度		
42		制定和发布		
43		评审和修订		
44	安全管理机构	岗位设置		
45		人员配备		
46		授权和审批		
47		沟通和合作		
48		审核和检查		

表 6-1(续)

序号	安全层面	安全控制点	安全控制点得分	安全层面得分
49	人员安全管理	人员录用		
50		人员离岗		
51		人员考核		
52		安全意识教育和培训		
53		外部人员访问管理		
54	系统建设管理	系统定级		
55		安全方案设计		
56		产品采购和使用		
57		自行软件开发		
58		外包软件开发		
59		工程实施		
60		测试验收		
61		系统交付		
62		系统备案		
63		等级测评		
64		安全服务商选择		
65	系统运维管理	环境管理		
66		资产管理		
67		介质管理		
68		设备管理		
69		监控管理和安全管理中心		
70		网络安全管理		
71		系统安全管理		
72		恶意代码防范管理		
73		密码管理		
74		变更管理		
75		备份与恢复管理		
76		安全事件处置		
77		应急预案管理		

6.2 安全问题风险评估

依据信息安全标准规范,采用风险分析的方法进行危害分析和风险等级判定。针对等级测评结果中存在的所有安全问题,结合关联资产和威胁分别分析安全危害,找出可能对信息系统、单位、社会及国家造成的最大安全危害(损失),并根据最大安全危害严重程度进一步确定信息系统面临的风险等级，结果为“高”“中”或“低”。并以列表形式给出等级测评发现安全问题以及风险分析和评价情况，参见表6－2。

其中，最大安全危害（损失）结果应结合安全问题所影响业务的重要程度、相关系统组件的重要程度、安全问题严重程度以及安全事件影响范围等进行综合分析。

表6－2　信息系统安全问题风险分析表

问题编号	安全层面	问题描述	关联资产①	关联威胁②	危害分析结果	风险等级

6.3　等级测评结论

综合上述几章的测评与风险分析结果，根据符合性判别依据给出等级测评结论，并计算信息系统的综合得分。

等级测评结论应表述为“符合、“基本符合”或者“不符合”。

结论判定及综合得分计算方式见下表：

表6－3　测评结论判定与综合得分计算方法

测评结论	符合性判别依据	综合得分计算公式
符合	信息系统中未发现安全问题，等级测评结果中所有测评项得分均为5分	100分
基本符合	信息系统中存在安全问题，但不会导致信息系统面临高等级安全风险。	$\frac{\sum_{k=1}^{p}\text{测评项的多对象平均分}\times\text{测评项权重}}{\sum_{k=1}^{p}\text{测评项权重}}\times 20$，$p$为总测评项数，不含不适用的控制点和测评项，有修正的测评项以5.5章节中的修正后测评项符合程度得分带入计算
不符合	信息系统中存在安全问题，而且会导致信息系统面临高等级安全风险	$60-\frac{\sum_{j=1}^{l}\text{修正后问题严重程度值}}{\sum_{k=1}^{p}\text{测评项权重}}\times 12$，l为安全问题数，$p$为总测评项数，不含不适用的控制点和测评项

注：修正后问题严重程度赋值结果取多对象中针对同一测评项的最大值。

① 如风险值和评价相同，可填写多个关联资产。

② 对于多个威胁关联同一个问题的情况，应分别填写。

也可根据特殊指标重要程度为其赋予权重，并参照上述方法和综合得分计算公式，得出综合基本指标与特殊指标测评结果的综合得分。

7 问题处置建议

针对系统存在的安全问题提出处置建议。

附件 A 等级测评结果记录

A.1 物理安全

以表格形式给出物理安全的现场测评结果。符合程度根据被测信息系统实际保护状况进行赋值，完全符合项赋值为5，其他情况根据被测系统在该测评指标的符合程度赋值为0～4（取整数值）。

测评对象	安全控制点	测评指标	结果记录	符合程度
…	物理位置的选择	…	…	…
		…	…	…
	物理访问控制	…	…	…
	…	…	…	…
…	…	…	…	…

A.2 网络安全

A.3 主机安全

A.4 应用安全

A.5 数据安全及备份恢复

A.6 安全管理制度

A.7 安全管理机构

A.8 人员安全管理

A.9 系统建设管理

A.10 系统运维管理

A.11 ××××(特殊标安全层面)

A.12 验证测试

附录 B　GB/T 22239—2008 与行业信息系统安全等级保护基本要求对应表

编者对《金融行业信息系统信息安全等级保护实施指引》(JR/T 0071—2012)、《证券期货业信息系统安全等级保护基本要求》(JR/T 0060—2010)、《烟草行业信息系统安全等级保护基本要求》(YC/T 495—2014)等行业要求中等级保护第三级基本要求的要求项与《信息系统安全等级保护基本要求》(GB/T 22239—2008)中的等级保护第三级基本要求进行了逐条比对,整理如表附 B - 1:

对各条款的分析结果分为相同、细化、增强、新增、调整、合并等 6 种不同情况。

1. 相同

行业标准相关要求项内容与 GB/T 22239—2008 的要求项完全相同。

如 GB/T 22239—2008 7. 1. 1 物理安全中 7. 1. 1. 2 物理访问控制(G3)要求项 d)"重要区域应配置电子门禁系统,控制、鉴别和记录进入的人员。"与 JR/T 0071 - 2012 6. 2. 1. 1 物理安全中 2)物理访问控制(G3)要求项 d)"重要区域应配置电子门禁系统,控制、鉴别和记录进入的人员。"完全相同。

2. 细化

行业标准相关要求项内容对 GB/T 22239 - 2008 的要求项进行了补充说明。

如 GB/T 22239—2008 7. 1. 1 物理安全中 7. 1. 1. 1 物理位置的选择(G3)要求项 a)"机房和办公场地应选择在具有防震、防风和防雨等能力的建筑内;",JR/T 0060—2010 7. 1. 1 物理安全中 7. 1. 1. 1 物理位置的选择(G3)要求项 a)"机房和办公场地应选择在具有防震、防风和防雨等能力的建筑内;

1)应具有机房或机房所在建筑物符合当地抗震要求的相关证明;

2)机房外墙壁应没有对外的窗户。否则,应采用双层固定窗,并作密封、防水处理。"中,即对抗震、防雨能力进行了补充说明和细化要求。

GB/T 22239—2008 7. 1. 1 物理安全中 7. 1. 1. 2 物理访问控制(G3)要求项 c):"应对机房划分区域进行管理,区域和区域之间设置物理隔离装置,在重要区域前设置交付或安装等过渡区域;";JR/T 0071—2012 6. 2. 1. 1 物理安全中 2)物理访问控制(G3)要求项 c):"应对机房划分区域进行管理,如将机房划分为核心区、生产区、辅助区,区域和区域之间设置物理隔离装置,在重要区域前设置交付或安装等过渡区域,其中核心区是指装有关键业务系统服务器、主要通信设备、网络控制器、通信保密设备和(或)系统打印设备的要害区域,生产区是指放置一般业务系统服务器、客户端(工作站)等设备的运行区域,辅助区是指放置供电、消防、空调等设备的区域;",即对区域进行了细化说明。

3. 增强

行业标准相关要求项内容在 GB/T 22239—2008 的要求项基础上进行了增强。

如 GB/T 22239—2008 7. 1. 1 物理安全中 7. 1. 1. 1 物理位置的选择(G3)要求项 a)"机

房和办公场地应选择在具有防震、防风和防雨等能力的建筑内；"，JR/T 0071—2012 6.2.1.1 物理安全中 1）物理位置的选择（G3）要求项 a）"机房和办公场地应选择在具有防震、承重、防风和防雨等能力的建筑内以及交通、通信便捷地区；"，即在 GB/T 22239—2008 的要求项基础上增强了承重、交通通信便捷等要求。

4. 新增

行业标准相关要求项内容在 GB/T 22239－2008 中不作要求，是额外提出的要求项。

如 JR/T 0071－2012 6.2.1.1 物理安全中 1）物理位置的选择（G3）要求项 c）"机房应避开火灾危险程度高的区域，周围 100 米内不得有加油站、煤气站等危险建筑和重要军事目标；"，而在 GB/T 22239－2008 中没有类似的要求。

5. 调整

根据行业的特殊情况，对原 GB/T 22239—2008 中的要求项进行适当调整，以更加适合行业的实际情况，或对 GB/T 22239－2008 中的要求项进行适当弱化或增强。

如 GB/T 22239—2008 7.1.1 物理安全中 7.1.1.1 物理位置的选择（G3）要求项 b）"机房场地应避免设在建筑物的高层或地下室，以及用水设备的下层或隔壁。"调整为 JR/T 0071—2012 6.2.1.1 物理安全中 1）物理位置的选择（G3）要求项 b）"机房场地应避免设在建筑物的顶层或地下室，以及用水设备的下层或隔壁。"，即将建筑物的高层明确定义为建筑物的顶层。

如 GB/T 22239—2008 7.1.1 物理安全中 7.1.1.3 防盗窃和防破坏（G3）要求项 e）"应利用光、电等技术设置机房防盗报警系统；"调整为 JR/T 0071—2012 6.2.1.1 物理安全中 3）防盗窃和防破坏（G3）要求项 f）"机房主要设备工作间安装红外线探测设备等光电防盗设备，一旦发现有破坏性入侵时显示入侵部位，并驱动声光报警装置。"，即将光电防盗设备的安装位置明确为机房主要设备工作间，并增强要求内容，需要显示入侵部位。

6. 合并

对原 GB/T 22239—2008 中两项或以上的要求项进行合并，在行业标准的同一个要求项中进行描述。

如 GB/T 22239—2008 7.1.5 数据安全及备份恢复中 7.1.5.1 数据完整性（G3）要求项 a）"应能够检测到系统管理数据、鉴别信息和重要业务数据在传输过程中完整性受到破坏，并在检测到完整性错误时采取必要的恢复措施；" b）"应能够检测到系统管理数据、鉴别信息和重要业务数据在存储过程中完整性受到破坏，并在检测到完整性错误时采取必要的恢复措施。"合并为 JR/T 0071—2012 6.2.1.5 数据安全及备份恢复中 1）数据完整性（S3）要求项 1）"应能够检测到系统管理数据、鉴别信息和重要业务数据在采集、传输、使用和存储过程中完整性受到破坏，并在检测到完整性错误时采取必要的恢复措施。"并增加了在数据采集、使用过程中的完整性要求。

表附 B-1　定级要素与安全保护等级的关系

GB/T 22239—2008	JR/T 0060—2010		JR/T 0071—2012		YC/T 495—2014	
条款号	对应条款号	与 22239 的关系	对应条款号	与 22239 的关系	条款号	与 22239 的关系
					7.1.1	新增
7.1.1.1 a)	7.1.1.1 a)	细化	6.2.1.1 1) a)	增强	7.1.1.1 a)	细化
7.1.1.1 b)	7.1.1.1 b)	细化	6.2.1.1 1) b)	调整	7.1.1.1 b)	细化
			6.2.1.1 1) c)	新增		
7.1.1.2 a)	7.1.1.2 a)	细化	6.2.1.1 2) a)	调整	7.1.1.2 a)	细化
7.1.1.2 b)	7.1.1.2 b)	细化	6.2.1.1 2) b)	增强	7.1.1.2 b)	细化
7.1.1.2 c)	7.1.1.2 c)	细化	6.2.1.1 2) c)	细化	7.1.1.2 c)	细化
7.1.1.2 d)	7.1.1.2 d)	相同	6.2.1.1 2) d)	相同	7.1.1.2 d)	细化
7.1.1.3 a)	7.1.1.3 a)	相同	6.2.1.1 3) a)	相同	7.1.1.3 a)	细化
7.1.1.3 b)	7.1.1.3 b)	细化	6.2.1.1 3) b)	细化	7.1.1.3 b)	细化
7.1.1.3 c)	7.1.1.3 c)	细化	6.2.1.1 3) c)	增强	7.1.1.3 c)	细化
7.1.1.3 d)	7.1.1.3 d)	相同	6.2.1.1 3) d)	细化	7.1.1.3 d)	细化
7.1.1.3 e)	7.1.1.3 e)	相同	6.2.1.1 3) f)	调整	7.1.1.3 e)	细化
7.1.1.3 f)	7.1.1.3 f)	细化	6.2.1.1 3) e)	调整	7.1.1.3 f)	细化
7.1.1.4 a)	7.1.1.4 a)	细化	6.2.1.1 4) a)	细化	7.1.1.4 a)	细化
7.1.1.4 b)	7.1.1.4 b)	相同	6.2.1.1 4) b)	细化	7.1.1.4 b)	细化
7.1.1.4 c)	7.1.1.4 c)	相同	6.2.1.1 4) c)	相同	7.1.1.4 c)	细化
7.1.1.5 a)	7.1.1.5 a)	细化	6.2.1.1 5) a)	细化	7.1.1.5 a)	细化
7.1.1.5 b)	7.1.1.5 b)	相同	6.2.1.1 5) b)	相同	7.1.1.5 b)	细化
7.1.1.5 c)	7.1.1.5 c)	相同	6.2.1.1 5) c)	相同	7.1.1.5 c)	细化
			6.2.1.1 5) d)	新增		
			6.2.1.1 5) e)	新增		
			6.2.1.1 5) f)	新增		
			6.2.1.1 5) g)	新增		
			6.2.1.1 5) h)	新增		
7.1.1.6 a)	7.1.1.6 a)	细化	6.2.1.1 6) a)	调整	7.1.1.6 a)	细化
7.1.1.6 b)	7.1.1.6 b)	相同	6.2.1.1 6) b)	相同	7.1.1.6 b)	细化
7.1.1.6 c)	7.1.1.6 c)	相同	6.2.1.1 6) c)	细化	7.1.1.6 c)	细化
7.1.1.6 d)	7.1.1.6 d)	相同	6.2.1.1 6) d)	相同	7.1.1.6 d)	细化
7.1.1.7 a)	7.1.1.7 a)	相同	6.2.1.1 7) a)	相同	7.1.1.7 a)	细化

表附 B-1(续)

GB/T 22239—2008	JR/T 0060—2010		JR/T 0071—2012		YC/T 495—2014	
条款号	对应条款号	与22239的关系	对应条款号	与22239的关系	条款号	与22239的关系
7.1.1.7 b)	7.1.1.7 b)	相同	6.2.1.1 7) b)	相同	7.1.1.7 b)	细化
			6.2.1.1 7) c)	新增		
7.1.1.8	7.1.1.8	细化	6.2.1.1 8) a)	细化	7.1.1.8	细化
			6.2.1.1 8) b)	新增		
			6.2.1.1 8) c)	新增		
			6.2.1.1 8) d)	新增		
			6.2.1.1 8) e)	新增		
7.1.1.9 a)	7.1.1.9 a)	相同	6.2.1.1 9) a)	相同	7.1.1.9 a)	细化
7.1.1.9 b)	7.1.1.9 b)	细化	6.2.1.1 9) d)	细化	7.1.1.9 b)	细化
7.1.1.9 c)	7.1.1.9 c)	细化	6.2.1.1 9) b)	细化	7.1.1.9 c)	细化
7.1.1.9 d)	7.1.1.9 d)	细化	6.2.1.1 9) c)	细化	7.1.1.9 d)	相同
			6.2.1.1 9) e)	新增		
			6.2.1.1 9) f)	新增		
			6.2.1.1 9) g)	新增		
7.1.1.10 a)	7.1.1.10 a)	细化	6.2.1.1 8) a)	相同	7.1.1.10 a)	细化
7.1.1.10 b)	7.1.1.10 b)	细化	6.2.1.1 8) b)	相同	7.1.1.10 b)	细化
7.1.1.10 c)	7.1.1.10 c)	相同	6.2.1.1 8) c)	相同	7.1.1.10 c)	细化
			6.2.1.1 8) d)	新增		
7.1.2.1 a)	7.1.2.1 a)	细化	6.2.1.2 1) a)	增强	7.1.2.1 a)	细化
7.1.2.1 b)	7.1.2.1 b)	相同	6.2.1.2 1) b)	相同	7.1.2.1 b)	细化
7.1.2.1 c)	7.1.2.1 c)	细化	6.2.1.2 1) c)	相同	7.1.2.1 c)	细化
7.1.2.1 d)	7.1.2.1 d)	细化	6.2.1.2 1) d)	相同	7.1.2.1 d)	细化
7.1.2.1 e)	7.1.2.1 e)	相同	6.2.1.2 1) e)	新增	7.1.2.1 e)	细化
7.1.2.1 f)	7.1.2.1 f)	相同	6.2.1.2 1) f)	相同	7.1.2.1 f)	细化
7.1.2.1 g)	7.1.2.1 g)	细化	6.2.1.2 1) g)	相同	7.1.2.1 g)	细化
7.1.2.2 a)	7.1.2.2 a)	相同	6.2.1.2 2) a)	相同	7.1.2.2 a)	细化
7.1.2.2 b)	7.1.2.2 b)	相同	6.2.1.2 2) b)	相同	7.1.2.2 b)	细化
7.1.2.2 c)	7.1.2.2 c)	细化	6.2.1.2 2) c)	相同	7.1.2.2 c)	细化
7.1.2.2 d)	7.1.2.2 d)	相同	6.2.1.2 2) d)	相同	7.1.2.2 d)	细化
7.1.2.2 e)	7.1.2.2 e)	相同	6.2.1.2 2) e)	细化	7.1.2.2 e)	细化

表附 B–1(续)

GB/T 22239—2008	JR/T 0060—2010		JR/T 0071—2012		YC/T 495—2014	
条款号	对应条款号	与 22239 的关系	对应条款号	与 22239 的关系	条款号	与 22239 的关系
7.1.2.2 f)	7.1.2.2 f)	相同	6.2.1.2 2) f)	相同	7.1.2.2 f)	细化
7.1.2.2 g)	7.1.2.2 g)	相同	6.2.1.2 2) g)	相同	7.1.2.2 g)	细化
7.1.2.2 h)	7.1.2.2 h)	细化	6.2.1.2 2) h)	增强	7.1.2.2 h)	细化
			6.2.1.2 2) i)	新增		
7.1.2.3 a)	7.1.2.3 a)	相同	6.2.1.2 3) a)	相同	7.1.2.3 a)	细化
7.1.2.3 b)	7.1.2.3 b)	相同	6.2.1.2 3) b)	相同	7.1.2.3 b)	细化
7.1.2.3 c)	7.1.2.3 c)	相同	6.2.1.2 3) c)	相同	7.1.2.3 c)	细化
7.1.2.3 d)	7.1.2.3 d)	相同	6.2.1.2 3) d)	增强	7.1.2.3 d)	细化
7.1.2.4 a)	7.1.2.4 a)	相同	6.2.1.2 4) a)	相同	7.1.2.4 a)	细化
7.1.2.4 b)	7.1.2.4 b)	细化	6.2.1.2 4) b)	相同	7.1.2.4 b)	细化
7.1.2.5 a)	7.1.2.5 a)	相同	6.2.1.2 5) a)	相同	7.1.2.5 a)	细化
7.1.2.5 b)	7.1.2.5 b)	相同	6.2.1.2 5) b)	相同	7.1.2.5 b)	细化
7.1.2.6 a)	7.1.2.6 a)	细化	6.2.1.2 6) a)	细化	7.1.2.6 a)	细化
7.1.2.6 b)	7.1.2.6 b)	相同	6.2.1.2 6) b)	细化	7.1.2.6 b)	细化
7.1.2.7 a)	7.1.2.7 a)	细化	6.2.1.2 7) a)	相同	7.1.2.7 a)	细化
7.1.2.7 b)	7.1.2.7 b)	相同	6.2.1.2 7) b)	相同	7.1.2.7 b)	细化
7.1.2.7 c)	7.1.2.7 c)	相同	6.2.1.2 7) c)	相同	7.1.2.7 c)	细化
7.1.2.7 d)	7.1.2.7 d)	细化	6.2.1.2 7) d)	相同	7.1.2.7 d)	细化
7.1.2.7 e)	7.1.2.7 e)	细化	6.2.1.2 7) e)	相同	7.1.2.7 e)	细化
7.1.2.7 f)	7.1.2.7 f)	相同	6.2.1.2 7) f)	相同	7.1.2.7 f)	细化
7.1.2.7 g)	7.1.2.7 g)	相同	6.2.1.2 7) g)	相同	7.1.2.7 g)	细化
7.1.2.7 h)	7.1.2.7 h)	相同	6.2.1.2 7) h)	相同	7.1.2.7 h)	细化
			6.2.1.2 7) i)	新增		
			6.2.1.2 7) j)	新增		
			6.2.1.2 7) k)	新增		
			6.2.1.2 7) l)	新增		
			6.2.1.2 7) m)	新增		
			6.2.1.2 7) n)	新增		
7.1.3.1 a)	7.1.3.1 a)	相同	6.2.1.3 1) b)	相同	7.1.3.1 a)	细化
7.1.3.1 b)	7.1.3.1 b)	细化	6.2.1.3 1) c)	细化	7.1.3.1 b)	细化

表附 B－1(续)

GB/T 22239—2008	JR/T 0060—2010		JR/T 0071—2012		YC/T 495—2014	
条款号	对应条款号	与22239的关系	对应条款号	与22239的关系	条款号	与22239的关系
7.1.3.1 c)	7.1.3.1 c)	相同	6.2.1.3 1) d)	相同	7.1.3.1 c)	细化
7.1.3.1 d)	7.1.3.1 d)	相同	6.2.1.3 1) e)	相同	7.1.3.1 d)	细化
7.1.3.1 e)	7.1.3.1 e)	细化	6.2.1.3 1) a)	相同	7.1.3.1 e)	细化
7.1.3.1 f)	7.1.3.1 f)	细化	6.2.1.3 1) f)	细化	7.1.3.1 f)	细化
7.1.3.2 a)	7.1.3.2 a)	相同	6.2.1.3 2) a)	相同	7.1.3.2 a)	细化
7.1.3.2 b)	7.1.3.2 b)	相同	6.2.1.3 2) b)	相同	7.1.3.2 b)	细化
7.1.3.2 c)	7.1.3.2 c)	细化	6.2.1.3 2) c)	相同	7.1.3.2 c)	细化
7.1.3.2 d)	7.1.3.2 d)	细化	6.2.1.3 2) d)	细化	7.1.3.2 d)	细化
7.1.3.2 e)	7.1.3.2 c)	相同	6.2.1.3 2) e)	相同	7.1.3.2 e)	细化
7.1.3.2 f)	7.1.3.2 f)	相同	6.2.1.3 2) f)	相同	7.1.3.2 f)	细化
7.1.3.2 g)	7.1.3.2 g)	相同	6.2.1.3 2) g)	相同	7.1.3.2 g)	细化
7.1.3.3 a)	7.1.3.3 a)	细化	6.2.1.3 3) a)	相同	7.1.3.3 a)	细化
7.1.3.3 b)	7.1.3.3 b)	细化	6.2.1.3 3) b)	增强	7.1.3.3 b)	细化
7.1.3.3 c)	7.1.3.3 c)	相同	6.2.1.3 3) c)	增强	7.1.3.3 c)	细化
7.1.3.3 d)	7.1.3.3 d)	相同	6.2.1.3 3) d)	相同	7.1.3.3 d)	细化
7.1.3.3 e)	7.1.3.3 e)	相同	6.2.1.3 3) e)	相同	7.1.3.3 e)	细化
7.1.3.3 f)	7.1.3.3 f)	细化	6.2.1.3 3) f)	相同	7.1.3.3 f)	细化
7.1.3.4 a)	7.1.3.4 a)	相同	6.2.1.3 4) a)	相同	7.1.3.4 a)	细化
7.1.3.4 b)	7.1.3.4 b)	相同	6.2.1.3 4) b)	相同	7.1.3.4 b)	细化
7.1.3.5 a)	7.1.3.5 a)	细化	6.2.1.3 5) a)	相同	7.1.3.5 a)	细化
7.1.3.5 b)	7.1.3.5 b)	细化	6.2.1.3 5) b)	细化	7.1.3.5 b)	细化
7.1.3.5 c)	7.1.3.5 c)	细化	6.2.1.3 5) c)	细化	7.1.3.5 c)	细化
7.1.3.6 a)	7.1.3.6 a)	细化	6.2.1.3 6) a)	细化	7.1.3.6 a)	细化
7.1.3.6 b)	7.1.3.6 b)	相同	6.2.1.3 6) b)	相同	7.1.3.6 b)	细化
7.1.3.6 c)	7.1.3.6 c)	相同	6.2.1.3 6) c)	相同	7.1.3.6 c)	细化
			6.2.1.3 6) d)	新增		
7.1.3.7 a)	7.1.3.7 a)	相同	6.2.1.3 7) a)	相同	7.1.3.7 a)	细化
7.1.3.7 b)	7.1.3.7 b)	相同	6.2.1.3 7) b)	相同	7.1.3.7 b)	细化
7.1.3.7 c)	7.1.3.7 c)	相同	6.2.1.3 7) c)	相同	7.1.3.7 c)	细化
7.1.3.7 d)	7.1.3.7 d)	细化	6.2.1.3 7) d)	相同	7.1.3.7 d)	细化

表附 B－1(续)

GB/T 22239—2008	JR/T 0060—2010		JR/T 0071—2012		YC/T 495—2014	
条款号	对应条款号	与22239的关系	对应条款号	与22239的关系	条款号	与22239的关系
7.1.3.7 e)	7.1.3.7 e)	相同	6.2.1.3 7) e)	相同	7.1.3.7 e)	细化
			6.2.1.3 7) f)	新增		
7.1.4.1 a)	7.1.4.1 a)	细化	6.2.1.4 1) a)	相同	7.1.4.1 a)	细化
7.1.4.1 b)	7.1.4.1 b)	相同	6.2.1.4 1) b)	细化	7.1.4.1 b)	细化
7.1.4.1 c)	7.1.4.1 c)	相同	6.2.1.4 1) c)	相同	7.1.4.1 c)	细化
7.1.4.1 d)	7.1.4.1 d)	相同	6.2.1.4 1) d)	相同	7.1.4.1 d)	细化
7.1.4.1 e)	7.1.4.1 e)	相同	6.2.1.4 1) e)	相同	7.1.4.1 e)	细化
			6.2.1.4 1) f)	新增		
			6.2.1.4 1) g)	新增		
			6.2.1.4 1) h)	新增		
7.1.4.2 a)	7.1.4.2 a)	相同	6.2.1.4 2) a)	相同	7.1.4.2 a)	细化
7.1.4.2 b)	7.1.4.2 b)	相同	6.2.1.4 2) b)	相同	7.1.4.2 b)	细化
7.1.4.2 c)	7.1.4.2 c)	相同	6.2.1.4 2) c)	相同	7.1.4.2 c)	细化
7.1.4.2 d)	7.1.4.2 d)	相同	6.2.1.4 2) d)	相同	7.1.4.2 d)	细化
7.1.4.2 e)	7.1.4.2 e)	相同	6.2.1.4 2) f)	调整	7.1.4.2 e)	相同
7.1.4.2 f)	7.1.4.2 f)	细化	6.2.1.4 2) g)	调整	7.1.4.2 f)	细化
			6.2.1.4 2) e)	新增		
7.1.4.3 a)	7.1.4.3 a)	细化	6.2.1.4 3) a)	相同	7.1.4.3 a)	细化
7.1.4.3 b)	7.1.4.3 b)	细化	6.2.1.4 3) b)	调整	7.1.4.3 b)	细化
7.1.4.3 c)	7.1.4.3 c)	相同	6.2.1.4 3) c)	细化	7.1.4.3 c)	细化
7.1.4.3 d)	7.1.4.3 d)	相同	6.2.1.4 3) d)	相同	7.1.4.3 d)	细化
			6.2.1.4 3) e)	新增		
7.1.4.4 a)	7.1.4.4 a)	相同	6.2.1.4 4) a)	相同	7.1.4.4 a)	细化
7.1.4.4 b)	7.1.4.4 b)	细化	6.2.1.4 4) b)	相同	7.1.4.4 b)	细化
7.1.4.5	7.1.4.5	细化	6.2.1.4 5) a)	调整	7.1.4.5	细化
7.1.4.6 a)	7.1.4.6 a)	细化	6.2.1.4 6) a)	相同	7.1.4.6 a)	相同
7.1.4.6 b)	7.1.4.6 b)	细化	6.2.1.4 6) b)	调整	7.1.4.6 b)	细化
7.1.4.7 a)	7.1.4.7 a)	细化	6.2.1.4 7) a)	细化	7.1.4.7 a)	细化
7.1.4.7 b)	7.1.4.7 b)	细化	6.2.1.4 7) b)	细化	7.1.4.7 b)	细化
7.1.4.8 a)	7.1.4.8 a)	相同	6.2.1.4 8) a)	相同	7.1.4.8 a)	细化

表附 B-1(续)

GB/T 22239—2008	JR/T 0060—2010		JR/T 0071—2012		YC/T 495—2014	
条款号	对应条款号	与22239的关系	对应条款号	与22239的关系	条款号	与22239的关系
7.1.4.8 b)	7.1.4.8 b)	相同	6.2.1.4 8) b)	相同	7.1.4.8 b)	细化
			6.2.1.4 8) c)	新增		
7.1.4.9 a)	7.1.4.9 a)	相同	6.2.1.4 9) a)	细化	7.1.4.9 a)	细化
7.1.4.9 b)	7.1.4.9 b)	相同	6.2.1.4 9) b)	相同	7.1.4.9 b)	细化
7.1.4.9 c)	7.1.4.9 c)	相同	6.2.1.4 9) c)	细化	7.1.4.9 c)	细化
7.1.4.9 d)	7.1.4.9 d)	相同	6.2.1.4 9) d)	相同	7.1.4.9 d)	细化
7.1.4.9 e)	7.1.4.9 e)	相同	6.2.1.4 9) e)	调整	7.1.4.9 e)	细化
7.1.4.9 f)	7.1.4.9 f)	相同	6.2.1.4 9) f)	相同	7.1.4.9 f)	细化
7.1.4.9 g)	7.1.4.9 g)	相同	6.2.1.4 9) g)	相同	7.1.4.9 g)	细化
7.1.5.1 a)	7.1.5.1 a)	相同	6.2.1.5 2) a)	合并、增强	7.1.5.1 a)	细化
7.1.5.1 b)	7.1.5.1 b)	细化			7.1.5.1 b)	细化
7.1.5.2 a)	7.1.5.2 a)	相同	6.2.1.5 2) a)	合并、增强	7.1.5.2 a)	细化
7.1.5.2 b)	7.1.5.2 b)	相同			7.1.5.2 b)	细化
7.1.5.3 a)	7.1.5.3 a)	相同	6.2.1.5 3) a)	调整	7.1.5.3 a)	细化
7.1.5.3 b)	7.1.5.3 b)	相同	6.2.1.5 3) b)	相同	7.1.5.3 b)	细化
7.1.5.3 c)	7.1.5.3 c)	相同			7.1.5.3 c)	细化
7.1.5.3 d)	7.1.5.3 d)	相同			7.1.5.3 d)	细化
			6.2.1.5 3) c)	新增		
			6.2.1.5 3) d)	新增		
			6.2.1.5 3) e)	新增		
			6.2.1.5 3) f)	新增		
7.2.1.1 a)	7.2.1.1 a)	相同	6.2.2.1 1) a)	增强	7.2.1.1 a)	细化
7.2.1.1 b)	7.2.1.1 b)	相同	6.2.2.1 1) b)	相同	7.2.1.1 b)	细化
7.2.1.1 c)	7.2.1.1 c)	相同	6.2.2.1 1) c)	细化	7.2.1.1 c)	细化
7.2.1.1 d)	7.2.1.1 d)	相同	6.2.2.1 1) d)	相同	7.2.1.1 d)	细化
7.2.1.2 a)	7.2.1.2 a)	相同	6.2.2.1 2) a)	细化	7.2.1.2 b)	细化
7.2.1.2 b)	7.2.1.2 b)	相同	6.2.2.1 2) b)	相同	7.2.1.2 c)	细化
7.2.1.2 c)	7.2.1.2 c)	相同	6.2.2.1 2) c)	相同	7.2.1.2 d)	细化
7.2.1.2 d)	7.2.1.2 d)	相同	6.2.2.1 2) d)	相同	7.2.1.2 f)	细化
7.2.1.2 e)	7.2.1.2 e)	细化	6.2.2.1 2) e)	相同	7.2.1.2 e)	细化

表附 B－1（续）

GB/T 22239—2008	JR/T 0060—2010		JR/T 0071—2012		YC/T 495—2014	
条款号	对应条款号	与 22239 的关系	对应条款号	与 22239 的关系	条款号	与 22239 的关系
					7.2.1.2 a)	新增
7.2.1.3 a)	7.2.1.3 a)	细化	6.2.2.1 3) a)	相同	7.2.1.3 a)	细化
7.2.1.3 b)	7.2.1.3 b)	相同	6.2.2.1 3) c)	相同	7.2.1.3 b)	细化
			6.2.2.1 3) b)	新增		
7.2.2.1 a)	7.2.2.1 a)	相同	6.2.2.2 1) d)	相同	7.2.2.1 b)	细化
7.2.2.1 b)	7.2.2.1 b)	相同	6.2.2.2 1) e)	相同	7.2.2.1 c)	细化
7.2.2.1 c)	7.2.2.1 c)	相同	6.2.2.2 1) b)	细化	7.2.2.1 d)	细化
7.2.2.1 d)	7.2.2.1 d)	细化			7.2.2.1 a)	细化
			6.2.2.2 1) a)	新增		
			6.2.2.2 1) c)	新增		
			6.2.2.2 1) f)	新增		
			6.2.2.2 1) g)	新增		
			6.2.2.2 1) h)	新增		
7.2.2.2 a)	7.2.2.2 a)	相同	6.2.2.2 2) a)	相同	7.2.2.2 a)	细化
7.2.2.2 b)	7.2.2.2 b)	相同	6.2.2.2 2) b)	增强	7.2.2.2 b)	细化
7.2.2.2 c)	7.2.2.2 c)	细化	6.2.2.2 2) c)	相同	7.2.2.2 c)	细化
7.2.2.3 a)	7.2.2.3 a)	相同	6.2.2.2 3) a)	相同	7.2.2.3 a)	细化
7.2.2.3 b)	7.2.2.3 b)	细化	6.2.2.2 3) b)	相同	7.2.2.3 b)	细化
7.2.2.3 c)	7.2.2.3 c)	相同	6.2.2.2 3) c)	相同	7.2.2.3 c)	细化
7.2.2.3 d)	7.2.2.3 d)	相同	6.2.2.2 3) d)	相同	7.2.2.3 d)	细化
			6.2.2.2 3) e)	新增		
			6.2.2.2 3) f)	新增		
7.2.2.4 a)	7.2.2.4 a)	细化	6.2.2.2 4) a)	增强	7.2.2.4 a)	细化
7.2.2.4 b)	7.2.2.4 b)	相同	6.2.2.2 4) b)	相同	7.2.2.4 b)	细化
7.2.2.4 c)	7.2.2.4 c)	相同	6.2.2.2 4) c)	相同	7.2.2.4 c)	细化
7.2.2.4 d)	7.2.2.4 d)	相同	6.2.2.2 4) d)	相同	7.2.2.4 d)	细化
7.2.2.4 e)	7.2.2.4 e)	细化	6.2.2.2 4) e)	相同	7.2.2.4 e)	细化
7.2.2.5 a)	7.2.2.5 a)	细化	6.2.2.2 5) b)	相同	7.2.2.5 a)	细化
7.2.2.5 b)	7.2.2.5 b)	相同	6.2.2.2 5) c)	相同	7.2.2.5 c)	细化
7.2.2.5 c)	7.2.2.5 c)	相同	6.2.2.2 5) d)	增强	7.2.2.5 d)	细化

表附 B－1(续)

GB/T 22239—2008	JR/T 0060—2010		JR/T 0071—2012		YC/T 495—2014	
条款号	对应条款号	与 22239 的关系	对应条款号	与 22239 的关系	条款号	与 22239 的关系
7.2.2.5 d)	7.2.2.5 d)	相同	6.2.2.2 5) a)	相同	7.2.2.5 b)	细化
					7.2.3 a)	新增
7.2.3.1 a)	7.2.3.1 a)	相同	6.2.2.3 1) a)	相同	7.2.3.1 a)	细化
7.2.3.1 b)	7.2.3.1 b)	相同	6.2.2.3 1) b)	相同	7.2.3.1 b)	细化
7.2.3.1 c)	7.2.3.1 c)	相同	6.2.2.3 1) c)	细化	7.2.3.1 c)	细化
7.2.3.1 d)	7.2.3.1 d)	相同	6.2.2.3 1) d)	相同	7.2.3.1 d)	细化
			6.2.2.3 1) e)	新增		
			6.2.2.3 1) f)	新增		
7.2.3.2 a)	7.2.3.2 a)	相同	6.2.2.3 2) a)	相同	7.2.3.2 a)	细化
7.2.3.2 b)	7.2.3.2 b)	相同	6.2.2.3 2) b)	相同	7.2.3.2 b)	细化
7.2.3.2 c)	7.2.3.2 c)	细化	6.2.2.3 2) c)	增强	7.2.3.2 c)	细化
7.2.3.3 a)	7.2.3.3 a)	相同	6.2.2.3 3) a)	相同	7.2.3.3 a)	细化
7.2.3.3 b)	7.2.3.3 b)	相同	6.2.2.3 3) b)	相同	7.2.3.3 b)	细化
7.2.3.3 c)	7.2.3.3 c)	相同	6.2.2.3 3) c)	相同	7.2.3.3 c)	细化
7.2.3.4 a)	7.2.3.4 a)	相同	6.2.2.3 4) b)	增强	7.2.3.4 c)	细化
7.2.3.4 b)	7.2.3.4 b)	相同	6.2.2.3 4) d)	相同	7.2.3.4 a)	细化
7.2.3.4 c)	7.2.3.4 c)	相同	6.2.2.3 4) a) 6.2.2.3 4) b)	相同	7.2.3.4 b)	细化
7.2.3.4 d)	7.2.3.4 d)	相同	6.2.2.3 4) e)	相同	7.2.3.4 d)	细化
			6.2.2.3 4) c)	新增		
7.2.3.5 a)	7.2.3.5 a)	相同	6.2.2.3 5) a)	调整	7.2.3.5 b)	细化
7.2.3.5 b)	7.2.3.5 b)	相同	6.2.2.3 5) b)	调整	7.2.3.5 a)	细化
			6.2.2.3 5) c)	新增		
					7.2.3.5 c)	新增
					7.2.4 a)	新增
7.2.4.1 a)	7.2.4.1 a)	相同	6.2.2.4 1) a)	相同	7.2.4.1 a)	细化
7.2.4.1 b)	7.2.4.1 b)	相同	6.2.2.4 1) b)	相同	7.2.4.1 b)	细化
7.2.4.1 c)	7.2.4.1 c)	相同	6.2.2.4 1) c)	相同	7.2.4.1 c)	细化
7.2.4.1 d)	7.2.4.1 d)	相同	6.2.2.4 1) d)	相同	7.2.4.1 d)	细化
7.2.4.2 a)	7.2.4.2 a)	相同	6.2.2.4 2) b)	相同	7.2.4.2 a)	细化

表附 B－1(续)

GB/T 22239—2008	JR/T 0060—2010		JR/T 0071—2012		YC/T 495—2014	
条款号	对应条款号	与 22239 的关系	对应条款号	与 22239 的关系	条款号	与 22239 的关系
7.2.4.2 b)	7.2.4.2 b)	相同	6.2.2.4 2) a)	相同	7.2.4.2 b)	细化
7.2.4.2 c)	7.2.4.2 c)	相同	6.2.2.4 2) c)	相同	7.2.4.2 c)	细化
7.2.4.2 d)	7.2.4.2 d)	相同	6.2.2.4 2) d)	相同	7.2.4.2 d)	细化
7.2.4.2 e)	7.2.4.2 e)	相同	6.2.2.4 2) e)	相同	7.2.4.2 e)	细化
7.2.4.3 a)	7.2.4.3 a)	相同	6.2.2.4 3) a)	相同	7.2.4.3 a)	细化
7.2.4.3 b)	7.2.4.3 b)	相同	6.2.2.4 3) b)	相同	7.2.4.3 b)	细化
7.2.4.3 c)	7.2.4.3 c)	相同	6.2.2.4 3) c)	增强	7.2.4.3 c)	细化
7.2.4.3 d)	7.2.4.3 d)	细化	6.2.2.4 3) d)	新增	7.2.4.3 d)	细化
			6.2.2.4 3) e)	相同		
			6.2.2.4 3) f)	新增		
			6.2.2.4 3) g)	新增		
			6.2.2.4 3) h)	新增		
			6.2.2.4 3) i)	新增		
7.2.4.4 a)	7.2.4.4 a)	相同	6.2.2.4 4) b)	增强	7.2.4.4 b)	细化
7.2.4.4 b)	7.2.4.4 b)	相同	6.2.2.4 4) a)	合并	7.2.4.4 a)	细化
7.2.4.4 c)	7.2.4.4 c)	相同			7.2.4.4 c)	细化
7.2.4.4 d)	7.2.4.4 d)	相同	6.2.2.4 4) c)	相同	7.2.4.4 d)	细化
7.2.4.4 e)	7.2.4.4 e)	相同	6.2.2.4 4) d)	相同	7.2.4.4 e)	细化
			6.2.2.4 4) e)	新增		
7.2.4.5 a)	7.2.4.5 a)	相同	6.2.2.4 5) a)	相同	7.2.4.5 b)	细化
7.2.4.5 b)	7.2.4.5 b)	相同	6.2.2.4 5) b)	相同	7.2.4.5 c)	细化
7.2.4.5 c)	7.2.4.5 c)	相同	6.2.2.4 5) c)	相同	7.2.4.5 d)	细化
7.2.4.5 d)	7.2.4.5 d)	相同	6.2.2.4 5) d)	增强	7.2.4.5 e)	细化
					7.2.4.5 a)	新增
			6.2.2.4 5) e)	新增		
			6.2.2.4 5) f)	新增		
			6.2.2.4 5) g)	新增		
			6.2.2.4 5) h)	新增		
7.2.4.6 a)	7.2.4.6 a)	相同	6.2.2.4 6) b)	相同	7.2.4.6 b)	相同
7.2.4.6 b)	7.2.4.6 b)	相同	6.2.2.4 6) c)	增强	7.2.4.6 c)	细化

表附 B－1(续)

GB/T 22239—2008	JR/T 0060—2010		JR/T 0071—2012		YC/T 495—2014	
条款号	对应条款号	与22239的关系	对应条款号	与22239的关系	条款号	与22239的关系
7.2.4.6 c)	7.2.4.6 c)	相同	6.2.2.4 6) a)	相同	7.2.4.6 a)	细化
					7.2.4.6 d)	新增
			6.2.2.4 6) d)	新增		
			6.2.2.4 6) e)	新增		
7.2.4.7 a)	7.2.4.7 a)	相同	6.2.2.4 7) b)	调整	7.2.4.7 c)	细化
7.2.4.7 b)	7.2.4.7 b)	相同	6.2.2.4 7) c)	相同	7.2.4.7 d)	细化
7.2.4.7 c)	7.2.4.7 c)	相同	6.2.2.4 7) a)	相同	7.2.4.7 a)	细化
7.2.4.7 d)	7.2.4.7 d)	相同	6.2.2.4 7) d)	相同	7.2.4.7 b)	相同
7.2.4.7 e)	7.2.4.7 e)	相同	6.2.2.4 7) e)	相同	7.2.4.7 e)	细化
			6.2.2.4 7) f)	新增		
7.2.4.8 a)	7.2.4.8 a)	相同	6.2.2.4 8) b)	相同	7.2.4.8 e)	细化
7.2.4.8 b)	7.2.4.8 b)	相同	6.2.2.4 8) d)	细化	7.2.4.8 c)	细化
7.2.4.8 c)	7.2.4.8 c)	相同	6.2.2.4 8) c)	细化	7.2.4.8 d)	细化
7.2.4.8 d)	7.2.4.8 d)	相同	6.2.2.4 8) a)	相同	7.2.4.8 a)	细化
7.2.4.8 e)	7.2.4.8 e)	相同	6.2.2.4 8) e)	相同	7.2.4.8 b)	相同
			6.2.2.4 8) f)	新增		
7.2.4.9 a)	7.2.4.9 a)	相同	6.2.2.4 9) a)	相同	7.2.4.9 a)	细化
7.2.4.9 b)	7.2.4.9 b)	相同	6.2.2.4 9) b)	相同	7.2.4.9 b)	细化
7.2.4.9 c)	7.2.4.9 c)	相同	6.2.2.4 9) c)	相同	7.2.4.9 c)	细化
7.2.4.10 a)	7.2.4.10 a)	相同	6.2.2.4 10) a)	相同	7.2.4.10 c)	细化
7.2.4.10 b)	7.2.4.10 b)	相同	6.2.2.4 10) b)	相同	7.2.4.10 d)	细化
7.2.4.10 c)	7.2.4.10 c)	相同	6.2.2.4 10) c)	细化	7.2.4.10 b)	细化
7.2.4.10 d)	7.2.4.10 d)	相同	6.2.2.4 10) d)	相同	7.2.4.10 a)	细化
7.2.4.11 a)	7.2.4.11 a)	相同	6.2.2.4 11) b)	相同	7.2.4.11 a)	细化
7.2.4.11 b)	7.2.4.11 b)	相同	6.2.2.4 11) c)	相同	7.2.4.11 b)	细化
7.2.4.11 c)	7.2.4.11 c)	细化	6.2.2.4 11) d)	相同	7.2.4.11 c)	细化
			6.2.2.4 11) a)	新增		
7.2.5.1 a)	7.2.5.1 a)	相同	6.2.2.5 1) d)	合并、增强	7.2.5.1 b)	细化
7.2.5.1 b)	7.2.5.1 b)	相同			7.2.5.1 c)	细化
7.2.5.1 c)	7.2.5.1 c)	相同	6.2.2.5 1) c)	相同	7.2.5.1 a)	细化

表附 B-1(续)

GB/T 22239—2008	JR/T 0060—2010		JR/T 0071—2012		YC/T 495—2014	
条款号	对应条款号	与 22239 的关系	对应条款号	与 22239 的关系	条款号	与 22239 的关系
7.2.5.1 d)	7.2.5.1 d)	相同	6.2.2.5 1) j)	相同	7.2.5.1 d)	细化
			6.2.2.5 1) a)	新增		
			6.2.2.5 1) b)	新增		
			6.2.2.5 1) e)	新增		
			6.2.2.5 1) f)	新增		
			6.2.2.5 1) g)	新增		
			6.2.2.5 1) h)	新增		
			6.2.2.5 1) i)	新增		
7.2.5.2 a)	7.2.5.2 a)	相同	6.2.2.5 2) a)	相同	7.2.5.2 d)	细化
7.2.5.2 b)	7.2.5.2 b)	相同	6.2.2.5 2) b)	相同	7.2.5.2 a)	细化
7.2.5.2 c)	7.2.5.2 c)	相同	6.2.2.5 2) c)	相同	7.2.5.2 c)	细化
7.2.5.2 d)	7.2.5.2 d)	相同	6.2.2.5 2) d)	相同	7.2.5.2 b)	细化
7.2.5.3 a)	7.2.5.3 a)	相同	6.2.2.5 3) a)	相同	7.2.5.3 a)	细化
7.2.5.3 b)	7.2.5.3 b)	相同	6.2.2.5 3) b)	增强	7.2.5.3 b)	细化
7.2.5.3 c)	7.2.5.3 c)	相同	6.2.2.5 3) d) 6.2.2.5 3) e)	增强	7.2.5.3 c)	细化
7.2.5.3 d)	7.2.5.3 d)	相同	6.2.2.5 3) h) 6.2.2.5 3) i) 6.2.2.5 3) j)	增强	7.2.5.3 d)	细化
7.2.5.3 e)	7.2.5.3 e)	相同			7.2.5.3 e)	细化
7.2.5.3 f)	7.2.5.3 f)	细化	6.2.2.5 3) m)	相同	7.2.5.3 f)	细化
			6.2.2.5 3) c)	新增		
			6.2.2.5 3) f)	新增		
			6.2.2.5 3) g)	新增		
			6.2.2.5 3) k)	新增		
			6.2.2.5 3) l)	新增		
			6.2.2.5 3) n)	新增		
			6.2.2.5 3) o)	新增		
7.2.5.4 a)	7.2.5.4 a)	相同	6.2.2.5 4) f)	细化	7.2.5.4 b)	细化
7.2.5.4 b)	7.2.5.4 b)	相同	6.2.2.5 4) a)	相同	7.2.5.4 c)	细化

表附 B-1(续)

GB/T 22239—2008	JR/T 0060—2010		JR/T 0071—2012		YC/T 495—2014	
条款号	对应条款号	与 22239 的关系	对应条款号	与 22239 的关系	条款号	与 22239 的关系
7.2.5.4 c)	7.2.5.4 c)	相同	6.2.2.5 4) b)	相同	7.2.5.4 d)	细化
7.2.5.4 d)	7.2.5.4 d)	相同	6.2.2.5 4) e)	相同	7.2.5.4 e)	细化
7.2.5.4 e)	7.2.5.4 e)	相同	6.2.2.5 4) j)	相同	7.2.5.4 f)	细化
					7.2.5.4 a)	新增
			6.2.2.5 4) c)	新增		
			6.2.2.5 4) d)	新增		
			6.2.2.5 4) g)	新增		
			6.2.2.5 4) h)	新增		
			6.2.2.5 4) i)	新增		
7.2.5.5 a)	7.2.5.5 a)	相同	6.2.2.5 5) a)	相同	7.2.5.5 b)	细化
7.2.5.5 b)	7.2.5.5 b)	相同	6.2.2.5 5) c)	增强	7.2.5.5 c)	细化
7.2.5.5 c)	7.2.5.5 c)	相同	6.2.2.5 5) d)	相同	7.2.5.5 d)	细化
					7.2.5.5 a)	新增
			6.2.2.5 5) b)	新增		
7.2.5.6 a)	7.2.5.6 a)	相同	6.2.2.5 6) a)	增强	7.2.5.6 b)	细化
7.2.5.6 b)	7.2.5.6 b)	细化	6.2.2.5 6) b)	增强	7.2.5.6 a)	细化
7.2.5.6 c)	7.2.5.6 c)	细化			7.2.5.6 c)	细化
7.2.5.6 d)	7.2.5.6 d)	细化			7.2.5.6 d)	细化
7.2.5.6 e)	7.2.5.6 e)	相同			7.2.5.6 e)	细化
7.2.5.6 f)	7.2.5.6 f)	相同	6.2.2.5 6) g)	调整	7.2.5.6 f)	细化
7.2.5.6 g)	7.2.5.6 g)	相同	6.2.2.5 6) c)	调整	7.2.5.6 g)	细化
7.2.5.6 h)	7.2.5.6 h)	相同			7.2.5.6 h)	细化
			6.2.2.5 6) d)	新增		
			6.2.2.5 6) e)	新增		
			6.2.2.5 6) f)	新增		
			6.2.2.5 6) h)	新增		
7.2.5.7 a)	7.2.5.7 a)	细化			7.2.5.7 b)	细化
7.2.5.7 b)	7.2.5.7 b)	细化	6.2.2.5 7) d)	增强	7.2.5.7 c)	细化
7.2.5.7 c)	7.2.5.7 c)	相同	6.2.2.5 7) e)	增强	7.2.5.7 d)	细化
7.2.5.7 d)	7.2.5.7 d)	相同	6.2.2.5 7) a)	相同	7.2.5.7 a)	细化

表附 B－1(续)

GB/T 22239—2008	JR/T 0060—2010		JR/T 0071—2012		YC/T 495—2014	
条款号	对应条款号	与 22239 的关系	对应条款号	与 22239 的关系	条款号	与 22239 的关系
7.2.5.7 e)	7.2.5.7 e)	相同	6.2.2.5 7) b)	相同	7.2.5.7 e)	细化
7.2.5.7 f)	7.2.5.7 f)	细化	6.2.2.5 7) f)	调整	7.2.5.7 f)	细化
7.2.5.7 g)	7.2.5.7 g)	相同	6.2.2.5 7) g)	相同	7.2.5.7 g)	细化
			6.2.2.5 7) c)	新增		
			6.2.2.5 7) h)	新增		
7.2.5.8 a)	7.2.5.8 a)	相同	6.2.2.5 8) a)	调整	7.2.5.8 b)	细化
7.2.5.8 b)	7.2.5.8 b)	相同	6.2.2.5 8) c)	相同	7.2.5.8 c)	细化
7.2.5.8 c)	7.2.5.8 c)	相同	6.2.2.5 8) d)	相同	7.2.5.8 a)	细化
7.2.5.8 d)	7.2.5.8 d)	相同	6.2.2.5 8) e)	增强	7.2.5.8 d)	细化
			6.2.2.5 8) b)	新增		
7.2.5.9	7.2.5.9	细化	6.2.2.5 9) a) 6.2.2.5 9) b)	细化	7.2.5.9	细化
			6.2.2.5 9) c)	新增		
			6.2.2.5 9) d)	新增		
			6.2.2.5 9) e)	新增		
			6.2.2.5 9) f)	新增		
7.2.5.10 a)	7.2.5.10 a)	相同	6.2.2.5 10) b)	细化	7.2.5.10 b)	相同
7.2.5.10 b)	7.2.5.10 b)	相同	6.2.2.5 10) c)	相同	7.2.5.10 c)	相同
7.2.5.10 c)	7.2.5.10 c)	相同	6.2.2.5 10) d)	相同	7.2.5.10 d)	相同
7.2.5.10 d)	7.2.5.10 d)	相同	6.2.2.5 10) e)	相同	7.2.5.10 e)	细化
					7.2.5.10 a)	新增
			6.2.2.5 10) a)	新增		
			6.2.2.5 10) f)	新增		
			6.2.2.5 10) g)	新增		
			6.2.2.5 10) h)	新增		
7.2.5.11 a)	7.2.5.11 a)	相同			7.2.5.11 b)	细化
7.2.5.11 b)	7.2.5.11 b)	相同	6.2.2.5 11) a)	相同	7.2.5.11 a)	细化
7.2.5.11 c)	7.2.5.11 c)	相同	6.2.2.5 11) b)	相同	7.2.5.11 c)	细化
7.2.5.11 d)	7.2.5.11 d)	相同	6.2.2.5 11) c)	增强	7.2.5.11 d)	细化
7.2.5.11 e)	7.2.5.11 e)	相同	6.2.2.5 11) e)	增强	7.2.5.11 e)	细化

表附 B-1(续)

GB/T 22239—2008	JR/T 0060—2010		JR/T 0071—2012		YC/T 495—2014	
条款号	对应条款号	与22239的关系	对应条款号	与22239的关系	条款号	与22239的关系
			6.2.2.5 11) d)	新增		
			6.2.2.5 11) f)	新增		
			6.2.2.5 11) g)	新增		
			6.2.2.5 11) h)	新增		
			6.2.2.5 11) i)	新增		
			6.2.2.5 11) j)	新增		
			6.2.2.5 11) k)	新增		
7.2.5.12 a)	7.2.5.12 a)	相同	6.2.2.5 12) a)	相同	7.2.5.12 a)	细化
7.2.5.12 b)	7.2.5.12 b)	相同	6.2.2.5 12) b)	相同	7.2.5.12 b)	相同
7.2.5.12 c)	7.2.5.12 c)	相同	6.2.2.5 12) c)	相同	7.2.5.12 c)	细化
7.2.5.12 d)	7.2.5.12 d)	相同	6.2.2.5 12) d)	相同	7.2.5.12 d)	相同
7.2.5.12 e)	7.2.5.12 e)	相同	6.2.2.5 12) e)	相同	7.2.5.12 e)	相同
7.2.5.12 f)	7.2.5.12 f)	相同	6.2.2.5 12) f)	相同	7.2.5.12 f)	细化
			6.2.2.5 12) g)	新增		
7.2.5.13 a)	7.2.5.13 a)	相同	6.2.2.5 13) a)	增强	7.2.5.13 a)	细化
7.2.5.13 b)	7.2.5.13 b)	相同	6.2.2.5 13) b)	相同	7.2.5.13 b)	细化
7.2.5.13 c)	7.2.5.13 c)	细化	6.2.2.5 13) c)	相同	7.2.5.13 c)	细化
7.2.5.13 d)	7.2.5.13 d)	细化			7.2.5.13 d)	细化
7.2.5.13 e)	7.2.5.13 e)	相同			7.2.5.13 e)	细化
			6.2.2.5 13) d)	新增		
			6.2.2.5 13) e)	新增		
			6.2.2.5 13) f)	新增		
			6.2.2.5 13) g)	新增		
			6.2.2.5 13) h)	新增		
			6.2.2.5 13) i)	新增		

参考文献

[1] 中华人民共和国国家质量监督检验检疫总局. GB/T 22239—2008 信息安全技术 信息系统安全等级保护基本要求[S]//中国国家标准化管理委员会. 北京:中国标准出版社,2008.

[2] 公安部信息安全等级保护评估中心,全国信息安全标准化技术委员会. GB/T 22239—2008 信息系统安全等级保护基本要求[S]//全国信息安全标准化技术委员会. 北京:中国标准出版社,2008.

[3] 中华人民共和国国家质量监督检验检疫总局. GB/Z 20986—2007 信息安全技术 信息安全事件分类分级指南[S]//中国国家标准化管理委员会. 北京:中国标准出版社,2007.

[4] 公安部信息安全等级保护评估中心,全国信息安全标准化技术委员会. GB/T 20984—2007 信息安全技术 信息安全风险评估规范[S]//中国国家标准化管理委员会. 北京:中国标准出版社,2007.

[5] 公安部信息安全等级保护评估中心. GB/T 25058—2010 信息安全技术 信息系统安全等级保护实施指南[S]//全国信息安全标准化技术委员会. 北京:中国标准出版社,2010.

[6] 中华人民共和国国家质量监督检验检疫总局,中国国家标准化管理委员会. GB/T 28448—2012 信息安全技术 信息安全系统安全等级保护测评要求[S]//中国国家标准化管理委员会. 北京:中国标准出版社,2012.

[7] 中华人民共和国国家质量监督检验检疫总局,中国国家标准化管理委员会. GB/T 28449—2012 信息安全技术 信息系统安全等级保护测评过程指南[S]//中国国家标准化管理委员会. 北京:中国标准出版社,2012.

[8] 国际标准化组织,国际电工委员会. ISO/IEC 27002 信息技术 安全技术 信息安全控制实用规则[S]//国际标准化组织. http://www. iso. org/iso/home/store/catalogue_tc/catalogue_detail. htm? csnumber = 54533,2013.

[9] 中华人民共和国国家质量监督检验检疫总局,中国国家标准化管理委员会. GB/T 20282—2006 信息安全技术 信息系统安全工程管理要求[S]//中国国家标准化管理委员会. 北京:中国标准出版社,2006.

[10] 公安部信息安全等级保护评估中心. 信息安全等级测评师培训教程(初级)[M]. 北京:电子工业出版社,2010.

[11] 金波. 电力行业信息安全等级保护测评[M]. 北京:中国电力出版社,2013.

[12] 吴世忠,江常青,孙成昊,等. 信息安全保障[M]. 北京:机械工业出版社,2015.

[13] 吴世忠,李斌,张晓菲,等. 信息安全技术[M]. 北京:机械工业出版社,2015.

[14] 百度百科. 安全管理[EB/OL]. [2015 - 06 - 11]. http://baike. baidu. com/link? url = qTjJhCjm - ggBtGx_eVXbx8VeMpKDk5hdZILa0hR1Sa1XywmLk3iql - KmES8d6TAHAURIAkCCfjISNSYwPL1qpq

[15] 公安部，国家保密局，国家密码管理局，国务院信息化办公室. 关于印发《信息安全等级保护管理办法》的通知(公通字[2007]43 号)[EB/OL]. [2007-07-24]. http://wenku.baidu.com/view/6f454cfcc8d376eeaeaa3174.html.
[16] 信息系统安全等级保护测评准则[EB/OL]. [2006-04-25]. http://www.securitycn.net/html/securityservice/standard/494.html.